上海市工程建设规范

岩土工程勘察标准

Standard for investigation of geotechnical engineering

DG/TJ 08—37—2023
J 12034—2023

主编单位：上海勘察设计研究院(集团)有限公司
批准部门：上海市住房和城乡建设管理委员会
施行日期：2023 年 12 月 1 日

U0334530

同济大学出版社

2023 上海

图书在版编目(CIP)数据

岩土工程勘察标准 / 上海勘察设计研究院(集团)有限公司主编.—上海:同济大学出版社,2023.12
ISBN 978-7-5765-0991-5

Ⅰ.①岩… Ⅱ.①上… Ⅲ.①岩土工程—地质勘探—标准 Ⅳ.①TU412-65

中国国家版本馆 CIP 数据核字(2023)第 219185 号

岩土工程勘察标准

上海勘察设计研究院(集团)有限公司　**主编**

责任编辑　朱　勇
责任校对　徐春莲
封面设计　陈益平

出版发行　同济大学出版社　　www.tongjipress.com.cn
　　　　　(地址:上海市四平路 1239 号　邮编:200092　电话:021-65985622)
经　　销　全国各地新华书店
印　　刷　启东市人民印刷有限公司
开　　本　889mm×1194mm　1/32
印　　张　13.75
字　　数　370 000
版　　次　2023 年 12 月第 1 版
印　　次　2024 年 1 月第 2 次印刷
书　　号　ISBN 978-7-5765-0991-5
定　　价　160.00 元

上海市住房和城乡建设管理委员会文件

沪建标定〔2023〕250 号

上海市住房和城乡建设管理委员会
关于批准《岩土工程勘察标准》为
上海市工程建设规范的通知

各有关单位：

由上海勘察设计研究院(集团)有限公司主编的《岩土工程勘察标准》，经我委审核，现批准为上海市工程建设规范，统一编号为 DG/TJ 08—37—2023，自 2023 年 12 月 1 日起实施。原《岩土工程勘察规范》DGJ 08—37—2012 和《岩土工程勘察文件编制深度规定》DG/TJ 08—72—2012 同时废止。

本标准由上海市住房和城乡建设管理委员会负责管理，上海勘察设计研究院(集团)有限公司负责解释。

上海市住房和城乡建设管理委员会
2023 年 5 月 22 日

前　言

　　根据上海市住房和城乡建设管理委员会《关于印发〈2021 年上海市工程建设规范、建筑标准设计编制计划〉的通知》(沪建标定〔2020〕771 号)要求,上海勘察设计研究院(集团)有限公司会同有关单位启动《岩土工程勘察规范》DGJ 08—37—2012 全面修订工作,并贯彻标准化改革要求,与《岩土工程勘察文件编制深度规定》DG/TJ 08—72 合并。

　　在修订过程中,编制组开展了相关专题研究,认真总结近十年来上海地区的工程实践经验,以多种方式广泛征求本市和外省市有关单位和专家的意见,经反复修改后,由上海市住房和城乡建设管理委员会组织有关专家审查定稿。

　　本标准修订以遵循国家相关强制性工程建设规范为前提,并与《地基基础设计标准》DGJ 08—11 等现行有关地方标准相协调,突出了上海软土地区的地方特色,体现了实践性和科学性。

　　本标准共分 17 章,内容包括:总则;术语和符号;工程地质条件;勘察阶段、勘察等级与勘察纲要;建筑工程勘察;市政工程勘察;隧道工程与轨道交通工程勘察;港口和水利工程勘察;环境工程勘察;场地和地基的地震效应;工程地质调查与勘探;原位测试;室内土工试验;地下水;现场检验与监测;岩土工程分析评价;岩土工程勘察成果文件。

　　本次修订的主要内容有:

　　1. 本标准由原 15 章扩展至 17 章,单列第 7 章"隧道工程与轨道交通工程勘察"、第 9 章"环境工程勘察"两章。

　　2. 第 3 章"工程地质条件"对地貌类型的划分作了调整。将上海陆域东南部沿江、沿海的原河口砂嘴以及潮坪地貌纳入滨海平原地貌；将长江口崇明、长兴、横沙等岛屿所属的地貌类型名称相应调整为河口砂岛。重新绘制了"上海市地貌类型图"，潮坪地貌在图上不再表示。同时对"滨海平原地基土层次名称表""河口砂岛地基土层次名称表""滨海平原区地基土层物理力学性质指标统计表"进行了修订。

3. 第5章"建筑工程勘察"增加了地基处理、既有多层住宅加装电梯的勘察要求。

4. 第6章"市政工程勘察"增加了综合管廊的勘察要求。

5. 新增的第7章"隧道工程与轨道交通工程勘察"，纳入了市域铁路、有轨电车等工程类型，对地基基础类型、施工工法全面梳理，制定勘察要求。

6. 第8章"港口和水利工程勘察"增加了"疏浚和土料勘察"一节。

7. 新增的第9章"环境工程勘察"纳入了"大面积堆土工程""废弃物处理工程"与"污染土处置工程"三节，细化了污染场地勘察、环境保护等方面的要求。

8. 第11章"工程地质调查与勘探"细化了钻孔封孔、场地清理以及存在污染物场地勘探等方面的规定，突出了环境保护和生态安全。顺应数字化、信息化时代趋势，增加了现场编录采用电子化记录及传输等方面的规定。

9. 第12章"原位测试"增加了电阻率测试，将钻孔简易降水头注水试验、钻孔简易抽水试验相关内容调整至附录F。

10. 第13章"室内土工试验"中对深部土层试验提出了要求，并增加了采用智能化、自动化试验仪器的规定。

11. 第14章"地下水"，针对深层地下空间开发日益增多，加强了与水文地质参数有关的勘察要求，新增了"附录F 地下水原位测试方法"。

12. 第16章"岩土工程分析评价"、第17章"岩土工程勘察成果文件"，按国家标准《工程勘察通用规范》GB 55017—2021进行修订,并与住建部《房屋建筑和市政基础设施工程勘察文件编制深度规定》(2020年版)等标准相协调。同时调整了单桩承载力计算参数建议值和计算方法,增加基坑回弹计算方法,补充了"附录K 回弹变形和回弹再压缩变形计算用表"。

13. 在原规范提供了上海市区(外环线内)主要土层分布图的基础上,增加了《上海市区第⑩层黏性土层分布图》《上海市区第⑪层砂土层分布图》《上海市区第⑫层黏性土层分布图》,并新增了嘉定、青浦、松江、奉贤和南汇五个新城的工程地质图。

各单位及相关人员在执行本标准过程中,如有意见和建议,请反馈至上海市住房和城乡建设管理委员会(地址:上海市大沽路100号;邮编:200003,E-mail:shjsbzgl@163.com),上海勘察设计研究院(集团)有限公司(地址:上海市水丰路38号;邮编:200093;E-mail:sgidi@sgidi.com),上海市建筑建材业市场管理总站(地址:上海市小木桥路683号;邮编:200032;E-mail:shgcbz@163.com)联系,以供再次修订时参考。

主　编　单　位:上海勘察设计研究院(集团)有限公司

参　编　单　位:(排名不分先后)

中船勘察设计研究院有限公司
上海申元岩土工程有限公司
上海市政工程设计研究总院(集团)有限公司
同济大学
上海市地矿工程勘察(集团)有限公司
中国电力工程顾问集团华东电力设计院有限公司
上海市隧道工程轨道交通设计研究院
上海市城市建设设计研究总院(集团)有限公司
上海市地质调查研究院
中交第三航务工程勘察设计院有限公司
上海勘测设计研究院有限公司
上海山南勘测设计有限公司

主要起草人：杨石飞　孙　莉　夏　群
　　　　　　（以下按姓氏笔画排列）
　　　　　　丁国洪　王　浩　邓海荣　石长礼　朱火根
　　　　　　刘荣毅　孙　健　严学新　吴　建　陈　琛
　　　　　　金宗川　项培林　胡振明　徐　枫　徐四一
　　　　　　高广运　唐　亮　曹兴国　梁志荣　梁振宁
　　　　　　魏建华
主要审查人：张文龙　顾国荣
　　　　　　（以下按姓氏笔画排列）
　　　　　　李镜培　李耀良　陈国民　周建龙　郑晓慧

上海市建筑建材业市场管理总站

目　次

Contents

1 总 则

1.0.1 为了在岩土工程勘察中贯彻执行国家有关技术经济政策,服务于工程建设全过程,做到经济合理,确保质量和安全,加强环境保护,根据上海软土地区的工程地质特点,制定本标准。

1.0.2 本标准适用于上海地区各类建筑工程、市政工程、轨道交通工程、港口工程、水利工程以及环境工程的岩土工程勘察。

1.0.3 岩土工程勘察应根据工程性质、设计和委托要求、勘察阶段及场地与环境条件,编制勘察纲要。

1.0.4 勘察工作应积极运用综合测试方法,按相应勘察阶段的要求,正确反映场地工程地质条件,结合地方经验,对拟建场地的岩土工程特性作出合理分析与评价,提出资料真实完整、评价合理、结论可靠、建议可行的勘察成果文件。

1.0.5 岩土工程勘察,除应符合本标准的规定外,尚应符合国家、行业和本市现行有关标准的要求。

2 术语和符号

2.1 术 语

2.1.1 岩土工程勘察 geotechnical investigation

根据建设工程的要求,采用工程地质调查、勘探、测试等手段,查明、分析、评价建设场地的地质、环境特征和岩土工程条件,编制勘察文件的活动。

2.1.2 岩土工程勘探 geotechnical exploration

为查明场地岩土工程条件,在现场进行的钻探、井探、槽探、坑探、洞探以及物探、触探等的总称。

2.1.3 原位测试 in-situ testing

在岩土体所处的位置,基本保持岩土原来的结构、湿度和应力状态,对岩土体进行工程特性的测试。

2.1.4 工程物探 engineering geophysical prospecting

利用地球物理原理,根据介质密度、磁性、电性、弹性、放射性等物理性质的差异,选用适当仪器,测量地球物理场的变化,借以探测地质界线、地质构造及其他目的物,从而解决工程地质和岩土工程问题的地球物理勘探方法。

2.1.5 工程地质调查 engineering geological survey

为查明岩土体赋存的地质环境、工程地质特征,评价工程建设的适宜性,对岩土的成因、时代、类型、分布和工程特性等进行资料收集和实地调查。

2.1.6 周边环境调查 surroundings survey

对工程场地周围的道路、河流、建构筑物、地下设施及工程建设活动等进行的调查。

2.1.7 现场检验 in-situ inspection

在现场采用一定手段,对勘察成果或设计、施工措施的效果进行检测或验证。

2.1.8 现场监测 in-situ monitoring

在现场对岩土性状、地下水动态、岩土体和结构物的应力、位移等进行系统监视和观测。

2.1.9 天然地基极限承载力 ultimate bearing capacity of subsoil

天然地基在荷载作用下达到破坏状态前或出现不适于继续承载的变形时所对应的地基土最大抗力。

2.1.10 单桩竖向极限承载力 ultimate vertical bearing capacity of single pile

单桩在竖向荷载作用下达到破坏状态前或出现不适于继续承载的变形时所对应的最大支承力。

2.1.11 土试样质量等级 quality classification of soil samples

按土试样受扰动程度差异所划分的等级。

2.1.12 工程地质条件 engineering geological conditions

与工程建设有关的地质条件,包括岩土的工程特性、地下水、不良地质作用和地质灾害等内容。

2.1.13 工程地质单元 engineering geological unit

按工程地质条件、岩土的类型和工程特性划分的区域或地段,又称岩土单元。

2.1.14 不良地质条件 geological disadvantages

对地基基础、地下工程、边坡工程等建设和使用的安全性、经济性带来不利影响的地质条件,如液化土、浅层天然气、明(暗)浜等。

2.1.15 特殊性土 special soil

具有特殊成分、结构、构造或特殊物理力学性质的土,如填土、软土、污染土等,其中软土包括淤泥、淤泥质土、泥炭和泥炭质土等。

2.1.16 环境振动 environment vibration

建筑场地或建构筑物在交通、动力设备、工程施工等各种振源影响下的振动。

2.1.17 岩土工程勘察报告 geotechnical investigation report

在勘察工作原始资料的基础上,通过整理、统计、归纳、分析、评价,提供岩土参数,提出结论及建议,形成系统的、为工程建设服务的勘察技术文件。

2.2 符 号

A——基础底面积;

A_p——桩端横截面面积;

a——土的压缩系数;

B——承压板的直径或宽度,等效基础宽度;

b——基础宽度(圆形基础时为直径);

C——比热容;

C_c——土的压缩指数,曲率系数(又称级配系数);

C_s——土的回弹指数;

C_u——土的不均匀系数;

c——土的黏聚力;

c'——土的有效黏聚力;

c_q——土的直剪快剪试验黏聚力;

c_s——土的直剪慢剪试验黏聚力;

c_u——土的三轴不固结不排水压缩试验黏聚力,土的不排水抗剪强度;

c_{cu}——土的三轴固结不排水压缩试验黏聚力;

c_d——土的三轴固结排水压缩试验黏聚力;

c_v,c_h——土的竖向、水平向固结系数;

c_α——土的次固结系数；

C_z，C_x，C_φ，C_ψ——土的抗压、抗剪、抗弯、抗扭刚度系数；

D_s——钢管桩外径；

d——基础埋置深度，桩径；

d_0——液化土特征深度；

d_i——液化判别时第 i 试验点所代表的土层厚度；

d_s——液化判别时试验点深度；

d_w——地下水位埋深；

d_{10}——有效粒径；

d_{30}——中间粒径；

d_{50}——平均粒径；

d_{60}——限制粒径；

E_0——变形模量；

E_d——动弹性模量；

E_D——扁铲模量；

E_m——旁压模量；

E_{mur}——旁压卸载模量；

E_r——回弹模量；

E_{rc}——回弹再压缩模量；

E_s——压缩模量；

E_u——不排水模量；

E_{50}——割线模量；

E_{ur}——三轴固结排水压缩试验回弹模量；

e——土的孔隙比；

F_{le}——液化强度比；

f——激振频率，场地卓越频率；

f_d——天然地基承载力设计值；

f_k——天然地基极限承载力标准值；

f_s——桩侧极限摩阻力标准值，静力触探双桥探头侧壁摩阻力；

f_p——桩端极限端阻力标准值；

f_L——地基土极限强度；

f_y——地基土临塑强度；

G——土粒比重；

G_d——动剪切模量；

G_m——旁压剪切模量；

G_p——单桩自重设计值；

H——潜水含水层厚度，水头高度，堤高；

H_0——初始水头；

H_b——桩端进入持力层深度；

h——土层厚度，土层深度；

h_0——天然地基压缩层计算厚度；

h_z——桩基压缩层计算厚度；

I_D——土性指数；

I_P——塑性指数；

I_L——液性指数；

I_{le}——液化指数；

K——基床系数；

K_0——静止侧压力系数；

K_{30}——30 cm边长载荷板试验确定的基床系数；

K_m——旁压试验侧向基床反力系数；

K_s——地基土的基床系数；

K_V,K_H——竖向、水平向基床系数；

K_{vl}——基准基床系数；

K_d——动刚度；

K_D——水平应力指数；

k——土的渗透系数；

k_V,k_H——土的竖向、水平向渗透系数；

K_z——土的垂直抗压刚度；

K_x——土的水平抗剪刚度；

K_φ——土的抗弯刚度；

K_ψ——土的抗扭刚度；

l——基础长度；

L_K——桥涵单孔跨径；

L_R——面波波长；

M——承压含水层厚度；

m——比例系数；

N——标准贯入试验击数实测值；

N_0——液化判别标准贯入击数基准值；

N_{cr}——液化判别标准贯入击数临界值；

N_{10}——轻便触探试验锤击数；

N_c——承载系数；

OCR——超固结比；

p_0——基础底面附加压力，旁压试验初始压力；

p_c——先期固结压力，基坑底面以上土的有效自重压力；

p_u——快速荷载试验所得的极限压力；

p_{cz}——土的自重应力，坑底开挖面以下至承压含水层顶板间覆盖土的自重压力；

p_L——旁压试验确定的极限压力；

p_y——旁压试验确定的临塑压力；

p_s——静力触探单桥探头比贯入阻力；

p_{s0}——液化判别比贯入阻力基准值；

p_{scr}——液化判别比贯入阻力临界值；

p_{wy}——承压水水头压力；

Q——有机质烧失量，井的流量；

q_c——静力触探双桥探头锥尖阻力；

q_{c0}——液化判别锥尖阻力基准值；

q_{ccr}——液化判别锥尖阻力临界值；

q^b——全流触探球型探头实测的原状土锥尖阻力；

q^T——全流触探圆柱 T 型探头实测的原状土锥尖阻力；

q^{rb}——全流触探球型探头实测的重塑土残余锥尖阻力；

q^{rT}——全流触探圆柱 T 型探头实测的重塑土残余锥尖阻力；

q_t——经孔压修正的锥尖阻力；

q_u——无侧限抗压强度；

q'_u——重塑土无侧限抗压强度；

R——螺旋载荷板半径；

R_d——单桩竖向承载力设计值；

R_f——双桥静力触探摩阻比；

R_P——旁压卸载试验卸载比；

R_E——旁压卸载试验卸载模量比；

R_{td}——单桩竖向抗拔承载力设计值；

r——抽水孔半径；

S——贮水系数；

S_t——土的灵敏度；

s——沉降量，水位降深；

s_r——地基回弹量；

s_{rc}——地基回弹再压缩量；

T——场地地基土的基本周期，场地卓越周期，导水系数；

T_{50}——相当于 50% 固结度的时间因数；

t_{50}——超孔隙水压力消散达 50% 时的历时；

U_D——孔压指数；

U_p——桩身截面周长；

V_c——旁压器固有体积；

V_0——旁压试验初始压力 p_0 所对应的扩张体积；

V_y——旁压试验临塑压力 p_y 所对应的扩张体积；

v_p——压缩波波速；

v_R——面波波速；

v_s——剪切波速；

w——土的天然含水量或含水率；

w_L——土的液限；

w_P——土的塑限；

w_{opt}——最优含水量；

α——应力系数，偏斜角，地震影响系数，导温系数；

α_b——桩端阻力修正系数；

β_{si}——后注浆侧阻力增强系数；

β_p——后注浆端阻力增强系数；

γ——土的重度；

γ_0——基础底面以上土的加权平均重度；

γ_d——动剪应变；

γ_R——天然地基承载力抗力分项系数；

γ_s——桩侧摩阻力分项系数；

γ_p——桩端阻力分项系数；

γ_w——水的重度；

δ——沉降系数；

δ_m——应力修正系数；

λ——阻尼比，导热系数，抗拔承载力系数；

λ_c——压实系数；

λ_s——侧阻挤土效应系数；

λ_p——桩端闭塞效应系数；

ν——土的泊松比；

ρ——土的质量密度；

ρ_c——土的黏粒含量百分率；

ρ_{dmax}——最大干密度；

ρ_p——端阻比；

φ——土的内摩擦角；

φ'——土的有效内摩擦角；

φ_q——土的直剪快剪试验内摩擦角；

φ_s——土的直剪慢剪试验内摩擦角；

φ_u——土的三轴不固结不排水压缩试验内摩擦角；

φ_{cu}——土的三轴固结不排水压缩试验内摩擦角；

φ_d——土的三轴固结排水压缩试验内摩擦角；

ψ_e——桩基沉降估算经验系数；

ψ_r——回弹量计算经验系数；

ψ_{rc}——回弹再压缩量计算经验系数；

ψ_s——沉降计算经验系数；

ζ——土的有机质含量。

3 工程地质条件

3.1 地形地貌

3.1.1 上海位于长江三角洲东南前缘,成陆较晚,除西南部有10余座零星剥蚀残丘外,地形平坦,河港密布。

3.1.2 境内地面标高(吴淞高程)大多在2.5 m～4.5 m之间,西部为淀泖洼地,东部为碟缘高地,东西高差约2 m～3 m。西南部松江、青浦以及金山有零星孤丘或岛屿分布,海拔23.2 m～103.4 m。

3.1.3 按地貌形态、时代成因、沉积环境和组成物质等方面的差异,境内陆域可分为下列四大地貌类型(见本标准附录M):

　　1 湖沼平原:位于太仓、外冈、华新、徐泾、马桥、庄行、漕泾一线以西地区,地势低平,湖沼洼塘密布。根据历史沉积环境可划分为 I-1 和 I-2 两个亚区,以暗绿色硬土层分布特点为其标志。

　　2 滨海平原:位于湖沼平原以东至长江南岸、杭州湾北的地区,上海市区位于其中,地势平坦。

　　3 河口砂岛:位于长江口崇明、长兴、横沙等岛屿,地势略有高差。

　　4 剥蚀残丘:位于西南部松江、青浦以及金山的孤丘。

3.2 地基土名称

3.2.1 地基土的类别及定名划分标准,应根据土的塑性指数或颗粒组成按表3.2.1确定。

表 3.2.1　地基土类别及定名划分标准

土的类别及名称		划分标准	
		塑性指数 I_P	颗粒组成
黏性土	黏土	$I_P>17$	—
	粉质黏土	$10<I_P\leqslant17$	—
粉性土	黏质粉土	$I_P\leqslant10$	粒径小于 0.005 mm 的颗粒含量大于或等于全重的 10%，小于或等于全重的 15%
	砂质粉土	—	粒径小于 0.005 mm 的颗粒含量小于全重的 10%
砂土	粉砂	—	粒径大于 0.075 mm 的颗粒含量占全重的 50%～85%
	细砂	—	粒径大于 0.075 mm 的颗粒含量大于全重的 85%
	中砂	—	粒径大于 0.25 mm 的颗粒含量大于全重的 50%
	粗砂	—	粒径大于 0.50 mm 的颗粒含量大于全重的 50%
	砾砂	—	粒径大于 2 mm 的颗粒含量占全重的 25%～50%

注:1. 对砂土定名时,应根据粒径分组,从大到小,由最先符合者确定;当其粒径小于 0.005 mm 的颗粒含量大于全重的 10%时,宜按混合土定名,如"含黏土质粉砂"等。

2. 砂质粉土的工程性质接近粉砂。

3. I_P=10～12 的低塑性土,应同时进行颗分试验,若粒径小于 0.005 mm 的颗粒含量小于或等于全重的 15%,应以颗分定名为准。

4. 塑性指数的确定,液限以 76g 圆锥仪入土深度 10 mm 为准;塑限以搓条法或联合法为准。

5. 当有机质含量 $\zeta\geqslant5\%$时,定名原则为:$5\%\leqslant\zeta\leqslant10\%$时,定为有机质土;$10\%<\zeta\leqslant60\%$时,定为泥炭质土;$\zeta>60\%$时,定为泥炭。

3.2.2　天然含水量大于液限,且天然孔隙比大于 1.0 并小于 1.5 的粉质黏土及天然孔隙比大于 1.3 并小于 1.5 的黏土,应分别定名为淤泥质粉质黏土及淤泥质黏土;天然含水量大于液限且天然孔隙比大于或等于1.5的新近沉积黏性土,应定名为淤泥。

3.2.3 当两类不同的土相间成层时,土层定名应综合其层理、厚度比及韵律变化,分别描述为互层、夹层和夹薄层等,在定名时应把厚的土层写在前面。

1 若厚度比大于1/3,宜定名为"互层"。

2 若厚度比为1/10~1/3,宜定名为"夹层"。

3 若厚度比小于1/10,宜定名为"夹薄层"。

3.2.4 人工填土应根据堆填方式、组成物质特征等因素,分为杂填土、素填土、冲填土等。

1 杂填土:由建筑垃圾、工业废料、生活垃圾等杂物组成的填土。

2 素填土:由黏性土、粉性土、砂土、碎石等一种或几种材料组成的填土。

3 冲填土:由水力冲填泥沙形成的填土,俗称"吹填土"。

3.2.5 在原浜、塘范围内,由人工填埋形成的填土俗称"浜填土",按其物质成分,可参照第3.2.4条的填土名称进行相应定名。对浜底含大量黑色有机质、流塑状的土,可定名为"浜底淤泥",并应注明淤泥厚度。

3.2.6 由于致污物质的侵入,使土的成分、结构或性质发生显著变异的土,应判定为污染土。污染土的定名可在原分类名称前冠以"污染"。

3.2.7 土层划分应根据野外编录、土工试验和原位测试成果综合确定,并宜符合下列要求:

1 对工程有重要影响的特殊性土层或标志层(如泥炭、有机质土、贝壳、浜底淤泥、暗绿色硬土等)均宜单独分层。

2 在厚层土中,当出现不同土类且呈水平向逐渐尖灭时,可划分为"透镜体"单独定名。

3.3 地基土性质

3.3.1 上海地区除少数剥蚀残丘有基岩露头外,覆盖了巨厚的第四系松散沉积物,基岩埋深由西南向东北方向趋深,市区一般为 200 m～300 m。

3.3.2 湖沼平原Ⅰ-1 区地基土的层次名称表可见本标准附录 A,地基土层的主要物理力学性质指标可见本标准附录 D;湖沼平原Ⅰ-2 区地基土的分布特征与滨海平原类同,其地基土的层次名称表可见本标准附录 B,地基土层的主要物理力学性质指标可见本标准附录 E。湖沼平原Ⅰ-1 区地基土的主要特征如下:

1 在 0.5 m～3 m 深度范围内,局部分布薄层有机质土或泥炭质土,土性特殊,水平向变化大。

2 第⑥层埋藏深度及土性变化大,可分为 4 个亚层。第⑥$_1$ 层硬土层层顶埋深约 4 m～15 m,部分地区在 20 m～30 m 深度范围内分布第⑥$_4$ 层硬土层。两层硬土层之间分布第⑥$_2$ 层粉性土、砂土层和第⑥$_3$ 层灰色软黏性土层。

3 第⑦层粉性土、砂土层呈稍密～密实状,不同区域土性和厚度差异大,局部地区缺失。

4 第⑧层黏性土夹粉砂层,呈软塑～可塑状,局部区域底部有灰绿～蓝灰色硬土层分布。

5 第⑨层粉性土、砂土层,呈中密～密实状,土性及分布变化较大,普遍分布。

3.3.3 滨海平原地基土的层次名称表可见本标准附录 B,地基土层的主要物理力学性质指标可见本标准附录 E。地基土的主要特征如下:

1 在黄浦江等沿岸地表下 2 m～15 m 深度范围内有第①$_3$ 层新近沉积土(俗称"江滩土")分布,土性以黏质粉土或砂质粉土为主,局部夹较多淤泥质土。

2 第②层褐黄色黏性土,俗称"硬壳层",厚度 2 m~3 m,呈可塑~软塑状,自上而下逐渐变软,可分为第②$_1$、②$_2$层,局部地段因受明、暗浜以及人类活动的影响而缺失,上海市区暗浜分布可查阅《上海市河流历史图集》。

3 吴淞江等故道经过地区和东南部沿江、沿海地段在地表下 2 m~20 m 深度范围内有第②$_3$层粉性土、粉砂分布。

4 在 3 m~20 m 深度范围内普遍分布的第③、④层淤泥质黏性土,呈流塑状,是主要软弱土层。局部地区分布有粉性土或粉砂夹层。

5 第⑤层灰色黏性土,呈软塑~可塑状;在古河道区域厚度大,土性差异大,局部地段沉积了第⑤$_2$层粉性土、粉砂和第⑤$_3$层灰色黏性土;局部古河道底部或阶地沉积了第⑤$_4$层灰绿色硬土层。

6 第⑥层暗绿~草黄色硬土层,呈可塑~硬塑状,是划分晚更新世(Q$_3$)和全新世(Q$_4$)的标志层;第⑦层草黄~灰色粉性土、粉砂层,呈中密~密实状,厚度不等。局部区域受古河道切割致使第⑥层、第⑦层层顶埋深起伏大或缺失。

7 第⑧层灰色黏性土夹粉砂层,呈软塑~可塑状,上部为黏性土,下部夹薄层粉砂,呈"千层饼"状。局部区域缺失。

8 第⑨层灰色粉细砂层,局部夹中粗砂,含砾,呈密实状。分布较为稳定。

9 第⑩层蓝灰~褐灰色黏性土,呈硬塑状,是划分中更新世(Q$_2$)和晚更新世(Q$_3$)的标志层,厚度不一,局部区域缺失。

10 第⑪层青灰色粉细砂,呈密实状。分布较为稳定,局部分布有黏性土夹层或透镜体。

11 第⑫层绿灰色黏性土,呈硬塑~坚硬状。分布较为稳定。

3.3.4 河口砂岛是由挟带大量泥沙下泄的长江径流与涨潮流汇合在长江口形成的,地基土的层次名称表可见本标准附录 C。地基土的主要特征如下:

1 在深度 20 m 以浅范围内粉性土、粉砂发育,间夹薄层黏性土,呈松散~稍密状,局部呈中密状。

2 处于古长江区域,相应沉积了厚度较大的第⑤层黏性土,局部地段分布第⑤₂层粉性土、粉砂,或第⑤₃层黏性土夹粉性土、粉砂。

3 第⑦层粉性土及砂土埋藏深度变化大,局部分布。

4 深部土层的分布及土性特征同滨海平原区。

3.3.5 剥蚀残丘系中生界燕山期火山喷发所形成。基岩主要为上侏罗统中酸性火山熔岩和火山碎屑岩。

3.4 各类地基土层分布图

3.4.1 上海市区已积累大量工程勘察资料,汇总整理并编制的各类地基土层分布图(附录 N),可供勘察方案编制、工程建设可行性研究及初步设计参考使用。

1 《上海市区浅层粉性土、砂土分布图》是根据吴淞江故道及黄浦江两岸新近沉积的粉性土、砂土分布范围编制的,见本标准图 N-1。

2 《上海市区第⑤₂层粉性土、砂土层分布图》是根据古河道区域沉积物中粉性土、砂土层分布范围编制的,见本标准图 N-2。

3 《上海市区第⑤₄层、第⑥层硬土层分布图》是根据上更新统 Q_3^2 暗绿色硬土层分布特征绘制的,见本标准图 N-3。

4 《上海市区第⑦层粉性土、砂土层分布图》是根据上更新统 Q_3^2 草黄~灰色粉性土、砂土层分布特征编制的,见本标准图 N-4。

5 《上海市区第⑧层黏性土层分布图》是根据上更新统 Q_3^2 灰色黏性土层分布特征编制的,见本标准图 N-5。

6 《上海市区第⑨层砂土层分布图》是根据上更新统 Q_3^1 灰色砂土层分布特征编制的,见本标准图 N-6。

7 《上海市区第⑩层黏性土层分布图》是根据中更新统 Q_2^2 蓝灰～褐灰色黏性土层分布特征编制的,见本标准图 N-7。

8 《上海市区第⑪层砂土层分布图》是根据中更新统 Q_2^2 青灰色砂土层分布特征编制的,见本标准图 N-8。

9 《上海市区第⑫层黏性土层分布图》是根据中更新统 Q_2^2 绿灰色黏性土层分布特征编制的,见本标准图 N-9。

3.4.2 上海市区外围已积累一定的工程勘察资料,汇总整理并编制了嘉定新城、青浦新城、松江新城、奉贤新城和南汇新城的工程地质图,见本标准附录 P,可供工程建设可行性研究及规划设计参考使用。

4 勘察阶段、勘察等级与勘察纲要

4.1 勘察阶段

4.1.1 勘察阶段宜与设计阶段相适应,可分为可行性研究勘察、初步勘察及详细勘察。必要时,可进行施工勘察和专项勘察。港口和水利工程的勘察阶段划分尚应符合相关行业标准的要求。

4.1.2 超大型或特殊项目的选址,宜进行可行性研究勘察。可行性研究勘察可通过搜集资料、现场踏勘、调查和必要的勘探试验工作,初步了解场地的工程地质条件,判断场地的稳定性和适宜性,为城镇规划、场址选择、建设项目的技术经济方案比选提供依据。

4.1.3 大型工业、市政、轨道交通、港口、水利项目、超高层建筑和建筑面积 20 万 m² 以上的建设项目,宜进行初步勘察。初步勘察应初步查明建设场地的地基土构成、地基稳定性、主要不良地质条件及地基土的物理力学性质,评价工程适宜性,为合理确定建构筑物总平面布置、选择地基基础类型及不良地质条件防治提供依据。

4.1.4 详细勘察应为地基基础设计、地基处理和地基施工方案的确定提供详细的岩土工程地质资料,并作出分析、评价和建议。

4.1.5 施工勘察宜根据施工阶段设计、施工要求,针对所需解决的具体问题进行勘察,提供相应的勘察资料,并作出分析、评价和建议。遇下列情况之一时,应进行施工勘察:

    1 在施工中发现地质情况异常需进一步查明时。

    2 需进一步查明地下障碍物及不良地质条件时。

4.1.6 专项勘察应根据委托方的特殊要求针对某一专项问题进

行勘察,宜针对所需解决的问题提供相应的勘察资料,并作出分析、评价和建议。遇下列情况之一时,应进行专项勘察:

1 遇对工程有重大影响的不良地质条件、复杂的水文地质条件及周边环境时。

2 当地下工程影响范围内存在可生储气地层,需调查浅层天然气的分布、特性时。

3 特殊施工工艺要求的特殊试验或测试等。

4.2 勘察等级

4.2.1 建构筑物等级可根据其类型、结构重要程度按表 4.2.1 划分。

表 4.2.1 建构筑物等级

等级	工程类型
一级	重要的工业与民用建筑、30 层以上的高层建筑、大型公共建筑、高度大于 100 m 的高耸构筑物、一级安全等级基坑、大型给排水工程、特大型桥梁、轨道交通主体工程、隧道工程、高架道路、快速路和主干路、大于或等于 10000 吨级的码头、处理能力大于或等于 1000 t/d 的垃圾处理场、长江与杭州湾沿岸堤防工程、上海中心城区黄浦江堤防工程及有重大意义或影响的国家重点工程等
二级	一般的工业与民用建筑、中型公共建筑、二级安全等级基坑、中型给排水工程、大中型桥梁、次干路、1000 吨～10000 吨级的码头、处理能力 500 t/d～1000 t/d 的垃圾处理场、黄浦江沿岸非中心城区和苏州河的堤防工程等
三级	三层及三层以下的一般民用建筑、单层工业厂房(吊车起重量小于或等于 5 t)、三级安全等级基坑、小型给排水工程、小型桥梁、一般道路、小于或等于 1000 吨级的码头、处理能力小于或等于 500 t/d 的垃圾处理场、一般河流的堤防工程等

4.2.2 建筑场地地基复杂程度可分为复杂场地、中等复杂场地。场地或地基土存在对工程有影响的下列情况之一的为复杂场地,其余均属中等复杂场地:

1 场地地层分布不稳定,持力层层面起伏大或跨越不同工程地质单元。

2 液化等级为中等及以上的场地。

3 存在需要专门处理的不良地质条件。

4 场地受污染后地下水(或土)对混凝土具弱及以上腐蚀性。

5 存在对工程建设有影响的承压水。

6 邻岸及近岸工程场地。

4.2.3 综合建构筑物等级和场地地基复杂程度,项目的勘察等级可按表4.2.3分为甲、乙两个等级。

表 4.2.3 勘察等级

场地地基复杂程度 \ 建构筑物等级	一级	二级	三级
复杂场地	甲级	甲级	乙级
中等复杂场地	甲级	乙级	乙级

4.3 勘察纲要

4.3.1 勘察纲要应在搜集、分析已有资料和现场踏勘的基础上,根据勘察目的、任务和现行相应技术标准的要求,针对拟建工程特点和场地工程地质条件编制。

4.3.2 编制勘察纲要前宜搜集下列资料:

1 上级部门对建设项目的批准文件、用地规划图等。

2 拟建场地的地形图及建构筑物总平面布置图,必要时宜搜集周边环境资料。

3 勘察任务委托书,建设和设计单位对勘察的技术要求。

4 邻近的岩土工程资料和工程经验。

4.3.3 勘察纲要应内容完整、方案合理、切合实际,满足不同勘

察阶段的工程需要,应包含下列内容:

    1   工程概况和拟建建构筑物特性。

    2   拟建场地及周边环境、参考地质资料。

    3   勘察目的、任务要求及需解决的主要技术问题。

    4   执行的技术标准。

    5   选用的勘探方法。

    6   勘察工作布置,应包括下列内容:

        1)勘探和原位测试方法的选择及其布置;

        2)取样方法和取样器选择,采取土样和水样及其存储、保护和运输要求;

        3)室内土、水试验内容、方法与数量。

    7   勘探完成后的现场处理。

    8   拟采取的质量控制、安全保证和环境保护措施。

    9   拟投入的仪器设备、人员安排、勘察进度计划等。

    10 勘察安全、技术交底及验槽等后期服务。

    11 勘探点平面布置图。

4.3.4 若揭示主要土层变化较大或设计方案变更等,原勘察纲要中拟定的勘察工作不能满足任务要求时,应及时调整勘察纲要或编制补充勘察纲要。

5 建筑工程勘察

5.1 一般规定

5.1.1 本章适用于各类房屋建筑、高耸构筑物、工业设施等相关的基础工程、地基处理、基坑工程、动力基础以及既有建筑物加层、加固和改造等。

5.1.2 应在充分搜集、分析利用已有勘察资料的基础上，根据不同勘察阶段、建筑工程性质、基础类型、地基土的特点，综合确定勘察工作量，取得符合各类建筑工程勘察要求的勘察成果。

5.1.3 应根据工程性质、地基土特点等，针对性地选用适当的勘察手段，并应符合下列要求：

    1 勘探孔在平面上应能控制建构筑物的地基范围，勘探孔深度应满足地基基础设计及施工工法的要求。

    2 场地控制性勘探孔数量不应少于勘探孔总数的 1/3。

    3 勘探孔宜以取土孔、取土标贯孔和静力触探孔为主，不宜采用鉴别孔。浅层勘探宜采用小螺纹钻孔，工程需要时，也可采用轻型动力触探孔、静力触探孔、探槽和浅层物探等。

    4 原位测试孔的数量宜占勘探孔总数的 1/3～2/3，在确保各地基土层能采取足够数量原状土样的前提下，可适当提高原位测试孔比例，但不宜超过 3/4。

5.1.4 取土数量应根据钻孔数量、地基土层的厚度和均匀性等确定。详细勘察阶段每一主要土层原状土试样或原位测试数据不应少于 6 个，或不应少于 3 个孔的静力触探测试数据。

5.1.5 可行性研究勘察应在充分搜集、调查拟选场地及其周围地形地貌、地震、地层结构、地基土性质、不良地质条件、地下水等资料并进行分析研究的基础上,在具有代表性地段布置少量勘探孔,勘探孔间距宜为 300 m~400 m。勘探孔深度应根据拟建工程性质及地基土条件等综合确定,控制性勘探孔不宜小于 50 m,或至第⑨层砂土层。

5.1.6 初步勘察宜在整个勘察场地内均匀布置勘探孔,勘探孔间距宜为 100 m~200 m。当建筑场地规划明确时,勘探孔宜优先布置在重要拟建建构筑物部位。勘探孔深度应根据拟建工程性质及地基土条件等综合确定。

5.1.7 详细勘察应在充分收集、利用已有资料的基础上,根据不同的工程性质和基础类型,分别按本标准第 5.2~5.8 节和第 10 章的有关规定布置勘察工作量。

5.2 天然地基

5.2.1 勘探孔宜沿建构筑物周边或主要基础柱列线布置,对排列比较密集的建筑群可按网格状布置。对宽度小于或等于 20 m 的建构筑群,可采用"之"字形布置勘探孔。

5.2.2 勘探孔间距宜为 30 m~50 m。当场地地基土分布较复杂且影响基础设计时,宜适当加密勘探孔。

5.2.3 单项工程勘探孔数量不宜少于 3 个;对不需要验算变形及进行场地液化判别的建构筑物,当附近已有勘察资料时,可只进行浅层勘探。

5.2.4 勘探孔深度应满足天然地基沉降计算要求。地基压缩层厚度应自基础底面算起,直至附加应力等于土层有效自重压力 10%处,计算附加压力时应考虑相邻基础或荷载的影响。

5.2.5 小螺纹钻孔宜沿建构筑物周边和主要基础柱列线布置,孔距宜为 10 m~15 m,深度宜穿透第②层褐黄~灰黄色土层。当遇暗浜时,应加密孔距,查明其分布范围及断面形态,控制其边界的孔距宜为 2 m~3 m,深度宜进入正常沉积土层不小于

0.5 m。当拟建场地内存在明浜(塘)时,应测量其断面,查明浜(塘)淤泥厚度。当地表或地下存在障碍物而无法按要求完成浅层勘探时,应进行施工期补充勘察。

5.2.6 一、二级工程基础持力层和软弱下卧层的剪切试验数据以及地基压缩层范围内各主要土层的压缩试验数据不应少于6个。

5.2.7 当场地内存在厚度较大的填土时,应了解填筑的时间。对填筑时间较长的素填土或冲填土,宜选择适当的原位测试手段,查明其均匀性以及强度和变形特性,评价其作为天然地基持力层的可能性。

5.3 桩 基

5.3.1 勘探孔在平面上应能控制建构筑物的地基范围,并应符合下列规定:

　　1 勘探孔宜沿建构筑物周边、角点或主要柱列线布置。对排列比较密集的建筑群,可按网格状布置。

　　2 带有裙房或外扩地下室的高层建筑,勘探孔布置宜整体考虑。

　　3 对宽度小于或等于 20 m 的建构筑群,可采用"之"字形布置勘探孔。

　　4 重大设备基础应单独布置勘探孔。

5.3.2 勘探孔间距宜为 20 m～35 m。当相邻勘探孔揭露的土层变化较大且影响到桩基设计或施工方案选择时,宜适当加密勘探孔,但孔距不宜小于 10 m。抗拔桩的勘探孔间距可为 30 m～50 m。

5.3.3 单栋高层建筑勘探孔数量不应少于 4 个,控制性勘探孔不应少于 2 个。对高层建筑群,每栋高层建筑至少应有 1 个控制性勘探孔。30 层以上或高于 100 m 的超高层建筑,当基础宽度超过 30 m 时,宜在建筑物中部布置勘探孔。

5.3.4 控制性勘探孔深度应满足桩基沉降计算要求。对排列密集的群桩基础,压缩层厚度自桩端平面算起,直至附加压力等于土的自重应力的 20% 处,附加应力计算应考虑相邻基础的影响。对独立或条形承台下桩基,控制性勘探孔深度宜达桩端下 2 倍～3 倍承台宽度。

5.3.5 一般性勘探孔深度应进入预估桩端平面以下土层 $3d$ (d 为桩身设计桩径),且不应小于 3 m;对桩身直径大于或等于 800 mm 的桩,不应小于 5 m。抗拔桩的勘探孔深度不应小于桩端入土深度。

5.3.6 宜调查勘察场地范围内有无地下障碍物分布,当遇厚层杂填土或障碍物无法完成浅层勘探时,宜提出施工勘察或专项调查的建议。

5.3.7 桩基压缩层范围内各主要黏性土层的压缩试验数据不宜少于 6 个。工程需要时,宜对桩端以下一定深度范围内黏性土进行先期固结压力试验和三轴压缩试验。

5.3.8 应布置一定数量的静力触探试验孔,并选择部分钻孔在粉性土和砂土中进行标准贯入试验。必要时,可布置旁压试验、波速试验等原位测试。

5.4 沉降控制复合桩基

5.4.1 沉降控制复合桩基勘察时,浅层勘探、原位测试、室内试验应同时满足天然地基勘察和桩基勘察的有关要求。

5.4.2 勘探孔的间距宜为 30 m～45 m,当场地地基土条件复杂并影响基础设计时,宜适当加密勘探孔。

5.4.3 一般性勘探孔深度不宜小于桩端下 3 m,控制性勘探孔宜达桩端下 10 m～15 m,并满足地基沉降计算要求。

5.5 地基处理

5.5.1 地基处理勘察时,应针对可能采用的地基处理方案,提供地基处理设计和施工所需的岩土参数。地基处理勘察可结合建筑工程勘察进行。

5.5.2 勘探孔布置应符合下列规定:

1 勘探孔宜在拟处理场地按网格状布置。

2 采用换填垫层法、桩土复合地基或注浆法时,孔距宜为 30 m～50 m。

3 采用预压法、压实或夯实法时,孔距宜为 50 m～100 m。

4 当场地地基土条件复杂,并影响设计和施工时,可适当加密勘探孔。

5.5.3 一般性勘探孔深度不宜小于地基处理深度下 3 m,控制性勘探孔深度应满足地基变形计算要求。

5.5.4 应根据设计和施工的需要,查明场地内明浜、暗浜和填土的分布特征,必要时应提供填土的物理力学指标,评价填土的均匀性、压缩性和密实度等。

5.5.5 换填垫层法的岩土工程勘察宜包括下列内容:

1 查明待换填土层的分布范围和埋深,查明影响换填施工的地下水。

2 提供软弱下卧层的地基承载力、换填地基影响深度内各土层的压缩试验数据和强度指标。

3 专项委托时,应根据设计要求测定换填材料的最优含水量、最大干密度。

5.5.6 预压法的岩土工程勘察应包括下列内容:

1 查明预压法影响范围内各土层分布特征以及透水层的位置和厚度。

2 提供土层的压缩试验数据、抗剪强度指标、渗透系数以及固结系数(竖向和水平向)。

3 需评价软土在预压过程中强度增长规律时,应提供先期固结压力并确定其应力历史,布置三轴 CU 试验、十字板剪切试验获得强度指标,必要时可通过现场试验测定固结系数。

5.5.7 压实或夯实法的岩土工程勘察应包括下列内容:

1 查明影响深度范围内各土层的分布特征。

2 提供土层的压缩试验数据、抗剪强度指标和渗透系数。

3 宜调查施工场地和周围受影响范围内的地下管线、对振动敏感的设施和建筑物等。

5.5.8 桩土复合地基的岩土工程勘察应包括下列内容:

1 查明复合地基影响范围内各土层的分布特征和不良地质条件。

2 提供土层的压缩试验数据、抗剪强度指标,对需加固土体尚应查明有机质含量、pH 值、渗透性等。

3 提供各土层的地基承载力特征值以及变形计算所需的压缩模量。

4 采用树根桩、锚杆静压桩等进行地基处理时,宜提供各土层的桩基设计参数。

5 经专项委托,可根据地基土的性质及设计要求,估算单桩承载力、复合地基承载力以及沉降量。

5.5.9 注浆法的岩土工程勘察宜包括下列内容:

1 查明被加固土层的分布特征和渗透性。

2 提供土的含水率、孔隙比、颗粒级配、有机质含量等指标。

5.6 基坑工程

5.6.1 当基坑开挖深度大于 3 m 时,应按基坑工程要求进行勘察。基坑工程勘察宜结合建筑工程勘察同时进行。勘探孔宜布置在基坑周边或基坑围护体附近,基坑主要转角处宜有勘探孔。

5.6.2 安全等级为一、二级的基坑工程,勘探孔间距宜为20 m~35 m;安全等级为三级的基坑工程,勘探孔间距宜为 30 m~50 m。当相邻勘探孔揭露的土层变化较大并影响到基坑围护设计和施工方案选择时,应加密勘探孔,孔距不宜小于 10 m。

5.6.3 勘探孔深度不宜小于基坑开挖深度的 2.5 倍,且应满足围护结构稳定性验算、施工工艺和地下水控制的要求。

5.6.4 宜沿基坑周边布置小螺纹钻孔,其孔距、孔深可按本标准第 5.2.5 条执行。当场地内存在对基坑安全有较大影响的暗浜时,宜采用小螺纹钻孔予以查明。当地表或地下存在障碍物而无法按要求完成浅层勘探时,应提出施工期补充勘察的建议。

5.6.5 基坑工程除应提供固结快剪指标外,尚宜提供粉性土和砂土的颗粒组成、不均匀系数和渗透系数等指标。安全等级为一、二级的基坑工程应提供静止侧压力系数、三轴固结不排水压缩试验或直剪慢剪试验指标,必要时宜提供回弹再压缩试验指标,设计需要时可提供基床系数或比例系数。

5.6.6 安全等级为一、二级的基坑工程,对弱~中渗透性的土层宜进行现场简易抽(注)水试验,软黏性土层宜进行十字板剪切或旁压试验。必要时,可进行专项水文地质勘察。

5.6.7 相关含水层的水位量测、地下水与地表水的水力联系调查等,应符合本标准第14.2节的要求。

5.6.8 当基坑内的钻孔进入开挖深度以下砂土或粉性土时,钻探结束后应回填封孔并符合本标准第11.5.8条的要求。

5.6.9 安全等级为三级的基坑工程,土的渗透系数 k 值可按表5.6.9中的数值选用。

表 5.6.9　土的渗透系数 k 值

土层名称	k(cm/s)
淤泥质黏土	$(2\sim4)\times10^{-7}$
淤泥质粉质黏土	$(2\sim5)\times10^{-6}$

续表5.6.9

土层名称	k(cm/s)
淤泥质粉质黏土夹薄层粉砂	$(0.7\sim3)\times10^{-4}$
黏土	$(2\sim5)\times10^{-7}$
粉质黏土	$(2\sim5)\times10^{-6}$
黏质粉土	$(0.6\sim2)\times10^{-4}$
砂质粉土	$(2\sim6)\times10^{-4}$
粉砂	$(6\sim12)\times10^{-4}$

5.6.10 基坑工程周边环境调查的内容应符合本标准第11.3节的相关要求。

5.7 动力基础与环境振动

5.7.1 一般动力基础的勘探孔可结合建构筑物勘察进行布置,孔距宜按基础类型确定,必要时可在动力基础部位增布勘探孔。重大动力基础的勘探孔宜单独布置。

5.7.2 勘探孔的深度应根据动力基础埋深、动荷载性质及大小、平面尺寸、基础类型等确定。对于浅埋基础,勘探孔深度应满足天然地基设计要求;对于块体式基础,勘探孔深度应达基础底面以下1.5倍~2.0倍基础宽度,且不应小于5 m;采用桩基时,勘探孔深度应满足桩基设计要求。

5.7.3 应按本标准第5.2.5条规定对动力基础进行浅层勘探。

5.7.4 采取原状土样的数量除按本标准第5.1.4条规定执行外,尚应满足测定动力参数的需要。

5.7.5 对于重大的有特殊要求的动力基础,应按工程需要选择相应的室内动力试验或现场动力参数测试确定地基土的动力参数。试验方法应符合现行国家标准《地基动力特性测试规范》GB/T 50269的规定。

5.7.6 对于一般动力基础,如无特殊要求,土的剪切波速 v_s 可根据标准贯入试验实测值按表 5.7.6-1 确定,土的抗压刚度系数 C_z 可按表 5.7.6-2 中的数值确定。抗剪、抗弯、抗扭刚度系数 C_x、C_φ、C_ψ 可按下列公式计算:

$$C_x = 0.7C_z \tag{5.7.6-1}$$

$$C_\varphi = 2.15C_z \tag{5.7.6-2}$$

$$C_\psi = 1.05C_z \tag{5.7.6-3}$$

式中:C_x、C_φ、C_ψ 的单位均为 kN/m^3。

表 5.7.6-1 土的剪切波速 v_s 值

土层名称	褐黄色黏性土	灰色淤泥质黏性土	灰色粉性土	灰色黏性土	暗绿色草黄色黏性土	草黄色砂质粉土粉砂
埋藏深度(m)	<4	4~20	15~24	20~45	25~35	30~45
N(击)	<3	<3	2~9	5~15	12~29	15~35
v_s(m/s)	90~130	100~160	110~185	160~220	180~290	230~340

注:1. 本表适用于滨海平原区。

2. N 系标准贯入试验实测值。

3. 浅层土 N 较低时,剪切波速 v_s 取低值。

表 5.7.6-2 土的抗压刚度系数 C_z

土层名称	褐黄色黏性土		灰色淤泥质黏性土、黏质粉土				灰色砂质粉土			
埋藏深度(m)	0~1.5	1.5~4.0	2.5~4.0	4.0~6.0	6.0~8.0	8.0~10.0	2.5~4.0	4.0~6.0	6.0~8.0	8.0~10.0
C_z (kN/m^3)	23000	19000	16000	21000	26000	30000	20000	24000	29000	34000

注:1. 表中所列 C_z 值适用于基础底面积 A 大于或等于 20 m^2 的基础;当 A 小于 20 m^2 时,表中数值应乘以 $\sqrt[3]{20/A}$(A 为基础底面积,m^2)。

2. 当地下水位上升到基础底面时,在黏性土中 C_z 降低 15%,在粉性土中 C_z 降低 10%。

5.7.7 在工程建设可行性研究或初步设计阶段,当拟建建构筑物对环境振动有特殊要求时,应调查可能对建筑场地或建筑物产生振动影响的既有或潜在振源,以及振源的频率、振幅、干扰时间等。

5.7.8 工程需要时,可通过现场测试对建筑场地或建筑的环境振动进行评估,提供环境振动测试报告。受专项委托时,可进行下列分析评估:

1 当振动超过容许值时,宜结合实际情况针对振源、传播途径、受影响对象提出初步减振措施。

2 减振措施的减振效果宜通过现场试验确定。当条件不允许时,可采用理论或数值分析方法进行分析评估。

5.8 既有建筑物的加层、加固和改造

5.8.1 宜搜集既有建筑物的勘察、设计、施工和变形观测资料;当已有勘察资料不能满足既有建筑物的加层、加固和改造设计要求时,应根据设计方案有针对性地选择恰当的勘察手段,合理布置勘察工作量。

5.8.2 建筑物加层、加固的岩土工程勘察应符合下列要求:

1 勘探孔宜在原基础部位布置,查明建筑物基础下地基土的变化及土层强度的增长情况;无条件时,可紧邻基础外侧布置。勘探孔间距宜根据拟采用的基础形式,并符合本标准第5.2节或5.3节的要求。

2 采用天然地基方案时,勘探孔的深度应能控制地基的主要受力层,并满足新增荷载作用下地基变形计算的要求。采用桩基时,一般性勘探孔深度不应小于桩端下3 m,控制性勘探孔应满足地基沉降计算要求。

3 在1倍基础宽度的深度范围内采取原状土样的间距宜为1 m,以外宜为2 m。必要时可进行载荷试验,载荷试验深度宜与

基础埋深一致。当可能采用桩基础加固时,原位测试或取土要求尚宜满足桩基设计的要求。

4 除应提供常规物理力学性质指标外,对主要压缩土层可提供先期固结压力 p_c、超固结比 OCR 或固结系数(c_v、c_h)等。

5.8.3 建筑物接建、邻建的岩土工程勘察应按本标准第5.2节或5.3节的有关要求对新建建筑物进行勘察,必要时宜在既有建筑的接建、邻建部位布置静力触探孔。

5.8.4 既有多层住宅加装电梯的岩土工程勘察应符合下列要求:

1 对已有勘察资料宜充分利用,当不能满足设计要求时,勘探孔宜根据资料收集情况、基础形式、场地条件等布置于电梯基础的周边或角点。

2 单个单元加装电梯时,不宜少于1个勘探孔;对排列比较密集的多个单元加装电梯,可按相应的地基基础勘察要求布置勘探孔。

3 采用天然地基时,勘探孔深度应满足天然地基沉降计算要求;采用桩基时,一般性勘探孔深度不应小于桩端下3 m,控制性勘探孔宜达桩端下10 m,并满足地基沉降计算要求。

6 市政工程勘察

6.1 一般规定

6.1.1 本章适用于给排水工程、道路工程、桥涵工程、管道工程和堤岸工程的岩土工程勘察。

6.1.2 应在充分搜集、整理、分析利用已有资料的基础上,根据不同勘察阶段、市政工程的类型及等级综合确定勘察工作量。勘察的范围、深度、控制性孔和原位测试孔的比例应符合本标准第5.1.3条的要求。

6.1.3 市政工程中的线状工程,详细勘察阶段每一个工程地质单元中各主要土层物理力学指标或原位测试数据不应少于6个,或不应少于3个孔的静力触探测试数据。

6.1.4 基坑、堤岸以及采用顶管法、定向钻施工的管道工程,对可能影响工程建设与运营期安全的钻孔,应按本标准第11.5.8条的要求进行封孔处理。

6.2 给排水工程

6.2.1 本节适用于厂区水处理构筑物、泵房以及取排水构筑物等工程的勘察,厂区建筑工程的勘察宜按本标准第5章有关规定执行,厂区进出水管道的勘察宜按本标准第6.5节有关规定执行。

6.2.2 可行性研究勘察应以搜集资料、踏勘为主,需要时可布置适当的勘探工作量。勘探孔可按网格状布置,间距宜为300 m~500 m。

6.2.3 初步勘察勘探孔可按网格状布置,间距宜为100 m~

200 m。各主要的单独建构筑物宜有勘探孔控制。勘探孔深度应根据建构筑物性质及地基土条件综合确定,并满足设计方案比选要求。

6.2.4 详细勘察勘探孔平面布置应符合下列规定:

1 厂区水处理构筑物勘探孔宜沿基础周边布置,主要的转角处宜有勘探孔控制;大面积水处理构筑物基础范围内宜按网格状布置。勘探孔间距可根据基础类型按本标准第 5 章有关规定确定。

2 取水头部(排放口)、闸门井、工作井应有勘探孔控制;边长(直径)大于或等于 10 m 时,不宜少于 2 个勘探孔,孔距宜为 20 m～35 m。

3 泵房勘探孔布置应根据建筑规模确定。建筑面积小于或等于 200 m^2 的泵房,宜布置 1 个～2 个勘探孔;建筑面积大于 200 m^2 的泵房,不宜少于 2 个勘探孔,孔距宜为 20 m～35 m。泵房与管道接头处宜布置勘探孔。

4 箱涵勘探孔宜布置于结构边线外侧,当箱涵宽度大于 20 m 时,宜沿边线外侧布置 2 条勘探线;勘探孔间距宜为 20 m～35 m。

6.2.5 详细勘察勘探孔深度确定应符合下列要求:

1 厂区水处理构筑物勘探孔深度应按其基础形式,并考虑满载与空载工况以及地基处理等要求综合确定。控制性勘探孔深度应满足地基变形计算要求。桩基工程一般性勘探孔深度应符合本标准第 5.3.5 条的规定;天然地基一般性勘探孔深度宜取 0.6 倍～0.8 倍基础宽度(直径),且不应小于基础底面以下 5 m;涉及基坑时,勘探孔深度不宜小于开挖深度的 2.5 倍。

2 取水头部(排放口)采用排架桩时,勘探孔深度不应小于桩端下 3 m;采用其他基础形式时,勘探孔深度不应小于基础底面下 5 m,且应满足地基处理要求。

3 泵房勘探孔深度应满足不同基础类型及施工工法对孔深

的要求。明挖法施工的泵房勘探孔深度不宜小于开挖深度的 2.5 倍；采用沉井基础泵房，勘探孔深度宜达到沉井底下 0.5 倍～ 1.0 倍基础宽度或井径，且不应小于沉井刃脚以下 5 m；岸边泵房勘探孔深度尚应达到岸坡稳定验算深度下不小于 3 m。

4 箱涵、闸门井及工作井勘探孔深度不宜小于开挖深度的 2.5 倍，且应满足地基处理要求。

6.3 道路工程

6.3.1 本节适用于一般道路、高填土道路的岩土工程勘察。

6.3.2 可行性研究勘察应以搜集资料、踏勘为主，需要时可布置适当的勘探工作量。

6.3.3 初步勘察应在搜集资料及调查的基础上，沿拟定线路布置勘探孔，勘探孔间距宜为 400 m～500 m。勘探孔深度应根据道路等级及地基土条件综合确定，且满足地基处理要求。高填土道路勘探孔深度宜进入中～低压缩性土层，古河道区不宜小于 40 m。

6.3.4 详细勘察勘探孔布置应符合下列规定：

1 勘探孔可沿道路中心线布置或沿道路两侧交错布置，各交叉路口宜布置勘探孔，广场、停车场宜按网格状布置勘探孔。

2 一般道路、广场及停车场勘探孔间距宜为 200 m～400 m，高填土道路的勘探孔间距宜为 100 m～200 m，道路与桥梁接坡段地基处理范围勘探孔间距不宜大于 50 m。

3 宜采用搜集资料、现场踏勘等方法调查沿线是否存在暗浜、厚层填土等，并有针对性地布置小螺纹钻孔进行探查，必要时可布置静力触探孔、轻型动力触探等查明填土的性质。

6.3.5 详细勘察勘探孔深度应根据道路等级及地基土条件确定，并应符合下列要求：

1 一般道路、广场、停车场勘探孔深度不宜小于 10 m。

2 高填土道路勘探孔深度应满足稳定验算、地基处理和变形计算要求。

3 探查暗浜、厚层填土等分布区的勘探孔,孔深应进入正常沉积土层不少于 0.5 m。沿线穿越的明浜,应测量河床断面,并应查明淤泥厚度。

6.3.6 详细勘察除进行常规试验外,高填土道路宜提供固结系数 c_v、c_h。必要时,应进行承载比(CBR)试验,对饱和软黏性土进行现场十字板剪切试验或室内三轴不固结不排水压缩试验、无侧限抗压强度试验及高压固结试验。

6.3.7 对原有道路的拓宽、加固工程,应充分利用已有资料。当已有资料不能满足设计要求时,可参照本节规定进行勘察。工程需要时,宜进行原有道路状况和路面结构的专项调查,分析路基病害原因,并提出防治措施的建议。

6.4 桥涵工程

6.4.1 本节适用于地面桥梁、立交桥、高架桥、人行天桥、涵洞等岩土工程勘察。

6.4.2 桥涵等级分类可按表 6.4.2 确定。

表 6.4.2 桥梁涵洞分类

桥涵分类	单孔跨径 L_K(m)
特大桥	$L_K > 150$
大桥	$40 \leqslant L_K \leqslant 150$
中桥	$20 \leqslant L_K < 40$
小桥	$5 \leqslant L_K < 20$
涵洞	$L_K < 5$

6.4.3 可行性研究勘察应以搜集资料、踏勘调查为主,需要时可布置少量的勘探工作量,勘探孔间距宜为 300 m～500 m。

6.4.4 初步勘察的勘探线应与桥轴线方向一致,勘探孔宜结合桥墩台布置在轴线两侧,勘探孔间距宜为 100 m～200 m。勘探孔深度应根据桥涵分类及地基土条件综合确定,特大桥和大桥控制性勘探孔深度分别不宜小于 100 m 和 80 m。

6.4.5 详细勘察勘探孔平面布置应符合下列要求:

    1 勘探孔宜按墩台布置,勘探孔数量宜结合桥涵分类按表 6.4.5 确定。

表 6.4.5　桥涵详细勘察勘探孔布置

桥涵分类	勘探孔数量	备注
特大桥	每一主要墩台不宜少于 4 个	桥宽小于 15 m 时,主要墩台的勘探孔数量可适当减少
大桥	每一主要墩台不宜少于 2 个	
中桥	每座桥梁不宜少于 4 个	—
小桥	每座桥梁不宜少于 2 个	—
人行天桥	跨路墩台宜每墩台 1 孔	梯道处孔距宜为 20 m～35 m
涵洞	不宜少于 2 个	—

注:本表适用于桥梁承台宽<35 m 的桥梁;桥梁承台宽度≥35 m,勘探孔间距宜为 20 m～35 m。

    2 高架桥、立交桥、特大桥和大桥的引桥宜每墩布置勘探孔,并可根据桥梁跨径、墩台及桥宽等,按下列原则进行调整:

        1) 当跨径小于 18 m 且桥梁宽度小于 35 m 时,可隔墩布置勘探孔;

        2) 2 个或 2 个以上承台组成的墩台,当承台外边线距离≥35 m 时,每一墩台不宜少于 2 个勘探孔;

        3) 立交匝道交汇处可按场地控制布置勘探孔,并兼顾承台位置,孔距宜为 20 m～35 m。

    3 当相邻勘探孔揭示的地层变化较大,且影响基础设计和施工时,应按墩台适当加密勘探孔。

6.4.6 详细勘察勘探孔深度应按下列要求确定:

    1 控制性勘探孔深度应满足地基稳定性分析与变形计算要

求,特大桥及单孔跨径大于或等于 100 m 大桥的主要墩台控制性勘探孔数量不宜少于总孔数的 1/2。

2 桥梁工程一般性勘探孔深度不应小于桩端下 3 m;对桩身直径大于或等于 800 mm 的桩,则不应小于 5 m,且不得小于 3 倍桩径。

3 涵洞勘探孔深度不宜小于 2.5 倍开挖深度或达到基底以下 0.5 倍~1.0 倍基础宽度,并应满足地基基础或地基处理设计需要。

6.4.7 特大桥、结构复杂和单孔跨径大于或等于 100 m 的大桥宜进行波速试验或共振柱试验,提供土层的动力参数。

6.4.8 大型桥墩承台基础埋深大于 3 m 时,应满足基坑工程勘察要求。

6.5 管道工程

6.5.1 本节适用于室外给排水管道、综合管廊、输油输气管道工程的岩土工程勘察。

6.5.2 管道工程根据施工方式可分为开槽埋设的管道、顶管及定向钻进施工的管道、盾构施工的管道和架空管道。盾构施工的管道勘察可参照本标准第 7 章执行,架空管道勘察可参照本标准第 6.4 节中、小桥执行。

6.5.3 开槽埋设的管道勘探孔宜沿管线边线外侧交错布置;顶管及定向钻进施工的管道勘探孔应在管道边线外侧 3 m~5 m (水域 5 m~8 m)范围内交错布置,不宜布置在管道顶进(或钻进)范围内。管道穿越主要河道或主要道路时,在河道或道路两侧宜布置勘探孔;管道转折点、取水头部(排放口)均宜布置勘探孔。

6.5.4 可行性研究勘察应以搜集资料、踏勘为主,需要时可布置适当的勘探工作量。勘探孔可沿拟定线路布置,间距宜为 300 m~500 m。

6.5.5 管道工程勘探孔间距可按管道类别、规模、埋深及地基土条件综合确定。初步勘察阶段的勘探孔间距宜符合下列要求：

　　1 对开槽埋设的管道,勘探孔间距宜为 200 m～400 m。

　　2 综合管廊勘探孔间距宜为 100 m～200 m。

　　3 对顶管或定向钻进施工的管道,勘探孔间距宜为 100 m～200 m。

6.5.6 详细勘察阶段的勘探孔间距宜符合下列要求：

　　1 对开槽埋设的管道,勘探孔间距宜为 100 m～200 m。

　　2 综合管廊宜沿结构边线外侧交错布置,勘探孔间距(投影距)宜为 20 m～35 m;当宽度大于 20 m 时,宜沿结构边线外侧分别布置勘探孔。

　　3 对顶管或定向钻进施工的管道,勘探孔间距宜为 30 m～50 m;管道长度小于 50 m 时,勘探孔数量不宜少于 2 个。顶管井勘探孔宜沿周边或角点布置,当边长或直径大于或等于 10 m 时,勘探孔数量不宜少于 2 个。

　　4 倒虹管勘探孔间距宜为 30 m～50 m,且勘探孔数量不宜少于 2 个。

　　5 当地层变化大时,可适当加密勘探孔。

6.5.7 勘探孔深度宜按下列要求确定：

　　1 开槽埋设的管道勘探孔深度不宜小于 2.5 倍开挖深度,且不应小于管道底以下 3 m。

　　2 综合管廊勘探孔深度应同时满足基坑工程、地基处理和桩基设计的要求。

　　3 顶管或定向钻进施工的管道勘探孔深度不应小于管道底以下 1.5 倍管径,且不应小于管道底以下 5 m。顶管井勘探孔深度应根据基础形式、施工工法,分别参照基坑、沉井的勘察要求确定。

　　4 倒虹管的勘探孔深度应根据管道施工工法确定。

　　5 当管道基底土层为可能产生流砂或液化的土层时,勘探孔宜适当加深或予以钻穿。

6.5.8 除常规物理力学指标、渗透试验参数外,原位测试和土工试验尚应符合下列要求:

1 综合管廊应按本标准第5.6节基坑工程的勘察要求。

2 顶管井可根据施工工法参照基坑、沉井的勘察要求。

3 输油、输气金属管道宜每隔2 km测定地层电阻率。

6.5.9 对管道沿线分布的暗浜(塘)、厚层填土,宜在调查的基础上有针对性地布置小螺纹钻孔和原位测试查明其分布情况及填土性质等;对管道穿越的明浜(塘),应进行河床断面测量,提供地表水水位及淤泥厚度等。

6.6 堤岸工程

6.6.1 本节适用于防汛堤岸的岩土工程勘察。

6.6.2 初步勘察应在充分搜集资料、调查研究的基础上,沿堤岸线布置勘探孔,孔距宜为200 m~400 m,勘探孔深度宜为20 m~40 m。

6.6.3 详细勘察应符合下列规定:

1 纵断面宜沿堤岸线或平行堤岸线布置,堤岸走向转折及结构型式变化处宜布置勘探孔,孔距宜按表6.6.3-1确定;并宜选择代表性地段布置垂直于堤岸线的横剖面,横剖面的间距宜为堤岸纵剖面上勘探孔间距的2倍~4倍,每一横剖面线上勘探孔不宜少于3个,孔距不宜大于30 m。

表6.6.3-1 勘探孔间距

堤岸类别	孔距(m)
斜坡式	100~200
重力式	50~100
桩式	≤50

注:当长距离的堤岸位于空旷区域,且环境保护要求不高时,勘探孔间距可适当放大。

2 勘探孔深度应满足渗流与稳定分析的要求,宜根据堤岸类别按表 6.6.3-2 确定。工程需要时,勘探孔深度尚应满足沉降计算要求。

表 6.6.3-2　勘探孔深度

堤岸类别	孔深(m)
斜坡式	$(2\sim3)H$
重力式	$(3\sim4)b$
桩式	桩端下不宜小于 3 m

注:H 为堤高(m);b 为基础宽度(m)。

6.6.4 原位测试和土工试验应符合下列要求:

1 为满足堤岸边坡稳定性分析,可根据不同工况提供三轴压缩试验指标、十字板剪切试验指标。

2 根据颗粒分析试验成果,提供粉土、砂土的不均匀系数 d_{60}/d_{10} 及 d_{70}。

3 提供土层的渗透系数。

6.6.5 堤岸基础底面与地基土之间的摩擦系数,无试验资料时,可按表 6.6.5 中数值选用。

表 6.6.5　摩擦系数经验值

地基土类别		摩擦系数
黏性土	流塑	$0.15\sim0.20$
	软塑	$0.20\sim0.25$
	可塑	$0.25\sim0.30$
	硬塑	$0.30\sim0.35$
粉性土	稍密	$0.25\sim0.30$
	中密	$0.30\sim0.35$
	密实	$0.35\sim0.40$

续表6.6.5

地基土类别		摩擦系数
粉砂	松散	0.25～0.30
	稍密	0.30～0.35
	中密	0.35～0.40
	密实	0.40～0.45

7 隧道工程与轨道交通工程勘察

7.1 一般规定

7.1.1 本章适用于隧道工程、城市轨道交通工程、市域铁路工程的岩土工程勘察。

7.1.2 应在充分搜集、整理、分析利用已有勘察资料的基础上，根据不同勘察阶段、工程的类型及施工工法综合确定勘察工作量。勘察的范围、深度、控制性孔和原位测试孔的比例应符合本标准第 5.1.3 条的要求。

7.1.3 详细勘察阶段每一个工点或工程地质单元中各主要土层原状土试样或原位测试的数量应符合本标准第 6.1.3 条的要求。地下工程当单工点长度大于 1 km 时，各主要土层的常规强度试验数据不宜少于 6 组/km；明挖工程各主要土层三轴试验数据不宜少于 3 个。

7.1.4 当场地分布对工程有影响的承压含水层时，控制性勘探孔深度应满足工程建设地下水控制的需要，其水文地质参数的确定应符合本标准第 14.2 节的相关要求。

7.1.5 盾构法隧道、顶管法隧道及顶进式箱涵、基坑工程等，对可能影响工程建设与运营期安全的钻孔，应按本标准第 11.5.8 条的要求进行封孔处理。

7.1.6 穿越河床的工程，必要时应进行专项的水文分析及河势调查工作，沉管法隧道尚应进行专项的河床冲、淤调查。

7.2 隧道工程

7.2.1 本节适用于盾构法隧道、顶管法隧道及顶进式箱涵、明挖法隧道、沉管法隧道及相关附属工程的勘察。

7.2.2 可行性研究勘察应符合下列规定：

1 应充分搜集并利用工程沿线已有勘察资料，利用勘探孔与拟建隧道的距离不宜大于 50 m。

2 勘探孔间距不宜大于 500 m，且沿线每一地貌单元或工程地质单元不应少于 1 个勘探孔。

3 沉管法隧道拟选的干坞场地应有勘探孔。

4 勘探孔深度不宜小于 50 m，且应穿越软土层进入中低压缩性土层。

7.2.3 初步勘察应符合下列规定：

1 勘探孔宜沿隧道工程的线路布置，勘探孔间距宜为 100 m～200 m；当地基土分布复杂或设计有特殊要求时，勘探孔可适当加密。不同施工工法隧道的勘探孔布置形式和孔深宜按表 7.2.3 确定。

表 7.2.3 初步勘察阶段勘探孔布置和孔深

不同施工工法隧道	勘探孔布置形式	孔深要求
盾构法或顶管法圆形隧道	宜在隧道边线外侧 10 m 范围内交错布置，孔位应尽量避开结构线可能调整的范围	不宜小于基底以下 2.5 倍隧道直径
顶管法或顶进式矩形隧道、箱涵		不宜小于基底以下 1.5 倍隧道宽度，且不小于基底下 15 m
明挖法隧道	宜沿隧道边线外侧交错布置	不宜小于 2.5 倍开挖深度，且应满足地基基础初步设计要求

续表7.2.3

不同施工工法隧道	勘探孔布置形式	孔深要求
沉管法隧道	宜沿隧道轴线或边线布设	不宜小于基底以下1.0倍隧道宽度,且不宜小于河床下40 m

2 沉管法隧道干坞场地勘探孔可按网格状布设,勘探孔间距宜为100 m～200 m。勘探孔深度不宜小于2.5倍干坞深度。

3 工作井位置应有勘探孔,勘探孔深度可按本条明挖法隧道规定执行。

7.2.4 盾构法隧道详细勘察应符合下列规定:

1 勘探孔应在隧道边线外侧3 m～5 m(水域6 m～10 m)范围内交错布置。

2 当上、下行隧道内净距离大于或等于15 m或者上、下行隧道外边线总宽度大于或等于40 m时,宜分别按单线布置勘探孔。

3 勘探孔间距(投影距)宜为40 m～50 m,水域段勘探孔间距(投影距)宜为30 m～40 m;当地层变化较大且影响设计和施工时,应适当加密勘探孔。

4 联络通道位置应单独布置横剖面且不少于2个勘探孔,孔间距宜为30 m～50 m;当地质条件复杂时,应加密勘探孔。

5 一般性勘探孔深度不宜小于基底以下1.5倍隧道直径;控制性勘探孔深度不宜小于基底以下2.5倍隧道直径,当进入第⑨层后孔深可适当减小。

6 联络通道位置勘探孔深度宜为基底以下2倍～3倍隧道直径,施工工法有特殊要求时,可适当加深。

7 在隧道掘进范围内取土样和原位测试点间距不宜大于2 m。

7.2.5 顶管法或顶进式矩形隧道、箱涵详细勘察应符合下列规定:

1 勘探孔宜沿隧道边线外侧3 m～5 m(水域6 m～10 m)布

设,勘探孔间距(投影距)宜为 35 m~50 m。当隧道宽度小于 20 m 时,勘探孔宜沿两侧边线外交错布置;当隧道宽度介于 20 m~35 m 时,宜沿两侧边线外分别布置;当隧道宽度大于 35 m 时,宜沿中心线增布勘探线。

2 一般性勘探孔深度不宜小于基底以下 1.0 倍隧道宽度且不小于基底下 10 m,控制性勘探孔深度不宜小于基底下 1.5 倍隧道宽度且不小于基底下 15 m。

7.2.6 明挖法隧道详细勘察应符合下列规定:

1 当地基土分布较稳定且隧道总宽度小于或等于 20 m 时,勘探孔宜沿边线两侧交错布置,孔距(投影距)宜为 20 m~35 m。隧道总宽度大于 20 m 时,宜沿两侧边线外分别布置勘探孔,孔距不宜大于 35 m。

2 勘探孔深度应符合本标准第 5.6.3 条的规定。

3 水域段围堰应布置勘探孔,孔距不宜大于 50 m,横断面设置间距不宜大于 150 m。勘探孔深度不宜小于河床下 15 m,并应满足稳定性验算的要求。

7.2.7 沉管法隧道详细勘察应符合下列规定:

1 勘探孔可沿隧道边线布设,当隧道宽度大于 35 m 时,宜沿隧道边线及中心线布置,孔距宜为 35 m~50 m。采用桩基础时,孔距不宜大于 35 m。成槽浚挖范围内宜按本标准第 8.4 节疏浚工程的勘察要求执行。

2 一般性勘探孔深度不宜小于基底以下 0.6 倍隧道宽度且不小于河床下 30 m,控制性勘探孔深度不宜小于基底下 1.0 倍隧道宽度且不小于河床下 40 m。采用桩基础时,孔深应满足桩基工程的勘察要求。

7.2.8 干坞围堰及边坡详细勘察宜沿边线布置勘探孔,孔距不宜大于 35 m;干坞场地可按网格状布设,间距宜为 35 m~50 m。围堰及边坡勘探孔深度不宜小于 2.5 倍干坞深度且水域勘探孔不小于河床下 30 m。干坞场地勘探孔深度不宜小于设计坞底下

15 m且应满足地基处理设计深度要求。坞口段应根据坞口形式和设计要求确定勘探孔位置和孔深。

7.2.9 隧道工作井详细勘察勘探孔不宜少于 2 个,且孔距不宜大于 35 m。勘探孔深度应符合本标准第 5.6.3 条的规定。

7.2.10 管理用房等附属工程勘察可按本标准第 5 章有关规定执行。

7.2.11 应根据工程需要进行下列室内特殊试验和原位测试项目:

1 进行室内渗透试验及现场抽(注)水试验,提供土层的渗透系数;必要时,宜进行专项水文地质勘察,提供地下水控制的设计参数。

2 进行无侧限抗压强度试验、三轴压缩试验、十字板剪切试验,提供软黏性土的不排水抗剪强度指标。

3 提供土的静止侧压力系数、基床系数。

4 盾构法隧道断面影响范围内遇砂土、粉性土时应进行颗粒分析试验,提供土的不均匀系数 d_{60}/d_{10} 及 d_{70}。

5 采用冻结法施工时宜提供相关土层的热物理指标。必要时应进行专项勘察,提供各工况下相关土层的强度、融沉等参数。

7.3 轨道交通工程

7.3.1 本节适用于城市轨道交通工程、市域铁路工程及相关附属工程的勘察。

7.3.2 可行性研究勘察应符合下列规定:

1 充分搜集并利用工程沿线已有勘察资料,利用勘探孔与拟建线路距离不宜大于 50 m。

2 勘探孔间距不宜大于 500 m,每个拟设站点布置的勘探孔不宜少于 1 个,且沿线每一地貌单元或工程地质单元不应少于

1个勘探孔。

3 勘探孔深度不宜小于 50 m,且应穿越软土层进入中低压缩性土层;并应满足场地稳定性、适宜性评价和线路方案设计、工法选择等需要。

7.3.3 初步勘察应符合下列规定:

1 不同工程类别的勘探孔布置形式、孔距和孔深宜按表 7.3.3 确定;当地基土分布复杂或设计有特殊要求时,勘探孔可适当加密。

表 7.3.3 初步勘察阶段勘探孔布置和孔深

工程类别		勘探孔布置形式	勘探孔间距或数量	孔深要求
地下段	地下车站	宜在车站结构边线外侧交错布置	不宜大于 100 m,且每个车站不宜少于 4 个勘探孔	不宜小于 2.5 倍开挖深度,并应满足地基基础初步设计的要求
	工作井、风井	结构线外侧或角点	不宜少于 1 个勘探孔	
	明挖法区间及出入线明挖段	宜在结构边线外侧交错布置	宜为 100 m~200 m	
	盾构法区间隧道	宜在隧道边线外侧 10 m 范围内交错布置,孔位应尽量避开结构线可能调整的范围	宜为 100 m~200 m	不宜小于基底以下 2.5 倍隧道直径
高架段	高架车站	宜沿车站柱列线布置于拟设墩台位置	不宜大于 100 m,且每站不宜少于 3 个勘探孔	查明可能的桩基持力层及软弱下卧层,并满足桩基沉降估算的要求
	高架区间	宜沿区间轴线布置于拟设墩台位置	宜为 100 m~200 m;跨径大于或等于 100 m 的墩位宜单独布置勘探孔	

续表7.3.3

工程类别		勘探孔布置形式	勘探孔间距或数量	孔深要求
地面段	地面车站与附属设施	勘探孔可沿建构筑物边线及角点布置	不宜大于 100 m,且每站不宜少于 3 个勘探孔	孔深宜为 30 m～50 m,并应满足地基基础初步设计的要求
	地面区间及出入线路基	宜沿线路中心线或两侧交错布置	宜为 100 m～200 m	孔深不宜小于30 m,并宜穿越浅部软土层进入中低压缩性土层

注:有轨电车地面线路荷载较小,勘探孔深度可根据荷载影响深度及地基基础设计要求适当减小。

  2 车辆基地勘探孔宜结合建构筑物平面分布按网格状布置,间距宜为 100 m～200 m,重要的建构筑物应有勘探孔控制,勘探孔深度应根据拟建工程性质及地基土条件等综合确定,有上盖物业的勘探孔深度应同时满足开发要求。场地内分布的明浜(塘)应测量其断面,并查明浜(塘)淤泥厚度。

7.3.4 地下车站、工作井(或风井)及地下主变电站详细勘察应符合下列规定:

  1 勘探孔应沿结构边线外侧布置,孔间距宜为 20 m～35 m,车站端头部位应设置横剖面,且不宜少于 2 个勘探孔。

  2 勘探孔深度应符合本标准第5.6.3条的规定。

  3 车站端头部位、工作井(或风井)盾构进出洞端宜选取 1 个钻探孔在隧道开挖面的上下 2 m 范围内按 1.0 m～1.5 m 间距取土样。

  4 可采用综合勘探方法探明车站、工作井等基坑部位的暗浜(塘)的分布。遇明浜(塘)时,应量测河床断面及淤泥厚度。

7.3.5 对明挖区间、明挖联络线、地下车站出入口通道,详细勘察勘探孔间距宜为 20 m～35 m;当地基土分布较稳定且结构总宽度小于或等于 15 m 时,勘探孔宜沿基坑边线两侧交错布置,勘探孔间距可按投影距;勘探孔深度应符合本标准第5.6.3条的规定。

7.3.6 盾构法隧道详细勘察应按本标准第7.2.4条规定执行。

7.3.7 高架车站、区间及车站附属设施详细勘察应符合下列规定:

1 车站勘探孔宜按柱网或按结构边线布置,间距宜为 20 m~35 m。

2 区间勘探孔宜布置于拟设墩台位置,应逐跨布置勘探孔;当上行、下行线墩台轴线距离大于 20 m 时,宜每墩布置勘探孔。

3 跨径大于或等于 100 m 时,每墩位不宜少于 2 个勘探孔;地基条件复杂时,可适当增加勘探孔数量。工程需要时,应进行波速试验或共振柱试验提供土层的动力参数。

4 过街天桥应结合墩台布置勘探孔。

5 一般性勘探孔深度应进入预估桩端平面以下土层 $3d$(d 为桩身设计桩径),且不应小于 3 m;对桩身直径大于或等于 800 mm 的桩,不应小于 5 m;控制性勘探孔深度应满足变形计算要求。

7.3.8 地面车站及附属设施、区间详细勘察应符合下列规定:

1 车站及附属设施勘探孔宜沿建构筑物边线和柱网布置,孔间距宜为 30 m~45 m。采用桩基础时孔间距宜为 20 m~35 m。

2 地面区间和出入线路基勘探孔宜沿线路中心线或边线交错布置,孔间距宜为 30 m~45 m;采用桩基础时,孔间距宜为 20 m~35 m。

3 车站勘探孔深度不宜小于 30 m,同时应满足地基处理的设计要求。采用桩基础时应执行本标准第 7.3.7 条第 5 款的要求。

4 路基工程的勘探孔深度应满足地基处理、稳定性验算及变形验算要求。

5 高填土段除进行常规试验外,尚宜进行固结试验(提供 c_v、c_h),对饱和软黏性土宜进行现场十字板剪切试验、无侧限抗压强度试验或三轴不固结不排水压缩试验。

7.3.9 有轨电车地面线路详细勘察应符合下列规定:

1 勘探孔宜沿线路中心线或边线交错布置,孔间距宜为 50 m～70 m;采用复合地基处理时,孔间距不宜大于 45 m;采用桩基础时,孔间距宜为 30 m～40 m。

2 线路位于现状道路时,应查明现状道路的建设年份、结构形式、结构层及路床的厚度、成分、密实度等情况。

3 新建路基的厚填土层及原有道路改造路基的填土层应布置静力触探或轻型动力触探试验,试验孔间距宜为 50 m～70 m;填土厚度变化较大时,宜加密至 10 m～20 m。必要时,宜进行 K_{30} 检测。

4 路基工程的勘探孔深度应满足地基处理、稳定性验算及变形验算要求;采用天然地基时,勘探孔深度不宜小于 20 m;采用复合地基时,勘探孔深度不宜小于 25 m;采用桩基时,孔深应满足桩基设计要求。

7.3.10 车辆基地工程详细勘察应符合下列规定:

1 车辆基地可根据不同建筑类型分别进行勘察,有上盖开发需求时应同时满足上盖开发对勘察的要求。

2 路基工程勘察应按本标准第 7.3.8 条第 2 款和第 4 款的有关规定执行。

3 桩基工程勘察应按本标准第 5.3 节的有关规定执行。

4 基坑工程勘察应按本标准第 5.6 节的有关规定执行。

5 场地有填方要求时,填方影响深度范围内取样间距不宜大于 2 m,并应提供填方影响范围内土层的固结系数等指标。

7.3.11 车站、主变电站应布置土层电阻率测试,每个工点不宜少于 2 组。地下车站和主变电站测试深度不应小于结构底板下 5 m,高架及地面车站不宜小于自然地坪下 10 m。当接地有特殊要求时,应根据设计要求进行。

7.3.12 地下工程的室内特殊试验和原位测试项目应满足本标准第 7.2.11 条的规定。数值分析需要时,可进行三轴试验,并提供相关土层的应力～应变曲线及相关参数。

8 港口和水利工程勘察

8.1 一般规定

8.1.1 本章适用于港口工程和水利工程的岩土工程勘察。水利工程的堤岸勘察宜按本标准第 6.6 节执行。

8.1.2 工程需要时,港口工程淤泥和淤泥质土的定名可按现行行业标准《水运工程岩土勘察规范》JTS 133 执行;疏浚工程黏性土的附着力试验宜按现行行业标准《疏浚与吹填工程设计规范》JTS 181—5 执行。

8.1.3 勘探孔宜以取土孔、取上标贯孔和静力触探孔为主,不宜采用鉴别孔。水域区原位测试孔可以标准贯入试验孔为主。

8.1.4 勘察的范围、深度和控制性孔的比例应符合本标准第 5.1.3 条的规定。详细勘察阶段原状土试样或原位测试数据除应符合本标准第 5.1.4 条的规定,尚应符合相关行业标准的规定。

8.2 港口工程

8.2.1 本节适用于港口和修造船厂的码头、防波堤、施工围堰等水工建构筑物工程的岩土工程勘察。

8.2.2 可行性研究勘察应在搜集资料的基础上,根据工程要求、拟建主体建构筑物的初步位置和土层条件等布置勘探工作量,勘探孔间距宜为 300 m~500 m,勘探孔宜以控制性孔为主,孔深宜满足稳定性与变形计算的要求。

8.2.3 初步勘察应符合下列要求:

1 勘探孔宜沿垂直岸线或平行于水工建构筑物长轴方向布置,勘探孔间距可根据工程类型、地质条件按表8.2.3确定,岸边地段勘探孔间距宜适当加密。

表8.2.3　初步勘察勘探孔间距

工程类型	勘探孔间距(m)
码头、修造船建构筑物	100～200
防波堤、施工围堰	200～300

2 勘探孔深度应根据工程规模、设计要求和土层条件确定。一般性勘探孔深度宜进入主要受力层一定深度,控制性勘探孔深度须穿透软土层并满足地基变形计算的要求,且应满足设计方案比选的要求。

8.2.4 详细勘察应符合下列要求:

1 不同类型建构筑物的勘探孔间距宜按表8.2.4确定。

表8.2.4　详细勘察勘探孔间距

工程类型			勘探孔间距或数量	备注
码头	斜坡式		50 m～100 m	沿平行岸线方向布置
	高桩式		30 m～50 m	沿构筑物长轴方向布置
	栈桥	桩基		沿栈桥中心线布置
		墩基	每墩至少1个孔	—
	墩式		每墩至少1个孔	—
	板桩式		30 m～50 m	沿板桩轴线方向布置
	重力式		50 m～75 m	沿基础长轴方向布置
	单点或多点系泊式		20 m～35 m	按沉块和桩的分布范围布置
修造船建构筑物	船坞		30 m～50 m	坞口和泵房应根据结构和基础形式布置
	滑道		30 m～50 m	按平行滑道中心线布置
	船台		50 m～75 m	按网格状布置

续表8.2.4

工程类型	勘探孔间距或数量	备注
防波堤	70 m～100 m	—
施工围堰	70 m～100 m	—

注:相邻勘探孔土层变化较大且影响设计与施工方案选择时,应加密勘探孔。

    2   对需要进行稳定性验算的线状构筑物应布置横断面,横断面的间距宜为纵剖面线上勘探孔间距的 2 倍～4 倍。每一横断面上勘探孔不宜少于 3 个,孔距宜为 10 m～30 m。

    3   对桩基工程,一般性勘探孔深度应满足本标准第 5.3.5 条的规定;控制性勘探孔深度应满足下卧层和稳定性验算的要求;对需验算沉降的桩基,应超过地基变形计算的深度。

    4   对斜坡式码头、重力式码头和防波堤工程,孔深应满足稳定性和变形验算的要求。

8.2.5 港口工程应进行下列室内特殊试验和原位测试项目:

    1   相关土层的渗透试验,工程需要时宜进行现场抽(注)水试验。

    2   对基坑工程,应按本标准第 5.6 节的规定执行。

    3   在不同工况条件下进行稳定性分析时,宜提供土层的三轴压缩试验(UU、CU)指标。

    4   工程需要时,宜进行现场十字板剪切试验。

8.3 水闸工程

8.3.1 本节适用于水闸工程的岩土工程勘察。

8.3.2 初步勘察宜沿水闸轴线布置勘探纵剖面,大中型水闸应布置横剖面。每条剖面上不宜少于 3 个勘探孔,孔距宜为 50 m～100 m。当河床存在冲刷深槽时,深槽部位宜布置勘探孔。

8.3.3 初步勘察的勘探孔宜以控制性孔为主,勘探孔深度应根据水闸性质及土层条件综合确定。

8.3.4 详细勘察宜沿水闸轴线及其上下游引河、防冲消能段、翼（导）墙等布置勘探剖面,孔距宜为 20 m～50 m。大中型水闸纵、横勘探剖面数量均不宜少于 3 条,小型水闸的勘探剖面数量可适当减少。

8.3.5 详细勘察勘探孔深度应满足地基稳定性分析、抗渗设计及地基变形计算的要求。不同基础类型的勘探孔深度应符合下列规定:

    1 采用天然地基时,一般性勘探孔进入基础底面以下的深度不宜小于底板宽度的 1.5 倍～2.0 倍,且宜穿过浅部相对透水层和淤泥质土层。控制性孔深度应满足天然地基沉降计算的要求。

    2 采用桩基础时,一般性勘探孔深度不宜小于桩端以下 3 m,控制性孔深度应满足桩基沉降计算的要求。

8.3.6 水闸工程除应进行常规物理力学性质试验以外,尚应根据工程需要进行下列室内试验及原位测试:

    1 直剪快剪试验、三轴压缩(UU、CU)试验。

    2 回填土料击实试验。

    3 现场十字板剪切试验、抽(注)水试验等。

8.4 疏浚和土料勘察

8.4.1 本节适用于港口工程和水利工程的疏浚和土料勘察。

8.4.2 疏浚工程勘察宜根据疏浚范围、地形地貌、地层条件等结合水工构筑物勘察工作布置勘探线,勘探方法可采用钻探、物探及原位测试等。

8.4.3 疏浚工程的初步勘察勘探线宜沿疏浚区长轴方向布置,勘探孔间距宜为 300 m～800 m。详细勘察勘探孔间距宜为 100 m～200 m,且勘探孔数量不宜少于 3 个。勘探孔深度应达到设计疏浚深度以下 2 m～3 m,对有特殊需要的勘探孔宜适当加深;需进行稳定验算时,应钻至潜在滑动面以下 3 m～5 m。

8.4.4 疏浚工程应提供下列室内试验和原位测试指标:

1 天然密度、天然含水率、土粒比重、颗粒级配、孔隙比、砂的相对密度,软土尚应测定有机质含量。

2 工程需要时,宜提供界限含水率、饱和度、渗透系数、抗剪强度、休止角等指标。

3 粉性土或砂土应提供标贯击数或静力触探指标。

8.4.5 按勘察任务要求对工程所需土料勘察时,详细勘察阶段应符合下列规定:

1 勘探孔宜按网格状布置,间距宜为 100 m～200 m,勘探深度应揭穿有用层。

2 勘探揭露的土层应分层取样,单层厚度较大时,宜每 1 m～3 m 取 1 组土试样。

3 应对采取的代表性土样进行室内上工试验,试验项目包括天然含水率、颗粒分析、液限、塑限,视需要进行击实及击实后的剪切、渗透等试验。

9 环境工程勘察

9.1 一般规定

9.1.1 本章适用于大面积堆土工程、废弃物处理工程和污染土处置工程的岩土工程勘察。

9.1.2 应在充分搜集、整理、分析利用已有勘察资料的基础上，根据不同勘察阶段、项目类型及性质等确定勘察工作量。勘察的范围、深度和控制性孔的比例应符合本标准第5.1.3条的规定。

9.1.3 存在污染物的场地勘探应采取适合的钻探方式和隔离措施，避免污染扩散及交叉污染。

9.1.4 存在污染物的场地勘探结束后，钻孔及废弃的监测井应及时采用无污染且低渗透性材料回填；坑探结束后应及时将底土和表土按原层回填到采样坑槽中，并清理人为废弃物。对受污染的废弃物，应采用专门容器收集后在场外作专门处理。

9.2 大面积堆土工程

9.2.1 本节适用于堆土高度在2.5 m以上的大面积堆土工程的岩土工程勘察。

9.2.2 大面积堆土工程勘察前宜搜集下列资料：

　1　堆土的物质来源、填料土性、堆填方式。

　2　堆土的范围、高度、坡度。

　3　已有的工程地质与水文地质资料。

　4　周边环境条件及保护要求等。

9.2.3 大面积堆土工程的勘察宜包括下列内容:

1 查明堆土荷载影响深度范围内各土层的分布特征。

2 查明场地地下水水位、补给与排泄条件。

3 查明场地明浜(塘)等不良地质条件。

4 提供地基土的强度、渗透性及变形参数。

5 根据堆土方案,评价地基及堆土边坡的稳定性,预测地基变形。

6 根据堆土方案、地基土条件及环境条件,提出地基处理和环境保护的建议。

9.2.4 大面积堆土工程可直接进行详细勘察。勘探孔间距宜为 50 m～100 m,勘察的平面范围宜扩展到堆土区外围 2 倍～3 倍堆土高度;拟采用地基处理或桩基方案时,勘探孔间距尚应满足本标准第 5.3～5.5 节的规定。

9.2.5 大面积堆土工程勘探孔深度应满足地基稳定和变形分析要求,并应符合下列规定:

1 一般性孔深度应满足地基稳定性分析的要求,且应穿过软土层。

2 控制性孔孔深应满足沉降计算要求,当遇硬土层及中密～密实砂层时,勘探孔深度确定时宜考虑土层应力历史。

3 当采用地基处理或桩基方案时,勘探孔深度尚应满足本标准第 5.3～5.5 节的规定。

9.2.6 大面积堆土工程宜进行下列室内特殊试验及原位测试项目:

1 无侧限抗压强度试验、三轴压缩试验(UU、CU)。

2 渗透试验。

3 固结试验(提供 c_v、c_h)。

4 饱和软土的现场十字板剪切试验。

5 工程需要时,宜进行主要土层的先期固结压力试验。

9.3 废弃物处理工程

9.3.1 本节适用于新建、改(扩)建垃圾填埋场、工业废渣堆场的勘察,不适用于核废料填埋场和垃圾焚烧厂的勘察。

9.3.2 废弃物处理工程勘察前宜搜集下列资料:

    1 废弃物类型、成分、日处理量、堆填方式与要求。

    2 堆填容量和使用年限。

    3 防渗结构的变形要求。

    4 场地及附近已有的工程地质与水文地质条件。

    5 场地及周围的环境保护要求。

9.3.3 废弃物处理工程的岩土工程勘察应包括下列内容:

    1 查明场地地层分布特征及其物理力学性质。

    2 查明地基土的强度、变形、渗透特征,并提供地基土的地基承载力。

    3 查明地下水的埋藏补给条件、不同含水层的水力联系。若有对工程有影响的地表水,应调查其水文资料,查明地表水和地下水的水力联系。

    4 填埋场工程,若涉及基坑开挖,应满足本标准第5.6节的勘察要求。

    5 现有填埋场原址的改扩建工程,应分析既有荷载在地基土中引起的应力状态的改变及其影响,提供地基土的承载力、强度指标以及变形指标。

    6 提供地基及边坡稳定性计算所需的岩土参数。

    7 任务委托时,新建工程应进行建设场地地基土和水环境(背景值)调查;扩建或改建工程应根据原有环境资料,并按本标准第9.4节查明场地地基土和水是否受污染、污染物种类及污染程度,并提出预防建议。

9.3.4 可行性研究勘察宜采取踏勘、调查手段,必要时布置少量勘探工作,对拟选场地的稳定性和适宜性作出评价。

9.3.5 初步勘察应在充分搜集、利用场地及附近已有资料的基础上,进行必要的钻探、原位测试、室内试验。勘探孔的间距宜为 200 m～300 m,勘探孔深度应满足地基稳定、变形计算、渗漏分析的要求,且不宜小于 40 m。

9.3.6 详细勘察勘探孔间距和深度宜根据堆填方式、荷载和地基土条件等综合确定,并应符合下列要求:

1 勘探孔间距宜为 50 m～100 m,与地基稳定、渗漏分析有关的地段宜适当加密勘探孔。

2 一般性勘探孔的深度应满足地基稳定、渗漏分析计算的要求。控制性勘探孔的深度应满足变形计算的要求。

3 对改(扩)建工程,堆体内的勘探孔间距可适当增大,并采取措施防止环境污染。

4 工程需要经委托时,已受到污染的区域勘察工作量尚应满足本标准第 9.4 节的相关要求。

9.3.7 工程需要时,根据任务委托可开展专项勘察或提出专题研究的建议,宜包括下列内容:

1 调查污染物的运移,评价污染对环境的影响。

2 分析预测暴雨和地基变形对垃圾堆体、坝体的影响,预测垃圾堆体和垃圾坝发生垮塌、滑坡、沼气爆炸、污水泄漏等突发事件可能造成的影响,提出对策或建议。

9.4 污染土处置工程

9.4.1 本节适用于工业污染土和垃圾填埋场渗滤液污染土处置工程的勘察,不适用于核废料污染土处置工程的勘察。

9.4.2 污染土处置工程勘察前宜搜集下列资料:

1 污染源、污染史、污染途径、污染物成分。

2 污染场地已有建构筑物受影响的程度。

3 拟采用的污染土处置方法以及拟建工程的结构与基础类型、基础埋深、可能采用的施工工法等。

4 已有的场地利用及历史变迁资料、环境调查资料、工程地质与水文地质资料。

5 周边环境现状与保护要求。

9.4.3 污染土处置工程的勘察宜包括下列内容：

1 查明场地地形地貌、土层结构与性质，提供相关土层的物理力学参数。

2 查明场地含水层分布、地下水补径排及水位变化，提供相关土层的水文地质参数。

3 查明场地污染源特征与分布，土层及地下水中污染物种类、浓度及分布。

4 评价场地污染土承载力与变形特征、污染土和地下水对建筑材料的腐蚀性、土和地下水的环境质量。

5 根据建设工程性质与场地污染特征，提出污染土与地下水修复治理方法的建议，为处置工程提供岩土设计参数。

6 工程需要时，宜分析评价建设场地的污染发展趋势以及对生态环境和人体健康的危害。

9.4.4 污染土处置工程的勘察可分为初步勘察和详细勘察，当场地污染源及污染物分布基本明确时，可直接进行详细勘察。

9.4.5 污染土处置工程的勘察宜根据工程需要布设勘探孔、土样采样点、地下水采样点及水文地质勘探孔，各类勘探采样点可结合共用。用于地下水环境质量分析的地下水样应从监测井中采集。

9.4.6 初步勘察勘探采样点和地下水监测井的平面布置应符合下列要求：

1 污染源尚不明确的场地，勘探采样点宜采用网格状布置，间距不宜大于 40 m；地下水监测井宜布置在场地周边及中央，或在地下水流向的上下游及场地中央各布置 1 个。

2 污染源明确的场地,勘探采样点宜布置在污染区中央、明显污染的部位及可能受影响的范围,非污染区域至少应布置1个;地下水监测井宜布置在污染区及附近,非污染区至少宜布置1个。

3 每个场地勘探采样点不应少于 5 个,当场地面积小于5000 m² 时,勘探采样点数量不应少于 3 个;每个场地地下水监测井不应少于 3 个,当涉及多层地下水污染时,应分层采样。

4 当工程需要跟踪监测地下水质量或水位变化时,应设置地下水长期监测井。

9.4.7 详细勘察勘探采样点和地下水监测井的平面布置应符合下列要求:

1 当污染物分布较均匀时,勘探采样点可采用网格法布置,间距不宜大于 20 m。当场地面积较小时,勘探采样点数量可适当减少,但不应少于 5 个。

2 当污染物分布存在显著差异时或遇暗浜、厚层填土或浅部土层性质变化较大时,勘探采样点宜适当加密,控制污染土边界的勘探点间距不宜大于 10 m。

3 未污染区域应布置对照勘探采样点,每个场地不宜少于1个。

4 地下水监测井数量应满足查明场地地下水污染分布范围的需要,且不应少于 5 个,场地面积小于 10000 m² 时可适当减少数量。

5 当地下水具有明显流向时,应在场地污染区地下水流向的上游、两侧至少各布置 1 个地下水监测井;地下水可能污染较严重区域和地下水流向下游,应分别至少布设 2 个地下水监测井。

6 当地下水流向不明显时,监测井宜根据污染源形态特征布设,污染源附近可适当加密,未污染区应布置对照地下水监测井,每个场地不宜少于1个。

9.4.8 勘探采样点和地下水监测井的深度应符合下列要求：

1 勘探采样点应穿透浅部渗透性较大的填土、粉性土及砂土,进入低渗透性的黏性土层,最大深度应穿过污染土分布深度,且进入稳定分布的黏性土层不宜小于 2 m。

2 勘探采样点深度应满足污染土评价和处置的要求。

3 地下水监测井的深度,宜根据地层结构、含水层分布特征确定,监测井应进入监测目标含水层不少于 2 m,且最大深度应大于污染深度。

4 地下水采样点的最大深度应大于污染深度,当场地内浅层地下水污染,且浅层地下水与深层地下水有水力联系时,应采集深层地下水样,并采取严格的隔离措施。

9.4.9 土样与地下水样品的采集应符合下列要求：

1 宜根据需要采集土样,表层 0～0.2 m 应采集土样,深度 0.2 m～3 m 的采样间隔宜为 0.5 m,深度 3 m～6 m 的采样间隔宜为 1 m,深度 6 m 以下的采样间隔宜为 2 m;判定污染土与非污染土深度界线时,取样间距不宜大于 1 m。

2 地下水采样深度宜在水面 0.5 m 以下,采集不同深度的地下水样应采取分段隔离措施。

3 对可能存在轻质非水溶性有机物(LNAPL)污染的场地,应在含水层顶部增加采样点;对可能存在重质非水溶性有机物(DNAPL)污染的场地,应在含水层底部和不透水层顶部增加采样点。

9.4.10 当条件具备时,污染土处置工程勘察宜根据工程需要采用以下现场测试项目：

1 可根据不同的污染物类型选用电阻率法、探地雷达法、激发极化法等工程物探方法。

2 可选用测定土层电阻率或介电常数的多功能静力触探探头进行测试。

3 宜根据需要进行水文地质试验,测定地下水水位、地下水流向、渗透系数、给水度、贮水系数、弥散系数、热物性参数等水文地质参数。

9.4.11 污染土处置工程室内试验除应满足处置工程设计和施工的需要,尚应进行土和水腐蚀性试验及环境指标的检测。

9.4.12 污染土处置工程勘探、建井、现场测试和室内试验应满足现行上海市工程建设规范《建设场地污染土勘察规范》DG/TJ 08—2233 的要求。

10 场地和地基的地震效应

10.1 一般规定

10.1.1 上海地区的抗震设防烈度、设计基本地震加速度、设计地震分组、各类场地的特征周期和地震影响系数,应按现行上海市工程建设规范《建筑抗震设计标准》DG/TJ 08—9 确定。

10.1.2 岩土工程勘察应根据工程抗震设防类别,进行相应的场地和地基的地震效应分析和评价。

10.1.3 岩土工程勘察报告应提出关于场地稳定性、场地类别、地基液化和软土震陷的评价和处理建议;对需要采用时程分析法计算的建构筑物,尚宜根据设计要求提供地表以下 100 m 深度内的土层剖面、动力参数和覆盖层厚度。

10.2 场 地

10.2.1 基岩露头或浅埋区以及浅部有硬土层分布的湖沼平原 I-1 区,应按波速判定场地类别,其余建筑场地多属现行国家标准《建筑抗震设计规范》GB 50011 所划分的Ⅳ类场地。港口、水利工程的场地类别可根据现行行业标准《水运工程抗震设计规范》JTS 146 和《水工建筑物抗震设计规范》DL 5073 有关规定确定。

10.2.2 湖沼平原 I-1 区根据波速判别场地类别时,应符合下列要求:

　　1 每个建设场地,测试土层剪切波速孔的数量不宜少于 3 个。单栋高层建筑(≥10 层)场地,测试土层剪切波速孔的数量不宜少于2个。

2 对丁类建筑及丙类建筑中层数不超过10层、高度不超过24 m的建构筑物,可根据土层名称、埋深、性状等,按表10.2.2选用剪切波速 v_s 值。

表10.2.2 湖沼平原I-1区土层剪切波速 v_s 值

层序	土层名称	埋深范围 (m)	状态/密实度	p_s 范围值 (MPa)	波速范围值 v_s(m/s)
①	填土	<3.5	松散	0.5~2.5	75~130
②	褐黄~灰黄色 黏性土	0.5~3.5	可塑	0.5~1.2	95~135
③₁	灰色淤泥质 粉质黏土	2.5~10.0	流塑	0.3~0.7	100~145
		10.0~20.0		0.4~0.8	120~170
③₂	灰色粉性土	2.5~10.0	松散~稍密	2.0~2.5	125~175
⑥₁	暗绿~草黄色 黏性土	2.5~10.0	可塑~硬塑	1.5~3.5	150~220
		10.0~20.0		2.0~4.0	160~260
⑥₂	黄~灰色 粉性土、粉砂	6.0~15.0	稍密~中密	2.0~6.5	160~220
		15.0~20.0		2.5~10.0	180~280
⑥₃	灰色黏性土	15.0~20.0	软塑	1.0~2.0	160~230

10.2.3 场地岩土工程勘察,应根据工程需要和地震活动情况、工程地质和地震地质的有关资料综合评价,划分抗震有利、一般、不利和危险地段。

10.3 地基液化判别

10.3.1 抗震设防烈度为7度或以上的建筑,当地面以下20 m深度范围内存在饱和砂土或砂质粉土时,应判定该土层地震液化的可能性,并确定整个地基的液化等级。

10.3.2 进行地基液化判别时,符合下列条件之一的,可初判为不液化或可不考虑液化影响：

    1 晚更新世（Q_3）及其以前地层。

    2 粉性土中黏粒含量百分率大于或等于 10。

    3 砂质粉土或砂土与黏性土互层时。

    4 砂质粉土或砂土在场地内平均合计厚度不足 1 m。

    5 天然地基上覆非液化土层厚度超过液化土特征深度 d。（砂质粉土为 6 m，砂土为 7 m，其中应扣除淤泥及淤泥质土层厚度）。

10.3.3 当初步判别认为需进一步进行液化判别时，应根据标准贯入试验或静力触探试验成果，进行土层液化可能性的判别，并确定液化土层的液化强度比。两种试验判别方法同等有效。情况复杂时，可采用综合方法进行分析评价。

10.3.4 用于液化判别的标准贯入试验孔或静力触探试验孔，每个场地不应少于 3 个，勘探孔深度不应小于液化判别深度。

10.3.5 当采用标准贯入试验判别时，应采用泥浆护壁钻进，试验点间距宜为 1.0 m～1.5 m，并应留样做颗粒分析试验（黏粒含量分析采用六偏磷酸钠作为分散剂）。

10.3.6 当实测标准贯入击数 N（未经杆长修正）小于临界标准贯入击数 N_{cr} 时，应判为可液化土。在地面下 20 m 深度范围内，液化判别标准贯入击数临界值可按下式计算：

$$N_{cr} = N_0 \beta [\ln(0.6d_s + 1.5) - 0.1d_w] \sqrt{3/\rho_c} \quad (10.3.6)$$

式中：N_{cr}——液化判别标准贯入击数临界值；

      N_0——液化判别标准贯入击数基准值，7 度时可取 7 击；

      β——调整系数，上海按设计地震第二组取为 0.95；

      d_s——标准贯入试验点深度（m）；

      d_w——地下水位埋深（m）；

      ρ_c——黏粒含量百分率，小于 3 时取 3。

10.3.7 当单桥探头实测比贯入阻力 p_s 小于临界比贯入阻力

p_{scr} 或双桥探头实测锥尖阻力 q_c 小于临界锥尖阻力 q_{ccr} 时,应判为可液化土。临界比贯入阻力 p_{scr} 或临界锥尖阻力 q_{ccr} 可分别按式(10.3.7-1)或式(10.3.7-2)确定。实测比贯入阻力 p_s 或实测锥尖阻力 q_c 可按每个静力触探试验孔中每米厚度的平均值取用。黏粒含量的取值应真实可靠,对砂质粉土或砂土层中比贯入阻力 p_s 或锥尖阻力 q_c 明显减小的夹层,宜在旁侧相应深度采取土试样进行验证。

$$p_{scr} = p_{s0} \left[1 - 0.06d_s + \frac{(d_s - d_w)}{a + b(d_s - d_w)} \right] \sqrt{\frac{3}{\rho_c}}$$

$$(10.3.7-1)$$

$$q_{ccr} = q_{c0} \left[1 - 0.06d_s + \frac{(d_s - d_w)}{a + b(d_s - d_w)} \right] \sqrt{\frac{3}{\rho_c}}$$

$$(10.3.7-2)$$

式中:p_{s0},q_{c0}——分别为液化判别比贯入阻力基准值和锥尖阻力基准值(MPa),7 度第二组时可分别取 3.20 MPa 和 2.90 MPa;

p_{scr},q_{ccr}——分别为液化判别比贯入阻力临界值和锥尖阻力临界值(MPa);

d_s——静力触探试验点深度(m);

a,b——系数,分别取 1.0 和 0.75。

其余符号意义同上。

10.3.8 对于存在可液化土层的地基,应探明各液化土层的埋深和厚度,按式(10.3.8-1)、式(10.3.8-2)或式(10.3.8-3)逐点计算各分层的液化强度比 F_{le},按式(10.3.8-4)计算每个钻孔的液化指数 I_{le},并按表 10.3.8 综合划分地基液化等级。

$$F_{le} = \frac{N}{N_{cr}} \qquad (10.3.8-1)$$

$$F_{le} = \frac{p_s}{p_{scr}} \qquad (10.3.8\text{-}2)$$

$$F_{le} = \frac{q_c}{q_{ccr}} \qquad (10.3.8\text{-}3)$$

$$I_{le} = \sum_{i=1}^{n} (1 - F_{lei}) d_i W_i \qquad (10.3.8\text{-}4)$$

式中：F_{lei}——第 i 试验点的液化强度比，当 $F_{lei} > 1.0$ 时，取
 $F_{lei} = 1.0$；

I_{le}——液化指数；

p_s, q_c——分别为实测比贯入阻力和实测锥尖阻力（MPa）；

N——标准贯入击数的实测值；

d_i——第 i 试验点所代表的土层厚度（m）；

W_i——第 i 试验点所代表土层的埋深权数（m^{-1}），当该层
 中点深度不大于 5 m 时采用 10，等于 20 m 时采用
 零值，5 m～20 m 时按线性内插法取值；

n——可液化土层范围内的分层总数。

表 10.3.8 液化等级

液化等级	轻微	中等	严重
液化指数	$0 < I_{le} \leqslant 6$	$6 < I_{le} \leqslant 18$	$I_{le} > 18$

10.3.9 评价地基液化等级时，应符合下列规定：

1 在同一地质单元内，各孔判别结果不一致时，可按多数孔
的判别结果或以各孔液化指数的平均值确定；也可根据液化土层
分布规律和判别结果，分区评价。

2 当建设场地涉及不同工程地质单元时，应分区评价。

10.3.10 地基抗液化措施应根据建构筑物的抗震设防类别和地
基的液化等级，参照表 10.3.10 并结合具体情况予以确定。

表 10.3.10 地基抗液化措施选择原则

抗震设防类别	地基的液化等级		
	轻微	中等	严重
特殊设防(甲类)	(1)	(1)	(1)
重点设防(乙类)	(2)或(3)	(1)或(2)+(3)	(1)
标准设防(丙类)	(3)或(4)	(3)或(2)	(1)或(2)+(3)
适度设防(丁类)	(4)	(4)	(3)或更经济的措施

注:1. 表中(1)——全部消除地基液化沉降的措施,如桩基、加大基础埋置深度、深层加固至液化土层下界,挖除全部液化土层等;
    (2)——部分消除地基液化沉降的措施,如加固或挖除一部分液化土层等;
    (3)——基础和上部结构处理,指减小不均匀沉降或使建构筑物较好适应不均匀沉降的措施等;
    (4)——可不采取措施。
  2. 表中措施未考虑倾斜地层和液化土层严重不均匀的情况。

10.4 场地地震反应分析

10.4.1 当规范提供的反应谱无法满足抗震设计时,宜进行专项场地地震反应分析。专项勘察应符合下列要求:

1 勘探孔布置应能控制土层结构和场地内不同工程地质单元,孔深应不小于 100 m;当小于 100 m 遇基岩时,应进入岩层且满足 $v_s \geqslant 500$ m/s。

2 波速测试孔的数量不应少于 2 个。

3 应在代表性土层中采取土试样,进行共振柱或动三轴试验,提供土层的剪切模量比与剪应变关系曲线、阻尼比与剪应变关系曲线。

10.4.2 场地地震反应分析的专项工作应符合下列规定:

1 自由基岩场地,应根据地震危险性分析结果确定场地地震动参数。

2 土层场地,应根据场地地层信息建立场地地震反应分析模型,并基于场地地震反应分析结果确定场地地震动参数。

3 场地土层反应分析可采用一维等效线性化分析模型。土层层面、基岩面或地表起伏较大时,宜采用二维或三维分析模型。

4 场地地震动参数应包括不同超越概率水准、场地地表及工程建设所要求深度处的地震动峰值和反应谱。

5 应根据工程需要,依据场地地震动参数合成场地地震动时程;合成时程曲线时,其反应谱的周期控制点数不得少于 50个,控制点谱的相对误差应控制在 5% 以内。

6 当设计需要时,可从国内外强震动数据库中选取与上海地区类似地震背景、相同场地类别的天然地震记录,并对地震动的幅值按比例法调整。

10.4.3 对可能发生地震地质灾害的场地,应进行专项调查与评估工作。

11 工程地质调查与勘探

11.1 一般规定

11.1.1 上海地区各类建设工程宜综合运用工程地质调查及适宜的勘探方法查明场地的工程地质条件。

11.1.2 在对建设场地进行工程地质调查的同时,尚应重视对场地周边环境的调查。

11.1.3 应根据场地岩土条件与勘察目的,选择适宜的勘探设备和方法。

11.1.4 进行现场勘探时,应搜集地下管线及障碍物相关资料,宜开挖样洞或采用物探方法进行复核,并应采取有效措施,防止对人身安全造成损害,避免对地下管线、地下工程和自然环境造成破坏。

11.1.5 勘察现场作业应采取保护生态环境、预防场地污染的措施,严禁遗弃泥浆、油污、塑料、电池及其他废弃物。

11.1.6 勘探工作完成后,除需要水位观测等特殊要求的钻孔、测试孔外,应按规定及时回填。基坑、堤岸工程及采用盾构法、顶管法、定向钻施工的工程等,对可能影响工程建设与运营期安全的钻孔,应进行封孔处理。需保留的钻孔、测试孔应设置防护装置。

11.1.7 勘探工作的编录或采集的原始数据可采用电子化记录,记录或数据宜及时传输至信息平台。

11.2 工程地质调查

11.2.1 工程地质调查范围应包括拟建场地及附近相关地段。

11.2.2 工程地质调查应充分搜集、研究已有的地质资料并进行现场踏勘,宜包括下列内容:

1 搜集已有地质资料,包括查阅各类地质图和工程地质图集、不同时期地形图或河流历史图、近邻工程的勘察资料等。

2 冲填土、素填土、杂填土等的分布范围、回填年代、方法以及物质来源等。

3 已被填埋的河、塘等的分布范围、深度、所填物质及填埋年代。

4 井、地下工程、地下管线等的分布范围、深度。

5 地下水的类型、埋藏条件、补给来源、水位变化幅度以及地基土的渗透性等。

6 场地及附近是否存在污染源。

7 港口和水利工程,尚需搜集相关水文资料,包括潮水位变化、水质、冲淤情况等。

8 类似工程和相邻工程的建设经验。

11.3 周边环境调查

11.3.1 建设单位委托岩土工程勘察时,应提供包括场地内及周边的地下管线与地下设施、建构筑物基础形式、保护建筑等资料。

11.3.2 勘察期间对周边环境的调查,除收集建设单位提供的相关周边环境资料外,尚宜调查建设场地周围的建构筑物、道路、河流、堆土或其他堆载的分布以及邻近工程建设情况等,必要时宜结合照片进行文字说明。

11.3.3 当周边建构筑物复杂时,建设单位应委托专业单位进行专项调查,并提供调查报告。

11.4 勘探点定位与高程测量

11.4.1 应根据场地具体条件选择合适的方法和测量仪器进行勘探点定位,并应符合下列规定:

1 场地有固定参照物,并经校核其位置与地形图上位置一致时,可根据该参照物进行量测定位。

2 场地内已布设控制点或界桩,并已知建构筑物坐标时,可根据界桩、坐标采用全站仪或经纬仪定位。

3 当采用CAD图解能生成勘探点城市坐标并经核对正确时,可采用卫星定位测量,定位时宜采用上海市测绘基准服务系统(SHCORS)或采用卫星定位动态测量方法(GNSS-RTK)进行勘探点定位。

4 江、海、河上的勘探点宜根据离岸的远近选用卫星定位测量、全站仪或经纬仪定位。

11.4.2 勘探点的位置实地确定后,应有明显的标识,并保证标识点的牢固。

11.4.3 勘探点的孔口标高宜采用吴淞高程系统,宜根据市设水准点或市设水准点引测的高程点为基准进行孔口标高测量。孔口标高测量应进行引测线路的闭合计算,闭合差应满足 $\pm 40\sqrt{L}$ mm 要求(L 为测量线路总长度,单位为 km)。利用卫星系统进行勘探点孔口标高测量时,可使用上海市测绘基准服务系统(SHCORS)解算孔口标高,必要时应采用市设水准点对其成果进行校核。

11.4.4 水域勘探孔的孔口标高测量应根据水面高程、水深、验潮资料确定,水深可采用测深仪或测深锤、测杆测定,测量允许误差应不超过 ± 5 cm。水位变化大且采用测深锤或测杆测定时,孔口标高应由多次水深测量确定,并用下入水中套管的长度作校核。

11.4.5 当实施的勘探孔孔位变动时,应进行孔口标高和孔位的复测。

11.5 钻 探

11.5.1 钻探方法可根据土层性质和勘探要求选用,在黏性土中可采用螺纹提土器回转钻进,粉性土和砂土中应采用泥浆钻进,也可采用岩芯管全断面取芯钻进。

11.5.2 对于采取原状土试样或进行原位测试的勘探孔,可按相关技术标准或规定进行。

11.5.3 浅层勘探宜采用小口径螺纹提土器(简称"小螺纹钻")钻进,不得使用小麻花钻。当浅层杂填土厚,采用小螺纹钻无法实施时,可根据专项委托采用浅层探槽查明土层分布。

11.5.4 钻探机具和钻孔孔径可根据取样或测试要求、土层性质及孔深等情况加以选取,采取土试样孔的孔径应大于取土器规格。

11.5.5 钻探工作应符合下列要求:

1 当浅层土松软或杂填土易塌陷影响钻进和取土质量时,可下护孔套管,护孔套管应竖直,插入深度应超过需隔离土层以下 0.5 m。

2 当用螺纹提土器回转钻进或泥浆钻进时,回次进尺均不宜大于 2 m,并采取芯样鉴别土性。泥浆钻进时,宜根据钻具回弹力度和返浆情况,辨别变层界线和软弱夹层的深度并及时取样。小螺纹钻孔每回次进尺不宜大于 0.5 m。

3 全断面取芯钻进,黏性土取芯率不应低于 90%;粉性土或砂土不应低于 70%,回次进尺不得超过岩芯管长度。

4 泥浆钻进,采用的泥浆比重宜为 1.1～1.2,并注意含砂量,当含砂量过大时应及时调换。

5 钻进过程中的各项深度量测误差不宜超过±5 cm。

6 工程需要时,可进行钻孔孔斜的测定。

7 在污染场地钻探时,应防止污染扩散,并符合上海市工程

建设规范《建设场地污染土勘察规范》DG/TJ 08—2233—2017
第 6 章的有关规定。

11.5.6 钻探野外记录应符合下列要求：

    1 钻探野外记录应由具有专业上岗证的人员或工程技术人员担任。记录应认真、及时、详细、真实、按回次逐次记录，不得将若干回次合并记录，严禁事后追记。

    2 钻探野外记录应根据芯样外观、切面的肉眼鉴别以及手感等对土层名称、颜色、状态、包含物、层理结构等土质特征进行详细描述。

    3 工程需要时，可用目力鉴别描述土的光泽反应、摇振反应、干强度和韧性，按表 11.5.6 区分黏性土和粉性土。

表 11.5.6　目力鉴别粉性土和黏性土

鉴别项目	摇振反应	光泽反应	干强度	韧性
粉性土	迅速、中等	无光泽反应	低	低
黏性土	无	有光泽、稍有光泽	高、中等	高、中等

    4 当工程有特殊要求时，可选择代表性钻孔分段或全断面留样保存，也可拍摄土芯彩照或揭片保存。

    5 采用电子化记录时，勘探点开孔定位、回次记录时间、关键钻进回次等信息应可追溯，现场电子记录宜实时上传。

11.5.7 钻探结束待地下水位稳定后，应测量孔内潜水水位埋深。当水位埋深有较大变化时，应观察周围环境变化并查找原因。

11.5.8 勘探完成后应及时按要求清理施工现场，对勘探过程中开挖的坑、洞及泥浆池等应回填平整。对可能构成安全隐患的钻孔应进行封孔，回填材料宜采用黏土球或水泥浆液等。

11.5.9 在潮汐区域钻探时，应进行多次定时水位观测，及时校正水面标高，计算钻进深度。

11.6 取 样

11.6.1 采取土试样所使用的取土器及取土方法,应根据土层特点和工程所需土试样质量等级确定。软塑～流塑状态的黏性土宜采用薄壁取土器压入法采取土样,砂质粉土和砂土宜采用环刀取土器。

11.6.2 根据土试样被扰动程度,土样质量可分为 4 个等级,各等级土样可供土工试验项目见表 11.6.2。

表 11.6.2 土试样的质量等级

质量等级	扰动程度	可供试验项目
Ⅰ	不扰动	土类定名、含水率、密度、强度试验、固结试验
Ⅱ	轻微扰动	土类定名、含水率、密度
Ⅲ	显著扰动	土类定名、含水率
Ⅳ	完全扰动	土类定名

注:因无法取得Ⅰ级土样而必须使用Ⅱ级土试样进行强度试验、渗透试验、固结试验时,应结合地区经验慎重使用试验结果。

11.6.3 各种取土器具适用的土层及土样质量等级可参见表 11.6.3 选取。取土器具的技术规格应符合现行相关标准的规定。

表 11.6.3 各种取土器具适用的土层及土试样质量等级

取土器具类型 土层名称	薄壁取土器	普通取土器和回转取土器	环刀取土器	标准贯入器	螺纹提土器
黏性土	—	Ⅰ～Ⅱ	—	Ⅳ	Ⅳ
淤泥质黏性土	Ⅰ	Ⅱ	—	Ⅳ	Ⅳ
粉性土、砂土	—	Ⅱ～Ⅲ	Ⅱ～Ⅲ	Ⅳ	—

注:"—"表示不适用。

11.6.4 在钻孔中采取Ⅰ~Ⅱ级土试样时,钻探操作应满足下列要求:

1 用泥浆钻进时,应始终保持孔内泥浆液面稍高于地下水位。

2 采用回转方法钻进时,至取土位置前必须减速钻进,减少对孔底土的影响。

3 下放取土器具前应清孔,孔底残留浮土厚度应小于5 cm;取样时应逐根钻杆缓慢下放取土器,严禁冲击孔底,进入取土器的土样长度不得超过取土器(包括上端废土段)总长度。

4 采取土试样宜采用快速静压法,当遇到硬土或砂土压入困难时,可采用孔底锤击法。

5 取样长度不宜少于20 cm。

11.6.5 取土器提出地面之后,应小心将土试样从取土器中取出,及时密封并标识,标签上下应与土试样上下一致。取得的土试样应置于温度和湿度稳定的环境中,不得暴晒或受冻。土试样应直立放置,严禁倒置或平放。运输土试样时,应将试样装入箱内,并用柔软缓冲材料填实。

11.7 工程物探

11.7.1 根据工程需要可在下列方面采用工程物探方法:

1 测定岩土体波速、土层电阻率等。

2 探查地下管线、旧基础、地下人防设施和地下障碍物。

3 探查基础裂缝、渗漏和地层空洞。

4 探测注浆范围、检验复合地基加固效果。

5 了解暗浜(塘)、钢渣填土、软硬土层等地质界线。

6 水下地层划分、地质构造、水下管线及障碍物等探查。

11.7.2 工作现场应具备布置探测装置和开展探测工作的空间,应用工程物探方法时应至少具备下列条件之一:

1 被探测对象与周围介质之间有明显的物理性质差异。

2 被探测对象具有一定的埋藏深度和规模。

3 被探测对象激发的异常场应能够从干扰背景场中分辨。

4 该探测方法在有代表性地段证实有效。

11.7.3 应根据探测任务、目的及解决的问题,结合探测环境与场地条件,选择物探方法和仪器设备,具体应符合相关现行物探规范、标准的要求。

11.7.4 工程物探成果判释应考虑其多解性,需要时宜采用多种探测方法进行综合判释,应有系统的质量检验,并采用已知物探参数进行验证,必要时宜有一定数量的探查验证。

12 原位测试

12.1 一般规定

12.1.1 原位测试方法可根据工程性质、岩土特性、设计要求、地区经验等因素确定。遇下列情况之一时,宜选用原位测试方法:

1 综合评定土性参数和岩土设计参数。

2 难以采取不扰动土样。

3 场地地基液化评价。

4 判别沉桩可行性。

5 地基处理效果检验。

12.1.2 原位测试操作应遵照国家、行业或本市现行相关技术标准、测试规程执行。

12.1.3 原位测试的仪器、设备应定期校准、标定。

12.1.4 原位测试资料整理时,应注意仪器设备、试验条件及方法对试验结果的影响,并结合地层条件,剔除异常数据。

12.1.5 原位测试成果应结合钻探、室内土工试验成果及工程经验进行综合分析,为设计、施工提供准确、合理的土性参数。

12.2 静力触探试验

12.2.1 静力触探试验适用于黏性土、粉性土、砂土、素填土以及冲填土。

12.2.2 静力触探探头可根据工程所需测定的参数确定,除常规的单桥探头、双桥探头外,有条件时可选用多功能探头。

12.2.3 静力触探试验可用于下列目的:

1 查明土性变化,划分土层。

2 判定砂土和砂质粉土的密实度。

3 估算土的力学参数。

4 估算土的渗透系数、固结系数。

5 估算地基土承载力。

6 判别场地地基土液化。

7 选择桩基持力层,判别沉桩可行性,估算单桩承载力。

8 检验地基处理效果。

12.2.4 静力触探设备和贯入能力应满足测试深度的要求,压力必须大于贯入阻力。

12.2.5 静力触探试验技术要求应符合下列规定:

1 试验前应对静力触探主机基座进行调平,必要时可先采用开孔圆锥预压开孔,确保探头垂直贯入。

2 探头圆锥锥底截面积可采用 $10 cm^2$ 和 $15 cm^2$,锥尖锥角应为 $60°$;全流触探可采用直径 120 mm、150 mm 的球形探头,或长 250 mm、直径 40 mm 的圆柱 T 型探头。

3 模拟探头传感器应连同仪器、电缆进行定期标定,室内标定系统性误差、温度漂移、归零误差均应小于 1‰FS。

4 贯入速率宜为 $(1.2±0.3)$ m/min,现场归零误差不应超过 3‰FS,深度记录误差不应超过 ±10 cm,绝缘电阻不应小于 500 MΩ。

5 贯入深度超过 30 m 或穿过厚层软土再贯入硬土层时,应采用导向护管或配置带测斜功能的探头。

6 当采用测斜探头时,应符合下列规定:

1）试验前应将测斜探头分别置于水平、垂直和 45°状态,检查探头测斜传感器同步响应性。

2）探头初始贯入倾斜角应小于 0.3°;当贯入深度为 10 m 和 20 m,探头倾斜角度分别大于 1.5°和 2.5°时,宜拔起探杆重新贯入。

3）当贯入深度大于 30 m,水平偏移距离大于贯入深度的 10‰时,应终孔,起拔后重新贯入。

4）当孔深大于 60 m 时,宜采用下护管分次贯入。

7 孔压探头在贯入前,应在室内进行脱气饱和处理,并在现场保持探头的饱和状态,直至进入地下水位以下的土层。当在预定深度进行孔压消散试验时,应量测停止贯入后不同时间的孔压值,其计时间隔应由密而疏;试验过程中不得上拔探头或松动探杆;终孔后探头提出地面,应记录孔压零漂读数。

8 水域进行静力触探试验时,宜根据水深等条件选用支架式或下沉式平台作为支承,并应确保稳定贯入。

9 全流触探需测试土体灵敏度时,宜测试上提不少于 50 cm 并循环贯入不少于 5 次后的残余贯入阻力。

12.2.6 静力触探试验过程中,应及时对原始数据进行检查和孔深修正。

12.2.7 静力触探试验的成果应包括下列内容:

1 绘制单孔静力触探试验曲线:单桥探头应绘制比贯入阻力 $P_s \sim h$ 曲线,双桥探头应绘制锥尖阻力 $q_c \sim h$ 曲线、侧摩阻力 $f_s \sim h$ 曲线、摩阻比 $R_f \sim h$ 曲线;孔压探头尚应绘制孔隙水压力 $u_i \sim h$ 曲线、孔压消散 $u_t \sim \lg t$ 曲线;测斜探头应绘制倾斜度 $\theta \sim h$ 曲线;全流触探探头应绘制锥尖阻力 $q^b \sim h$ 曲线或 $q^T \sim h$ 曲线。

2 可根据试验资料划分地层,绘制单孔柱状图、地层剖面图,并提供分层的比贯入阻力或锥尖阻力等参数。

12.2.8 根据静力触探成果可按表 12.2.8 判定砂质粉土和砂土的密实度。

表 12.2.8 静力触探试验判定砂质粉土和砂土密实度

单桥静力触探 p_s 值(MPa)	密实度
$p_s < 2.6$	松散

续表12.2.8

单桥静力触探 p_s 值(MPa)	密实度
$2.6 \leqslant p_s < 5$	稍密
$5 \leqslant p_s < 10$	中密
$p_s \geqslant 10$	密实

12.2.9 根据孔压静力触探试验的孔压消散资料,可按式(12.2.9)估算土的固结系数 c_v 值:

$$c_v = (T_{50}/t_{50})r_0^2 \qquad (12.2.9)$$

式中:T_{50}——相当于 50% 固结度的时间因数(当滤水器位于探头锥肩时,T_{50} 可取为 6.87,当滤水器位于探头锥面上时,T_{50} 可取为 1.64);

t_{50}——超孔隙水压力消散达 50% 时的历时(min);

r_0——孔压探头的半径(cm)。

12.2.10 全流触探试验可按式(12.2.10-1)、式(12.2.10-2)估算软弱土层灵敏度 S_t:

$$S_t = \frac{q^b}{q^{rb}} \qquad (12.2.10-1)$$

$$S_t = \frac{q^T}{q^{rT}} \qquad (12.2.10-2)$$

式中:S_t——土体灵敏度,取测试点循环贯入试验深度范围内平均值;

q^b,q^{rb}——球型探头实测的原状土锥尖阻力、重塑土残余锥尖阻力;

q^T,q^{rT}——圆柱 T 型探头实测的原状土锥尖阻力、重塑土残余锥尖阻力。

12.3 标准贯入试验

12.3.1 标准贯入试验适用于砂土、粉性土和一般黏性土。

12.3.2 标准贯入试验可用于下列目的：

1 采取扰动土样，确定土名。

2 判定砂土、砂质粉土的密实度。

3 估算砂土、砂质粉土的内摩擦角和压缩模量。

4 判别沉桩可行性。

5 判别场地地基土液化。

6 检验地基加固效果。

12.3.3 标准贯入试验技术要求应符合下列规定：

1 采用自动落锤装置，锤重(63.5±0.5)kg，落距(76±2)cm。

2 贯入器刃口应保持完好。

3 锤击时，探杆应扶正，保持贯入器、探杆、导向杆连接后的垂直度，避免倾斜、侧向晃动及锤击偏心。锤击速率应小于30击/min。

4 试验时，应保持孔内水位略高于地下水位，并应采用泥浆护壁。当钻至试验深度以上15 cm处时，应先清除孔底残土再进行试验。

5 试验时应预打15 cm，再开始记录每打入10 cm的锤击数，累计打入30 cm的锤击数即为实测标贯击数 N 值。当锤击数已达50击，而贯入深度未达30 cm时，可停止试验，并记录50击的实际贯入深度，按式(12.3.3)换算成相当于贯入30 cm的锤击数 N。

$$N = 30 \times 50/\Delta s \qquad (12.3.3)$$

式中：N——实测标贯击数；

Δs——50击时的贯入深度(cm)。

12.3.4 标准贯入试验成果分析应包括下列内容：

1 绘制单孔实测标贯击数 N 与深度关系曲线。

2 剔除异常值后,分层统计标贯击数。

3 根据标准贯入试验 N 值,可按表 12.3.4 判定砂质粉土和砂土的密实度。

表 12.3.4　标准贯入试验判定砂质粉土和砂土密实度

标准贯入试验 N 值(击)	密实度
$N \leqslant 7$	松散
$7 < N \leqslant 15$	稍密
$15 < N \leqslant 30$	中密
$N > 30$	密实

12.4　轻型动力触探试验

12.4.1 轻型动力触探试验适用于浅层的素填土、冲填土、黏性土、粉性土和砂土。

12.4.2 轻型动力触探试验可用于下列目的:

1 评价填土均匀性,确定填土承载力。

2 检验地基加固效果。

3 基槽检验。

12.4.3 轻型动力触探试验技术要求应符合下列规定:

1 试验深度不宜大于 4 m。

2 采用自动落锤装置,锤重(10.0±0.2)kg,落距(50±2)cm。

3 锤击时,探杆应扶正,避免倾斜、侧向晃动及锤击偏心,锤击速率宜 15 击/min~30 击/min。

4 锤击贯入一般连续进行,每贯入 1 m 应将探杆转动一圈半。

5 记录每贯入 30 cm 的锤击数 N_{10}，当 N_{10} 大于 100 击或贯入 15 cm 锤击数超过 50 击时，可停止试验。

12.4.4 轻型动力触探试验成果分析应包括下列内容：

1 绘制锤击数 N_{10} 与深度关系曲线。

2 剔除异常值后，分层统计锤击数。

3 采用各孔厚度加权平均法计算场地分层贯入指标平均值。

12.5　十字板剪切试验

12.5.1 十字板剪切试验适用于饱和软黏性土，宜采用电测十字板试验。

12.5.2 十字板剪切试验可用于下列目的：

1 测定原位应力条件下软黏性土的不排水抗剪强度。

2 估算软黏性土的灵敏度。

3 判定软黏性土的固结历史。

4 估算地基承载力。

5 验算饱和软黏性土边坡的稳定性。

6 检验软土地基加固效果。

12.5.3 十字板剪切试验应符合下列要求：

1 十字板头可采用 50 mm×100 mm（板厚 2 mm）或 75 mm×150 mm（板厚 3 mm），径高比为 1:2。

2 十字板头插入试验深度后，应静止 2 min～3 min 方可开始试验。

3 剪切试验的扭转剪切速率宜为(1°～2°)/10 s，每转 1°测记量表读数 1 次，读到峰值或稳定值后再继续测读 1 min。

4 对各向同性的均质土层，试验点的间距宜为 1 m～2 m；对非均质土层，可根据静力触探资料确定试验点间距。

5 应在峰值或稳定值出现后，顺剪切扭转方向连续转动

6 圈后测定重塑土的不排水抗剪强度。

6 试验量测精度应达到 1 kPa～2 kPa。

12.5.4 十字板剪切试验成果整理与分析宜包括下列内容：

1 计算各试验点土的不排水剪峰值强度、重塑土强度和灵敏度。

2 绘制土的不排水抗剪强度随深度变化曲线。

12.5.5 根据原状土的不排水抗剪强度 c_u 和重塑土的不排水抗剪强度 c_u'，按式(12.5.5)计算土的灵敏度 S_t：

$$S_t = c_u/c_u' \qquad (12.5.5)$$

黏性土灵敏度分类见表 12.5.5。

表 12.5.5 黏性土灵敏度分类

低灵敏度	中灵敏度	高灵敏度
$S_t < 2$	$2 \leqslant S_t < 4$	$S_t \geqslant 4$

12.6 载荷试验

12.6.1 载荷试验包括平板载荷试验和螺旋板载荷试验，平板载荷试验适用于浅层地基土，螺旋板载荷试验适用于深层地基土。

12.6.2 载荷试验可用于下列目的：

1 确定地基土承载力。

2 估算土的变形模量。

3 估算土的不排水抗剪强度。

4 估算土的基床系数。

5 估算土的固结系数。

12.6.3 平板载荷试验应符合下列要求：

1 承压板应有足够的刚性，面积不宜小于 0.5 m²。

2 在试坑坑底进行,试坑宽度不宜小于承压板直径(或宽度)的 3 倍。

3 应缩短试坑开挖与试验的时间间隔,坑底开挖和层面整平时应减小对试验土层的扰动,承压板与试验土层层面间宜水平铺设 1 cm 厚的颗粒均匀的干净细砂。

4 试验深度低于地下水位时,试坑开挖和设备安装过程中,应设法将地下水位降至试验土层层面以下。

12.6.4 螺旋板载荷试验应符合下列要求:

1 刚性承压板面积宜为 200 cm² ～500 cm²。

2 试验时,保持螺旋板头垂直下旋,每旋转 1 周,板头下旋 1 个螺距;板头旋至试验深度后,静止 5 min 以上。

12.6.5 载荷试验尚应符合下列要求:

1 载荷试验的加荷等级数不宜少于 10 级～12 级;沉降稳定标准为连续 2 h 沉降量每小时不超过 0.1 mm,或连续 1 h 沉降量每 30 min 不超过 0.05 mm。

2 回弹卸载量可为加载量的 2 倍进行等量逐级卸载。当荷载全部卸完后,应观测至回弹量趋于稳定为止。

3 承压板沉降量的量测器具应具有足够的量程,且量测精度应达到 0.01 mm。

4 当出现下列情况之一时,可终止试验:

1) 沉降量急剧增大,后一级荷载的沉降量为前一级荷载沉降量的 5 倍;

2) 总沉降量大于 1/10 承压板直径(或宽度),或承压板周围出现显著裂缝、隆起;

3) 荷载不变,24 h 内沉降随时间等速或加速发展,同时总沉降量达到承压板直径(或宽度)的 7% 以上;

4) 实际施加的荷载达到试验设计荷载的 2.0 倍以上。

5 加荷方法应采用慢速维持载荷法。

12.6.6 载荷试验的成果整理与分析应包括下列内容：

1 应对荷载试验的原始数据进行检查、校核，绘制 $p\sim s$、$\lg p\sim\lg s$、$p\sim\Delta p/\Delta s$、$s\sim\lg t$ 等关系曲线。

2 当关系曲线有明显特征点时，可据此确定地基承载力特征值和地基极限承载力。当关系曲线上的特征点不明显时，可按相对沉降 s/B（B 为板的宽度或直径）为 0.07 确定地基极限承载力。

12.6.7 根据平板载荷试验 $p\sim s$ 曲线上直线段斜率（$\Delta p/\Delta s$），可按式(12.6.7)估算地基土的变形模量：

$$E_0 = (\pi B/4)(1-\nu^2)\Delta p/\Delta s \qquad (12.6.7)$$

式中：E_0——变形模量(kPa)；

　　B——承压板直径或方形板的等代直径(m)；

　　ν——土的泊松比(淤泥质土和软塑～流塑的黏性土，ν 取 0.41；可塑～硬塑黏性土，ν 取 0.38；粉性土、砂土，ν 取 0.33)；

　　Δp——平板载荷试验 $p\sim s$ 曲线直线段压力差值(kPa)；

　　Δs——平板载荷试验 $p\sim s$ 曲线直线段沉降差值(m)。

12.6.8 根据快速法载荷试验的极限压力 p_u，可按式(12.6.8)估算土的不排水抗剪强度：

$$c_u = (p_u - p_{cz})/N_c \qquad (12.6.8)$$

式中：c_u——土的不排水抗剪强度(kPa)；

　　p_u——快速荷载试验所得的极限压力(kPa)；

　　p_{cz}——螺旋板载荷试验深度处土的自重压力(kPa)；

　　N_c——承载系数(对圆形承压板，无周边超载时，$N_c=6.14$；当承压板埋深 d 大于或等于 4 倍压板直径 B 时，$N_c=9.40$；当承压板埋深小于 4 倍压板直径时，N_c 由表 12.6.8 内插确定)。

表 12.6.8 N_c 值

d/B	0	1	1.5	2.0	2.5	3.0	3.5	4.0
N_c	6.14	8.07	8.56	8.86	9.07	9.21	9.32	9.40

12.6.9 根据平板载荷试验 $p \sim s$ 曲线资料,可估算基床系数。

1 根据 $p \sim s$ 曲线上直线段斜率,可按式(12.6.9-1)估算载荷试验基床系数:

$$K_v = p/s \qquad (12.6.9\text{-}1)$$

式中:K_v——载荷试验基床系数(MPa/m);

p——$p \sim s$ 曲线上直线段的荷载(MPa),如 $p \sim s$ 曲线上无直线段,p 值可取极限荷载之半;

s——与 p 相应的沉降量(m)。

2 当平板载荷试验未采用 0.305 m×0.305 m 承压板时,可按式(12.6.9-2)、式(12.6.9-3)估算基准基床系数:

对黏性土

$$K_{v1} = (B/0.305)K_v \qquad (12.6.9\text{-}2)$$

对粉性土、砂土

$$K_{v1} = [4B^2/(B+0.305)^2]K_v \qquad (12.6.9\text{-}3)$$

式中:K_{v1}——基准基床系数(MPa/m);

B——承压板的直径或宽度(m)。

3 根据基准基床系数,可按式(12.6.9-4)、式(12.6.9-5)估算地基土的基床系数:

对黏性土

$$K_s = K_{v1}(0.305/b) \qquad (12.6.9\text{-}4)$$

对粉性土、砂土

$$K_s = K_{v1} \left(\frac{b + 0.305}{2b} \right)^2 \qquad (12.6.9-5)$$

式中：K_s——地基土的基床系数（MPa/m）；

b——基础宽度（m）。

12.6.10 根据螺旋板载荷试验一定荷载下等时间间隔的沉降值，可按式(12.6.10)估算土的固结系数：

$$c_v = (1/144)R^2(-\ln\beta/\Delta t) \qquad (12.6.10)$$

式中：c_v——土的固结系数（cm^2/s）；

R——螺旋板半径（cm）；

β——$s_{i-1} \sim s_i$ 关系图直线段的斜率，s_{i-1}、s_i 分别对应时间 t_{i-1}、t_i 时的沉降；

Δt——等时间间隔（s）。

12.6.11 根据螺旋板载荷试验等沉降速率法所得的 $p \sim s$ 曲线上初始直线段的斜率，可按式(12.6.11)估算土的不排水模量：

$$E_u = (0.59 \sim 0.75)(\Delta p/\Delta s)R \qquad (12.6.11)$$

式中：E_u——土的不排水模量（MPa）；

$\Delta p/\Delta s$——$p \sim s$ 曲线上初始直线段的斜率（MPa/cm）。

12.7 旁压试验

12.7.1 旁压试验包括预钻式旁压试验、自钻式旁压试验和压入式旁压试验。旁压试验适用于黏性土、粉性土和砂土。

12.7.2 旁压试验可用于下列目的：

1 确定土的临塑压力和极限压力，估算地基土的承载力。

2 自钻式旁压试验可确定土的原位水平应力（或静止侧压力系数）。

3 估算土的旁压模量、旁压剪切模量及侧向基床反力系数。

4 估算软黏性土的不排水抗剪强度和砂土的内摩擦角。

5 根据旁压卸载试验估算土的回弹模量。

12.7.3 旁压试验应符合下列要求：

1 旁压试验点宜根据邻近钻孔或静力触探试验曲线选择有代表性的位置和深度进行，旁压器的量测腔应在同一土层内；试验点垂直间距不宜小于 1 m。

2 预钻式旁压试验应用泥浆护壁，防止孔壁坍塌，钻孔直径应与旁压器直径相匹配。在饱和软黏性土层中宜采用自钻式旁压仪，试验前宜通过试钻确定最佳回转速率、冲洗液流量、切削器的距离等技术参数。

3 每级加荷量可采用预期极限压力的 1/12～1/8，加荷级差在初始阶段宜适当加密。当用卸荷再加荷方法确定再加荷旁压模量时，每级卸荷量可采用预估总卸荷应力的 1/5～1/4，卸载后再加荷试验每级加荷量可采用预估总卸荷应力的 1/3～1/2。

4 根据不同的试验目的，旁压试验加荷方式可采用快速法和慢速法。

5 当土体破坏或量测腔的扩张体积相当于量测腔的固有体积时，可终止试验。

12.7.4 旁压试验成果整理及分析应包括下列内容：

1 对各级压力及相应的体积增量分别进行约束力及体积修正，绘制压力与体积曲线，需要时可作蠕变曲线。

2 根据压力与体积曲线，综合确定初始压力 p_0、临塑压力 p_y 和极限压力 p_L。

3 根据压力与体积曲线的直线段斜率用式（12.7.4-1）、式（12.7.4-2）计算旁压模量 E_m 和剪切模量 G_m：

$$E_m = 2(1 + \nu)\left(V_c + \frac{V_0 + V_y}{2}\right)\frac{\Delta p}{\Delta V} \quad (12.7.4-1)$$

$$G_m = \left(V_c + \frac{V_0 + V_y}{2}\right)\frac{\Delta p}{\Delta V} \quad (12.7.4-2)$$

式中:ν——土的泊松比;

V_c——旁压器固有体积(cm^3);

V_0——初始压力 p_0 所对应的扩张体积(cm^3);

V_y——临塑压力 p_y 所对应的扩张体积(cm^3);

Δp——旁压试验直线段的压力差(kPa);

ΔV——对应 Δp 的旁压器体积差值(cm^3);

E_m——旁压模量(kPa);

G_m——旁压剪切模量(kPa)。

4 卸载试验可绘制卸载比 R_P 与卸载模量比 R_E 关系或 $R_P \sim \lg R_E$ 曲线,其中卸载比 R_P 按式(12.7.4-3)取值,卸载模量比 R_E 按式(12.7.4-4)取值:

$$R_{Pi} = (p_{max} - p_i)/p_{max} \qquad (12.7.4\text{-}3)$$

$$R_{Ei} = E_{muri}/E_{mi} \qquad (12.7.4\text{-}4)$$

式中:R_{Pi}——本级卸载比;

p_{max}——卸载前的最大压力(kPa);

p_i——卸载试验本级压力(kPa);

R_{Ei}——本级卸载模量比;

E_{muri}——本级压力下与卸载前最大压力点连线计算的旁压卸载模量(kPa);

E_{mi}——对应压力段旁压模量(kPa)。

12.7.5 根据旁压试验成果可估算下列土性参数:

1 确定地基土极限强度 f_L:

$$f_L = p_L - p_0 \qquad (12.7.5\text{-}1)$$

式中:p_0——旁压试验初始压力(kPa);

p_L——旁压试验极限压力(kPa)。

2 确定地基土临塑强度 f_y:

$$f_y = p_y - p_0 \qquad (12.7.5\text{-}2)$$

式中：p_y——旁压试验临塑压力(kPa)。

3 确定土的侧向基床反力系数 K_m：

$$K_m = \Delta p / \Delta r \qquad (12.7.5-3)$$

式中：Δr——旁压曲线似弹性直线段 Δp 对应的半径差(m)。

4 估算软黏性土不排水抗剪强度 c_u：

$$c_u = (p_L - p_0)/N_p \qquad (12.7.5-4)$$

式中：N_p——系数，可取 6.18。

5 估算砂土的有效内摩擦角 φ'：

$$\varphi' = 5.77\ln\frac{p_L - p_0}{250} + 24 \qquad (12.7.5-5)$$

12.8 扁铲侧胀试验

12.8.1 扁铲侧胀试验适用于黏性土、粉性土和松散～中密的砂土。

12.8.2 扁铲侧胀试验可用于下列目的：

1 划分土层、判别土类。

2 估算静止侧压力系数、水平基床系数。

3 估算黏性土的不排水抗剪强度。

4 估算土的压缩模量。

12.8.3 扁铲侧胀试验技术要求应符合下列规定：

1 探头在每个孔的试验前后必须率定，膜片合格的率定值一般为 $\Delta A = 5\ kPa \sim 25\ kPa$、$\Delta B = 10\ kPa \sim 110\ kPa$，可取试验前后的平均值作为修正值。

2 宜采用静力匀速将探头压入土中，贯入速率约为 2 cm/s，试验间距可取 20 cm～40 cm；当判别液化时，试验间距宜为 20 cm。

3 到达测试点后应在 5 s 内开始匀速加压及泄压试验,测读膜片中心外扩 0.05 mm、1.10 mm 时的压力 A 和 B 值,每个间隔时间约为 15 s;也可根据需要测读膜片中心外扩后回复到 0.05 mm 时的压力 C 值,砂土中宜在 30 s~60 s,黏性土中宜在 2 min~3 min 完成;A 和 B 的值必须满足 $B-A>\Delta A+\Delta B$。

4 消散试验宜在需测试的深度测读 A 或 C 随时间的变化。测读时间可取 1 min、2 min、4 min、8 min、15 min、30 min、60 min、90 min,以后每 60 min 测读 1 次,直至消散达 50% 以上。

12.8.4 扁铲侧胀试验成果分析应包括下列内容:

1 宜在经膜片刚度对压力影响的修正后,计算膜片中心外移 0 mm 时初始压力 p_0、外移 1.1 mm 时压力 p_1 和膜片中心回复到初始外移 0.05 mm 时的剩余压力 p_2:

$$p_0 = 1.05(A - Z_m + \Delta A) - 0.05(B - Z_m - \Delta B)$$
$$(12.8.4-1)$$

$$p_1 = B - Z_m - \Delta B \qquad (12.8.4-2)$$

$$p_2 = C - Z_m + \Delta A \qquad (12.8.4-3)$$

式中:Z_m——未加压时仪表的压力初读数(kPa)。

2 根据 p_0、p_1、p_2 计算下列扁铲指数:

$$I_D = (p_1 - p_0)/(p_0 - u_0) \qquad (12.8.4-4)$$

$$K_D = (p_0 - u_0)/\sigma'_{V0} \qquad (12.8.4-5)$$

$$E_D = 34.7(p_1 - p_0) \qquad (12.8.4-6)$$

$$U_D = (p_2 - u_0)/(p_0 - u_0) \qquad (12.8.4-7)$$

式中:I_D——土类指数;

K_D——水平应力指数;

E_D——扁铲模量(kPa);

U_D——孔压指数;

u_0——静水压力(kPa);

σ'_{V0}——试验点有效上覆压力(kPa)。

3 可根据需要绘制 p_0、p_1、p_2、Δp、I_D、K_D、E_D 和 U_D 与深度关系曲线(其中,$\Delta p = p_1 - p_0$)。

12.9 波速测试

12.9.1 波速测试可采用单孔法、跨孔法和面波法,适用于测定各类地基土的剪切波或瑞利波的波速。

12.9.2 波速测试可用于下列目的:

1 划分场地类别,计算场地地基土的基本周期。

2 提供地震反应分析所需的地基土动力参数(动剪切模量、动泊松比、动剪切刚度等)。

3 提供动力机器基础设计所需的地基土动力参数(抗压、抗剪、抗弯、抗扭刚度及刚度系数、阻尼等)。

4 判别地基土液化可能性。

5 评价地基处理效果。

12.9.3 单孔法波速测试的技术要求应符合下列规定:

1 测试孔应竖直。

2 可采用地表激振或孔内激振。当孔深大于 30 m 时,宜采用孔内激振。

3 地表激振时,激振板压重宜大于 4 kN,激振板离孔口距离宜为 1 m～2 m,并使板与地表紧密接触,每次测试可在两端分别敲击。

4 宜在激振板中心距孔口距离最近处设置触发器,记录触发时间,如用激振锤触发时,应考虑触发的提前或延迟的影响。

5 检波器应有 X、Y、Z 三个方向接收剪切波的能力,宜使其中一个水平检波器平行于地表激振板轴线,并固定在孔内预定深度处。

6 采用孔内激振时,应使激振装置及检波器紧贴孔壁,二者距离的中点,即为测点的计算位置。

7 波速计算时应以激发点与接收点之间的直线距离作为波的传输距离,如测点位置小于地表以下 15 m,不得以孔深代替传输距离。

8 应结合土层布置测点,测点垂直间距宜取 1 m~3 m。

12.9.4 跨孔法波速测试的技术要求应符合下列规定:

1 波速测试时,1 个振源孔可与 2 个或多个测试孔相联合,可呈直线或放射状排列,测试孔间距随激发能量及土性而确定。

2 所有测试孔应测斜,测斜点间距宜为 0.5 m~1.0 m。

3 测点垂直间距宜为 1 m~2 m,均匀厚层土间距可适当放大,测点布置应考虑相邻土层的影响,尤其是高波速土层的干扰,避免层位的抬升或下降。

12.9.5 面波法波速测试可采用瞬态法或稳态法,宜采用低频宽带传感检波器,道间距可根据场地条件通过试验确定。

12.9.6 波速测试成果分析应包括下列内容:

1 原始波形记录及剪切波(或面波)初至时间。

2 波的传输距离、时间、剪切波(或面波)波速。

3 可根据需要计算动弹性模量、动剪切模量或动刚度。

4 稳态面波法尚应提供波长、波数。

12.9.7 剪切波速可按式(12.9.7-1)、式(12.9.7-2)计算:

$$单孔法 \quad v_s = \frac{X_n - X_{n-1}}{t_n - t_{n-1}} \qquad (12.9.7\text{-}1)$$

式中:X_n,X_{n-1}——第 n 或 $n-1$ 测点波的传输距离(m);

　　　t_n,t_{n-1}——波至 n 点或 $n-1$ 点所需传输时间(s)。

$$跨孔法 \quad v_s = \frac{\Delta X}{t_{s2} - t_{s1}} \qquad (12.9.7\text{-}2)$$

式中:ΔX——由振源到两个接收孔测点的距离之差(m);

t_{s1}，t_{s2}——剪切波分别到达第 1 个接收孔测点、第 2 个接收孔测点的时间(s)。

12.9.8 面波波速 v_R 可按下式计算：

$$v_R = L_R f \qquad (12.9.8)$$

式中：L_R——面波波长(m)；

f——激振频率。

12.9.9 面波波速 v_R 可按下式换算成 v_s：

$$v_s = \frac{v_R}{\alpha} \qquad (12.9.9)$$

式中：α——换算系数,上海地区可采用 0.94。

12.9.10 场地地基土的基本周期可按下列方法确定：

1 当波速试验深度达准基岩面时,场地地基土的基本周期可按式(12.9.10-1)计算：

$$T = \sum_{i=1}^{n} \frac{4h_i}{v_{si}} \qquad (12.9.10\text{-}1)$$

式中：T——场地地基土的基本周期(s)；

h_i——第 i 层土的厚度(m)；

v_{si}——第 i 层土的剪切波速(m/s)；

n——土层数。

2 当波速试验深度未达准基岩面时,场地地基土的基本周期可按经验公式(12.9.10-2)推算至准基岩面：

$$T = \sum_{i=1}^{n} \frac{4h_i}{v_{si}} + \Delta T \qquad (12.9.10\text{-}2)$$

式中：n——土层数,算至第⑧层底；

ΔT——第⑨层层顶至准基岩面之间土层的基本周期(s),为 $0.01H_9$,H_9 为第⑨层层顶至准基岩面之间土层的厚度(m)；

其他符号意义同前。

12.9.11 土层的动剪切模量 G_d 和动弹模量 E_d 可按式(12.9.11-1)、式(12.9.11-2)计算:

$$G_d = \rho v_s^2 \qquad (12.9.11-1)$$

$$E_d = 2(1 + \nu_d)\rho v_s^2 \qquad (12.9.11-2)$$

式中:G_d——土的动剪切模量(kPa);

E_d——土的动弹性模量(kPa);

ν_d——土的动泊松比;

ρ——土的质量密度(g/cm^3);

v_s——剪切波速(m/s)。

12.10 场地微振动测试

12.10.1 对需要记录和研究场地微振动特性以及场地微振动环境时,宜进行场地微振动测试。

12.10.2 测试仪器设备应符合下列要求:

1 测试系统应包括拾振器、放大器、采集仪。测试系统应具有良好的低频特性,其频率响应宜为 0.3 Hz~100 Hz,信噪比应大于 60 dB。

2 拾振器应具有较高的灵敏度和线性度,孔中拾振器应具有良好的防水性能。

3 宜采用带有滤波、微分、积分功能的电压放大器,增益宜大于 60 dB 且可调。放大器的输出宜控制在采集仪最大容许输入电压的 40%~80%。

4 采集仪应具有多通道采集、显示、储存及数据分析处理功能,其模数转换器(A/D)的位数不宜小于 12 位。

5 仪器设备应定期经国家法定计量单位检测或检定。

12.10.3 现场测点布设应符合下列要求:

1 测点数量应根据工程要求、面积大小及周边环境确定。

2 测点宜远离各类干扰源。

3 每个测点应放置 1 组拾振器(由 3 个方向相互垂直的拾振器组成),拾振器宜放置在平整后的天然土层上。

4 在孔内测试时,测点深度应根据工程需要确定,应使拾振器紧密接触孔底或孔壁,同时应在孔口布置 1 组拾振器,地下与地面同步测试。

12.10.4 测试技术要求应符合下列规定:

1 应选择场地环境安静时段进行。

2 数据记录应根据需要设置低通滤波频率和采样频率。采样频率宜为 50 Hz~500 Hz。应根据工程需要确定每个测点记录时间,有效信号应不少于 60 min。

3 对实测信号进行频谱分析,每个样本数据宜采用 1024 个~4096 个点(以频率分辨率高于 0.025 Hz 为宜),频域平均次数不宜少于 32 次。

12.10.5 卓越频率的确定应符合下列规定:

1 按频谱图中最大峰值所对应的频率确定。

2 当在频谱图中出现多个峰值时,可进行相关性或互谱分析,且结合场地干扰源情况对场地卓越频率进行综合分析,也可提供 2 个或 2 个以上的卓越频率。

3 当 3 个分量的卓越频率不相同时,应以水平向为主,必要时可分别提出水平向和垂直向的卓越频率。

12.10.6 场地卓越周期应根据卓越频率确定,可按下式计算:

$$T = 1/f \qquad (12.10.6)$$

式中:T——场地卓越周期(s);

f——场地卓越频率(Hz)。

12.10.7 场地微振动幅值的确定应符合下列规定:

1 取实测时间信号的最大幅值。

2 可根据工程需要采用均方根值或根据不同频域段分别计算均方根值。

3 确定微振动的幅值时应排除干扰信号的影响。

12.11 电阻率测试

12.11.1 对需要测量土的电阻率场地,宜进行电阻率测试。

12.11.2 土的电阻率测试应采用直流电法,测试装置宜根据现场条件采用对称四极装置或三极垂向电测深装置。

12.11.3 采用对称四极装置测试时,测点布置应符合下列要求:

1 中等复杂场地,测点点距可为 80 m~120 m;复杂场地,测点点距宜为 50 m~80 m。

2 主要建构筑物边线和转角处应有测点。

3 应根据各建构筑物和主要设备接地要求和土壤腐蚀性评价需要,适当增减测点。

4 对于长距离线状工程及测区范围大的工程宜根据地貌单元分段测量,在地貌单元及岩土分布较复杂地段,应增加测点。

12.11.4 采用对称四极装置测试时,电极距应符合下列要求:

1 根据具体工作的要求,设计供电电极距 $AB/2$ 及相应测量电极距 $MN/2$ 的变化序列。

2 测量电极距 MN 与相应的供电电极距 AB 可采用等比或非等比形式,测量电极距 MN 与相应的供电电极距 AB 之比值不应大于 1/3。

3 最大供电电极距的一半应大于测试深度的 3 倍。

12.11.5 采用对称四极装置测试时,外业工作应符合下列要求:

1 开挖整平场地应在回填土层施工完成后再进行电阻率测试。

2 土壤电阻率测试不得在雨后立即进行。

3 当土壤电阻率各向异性较大时,应在测点"+"方向上放线测量。

12.11.6 采用对称四极装置测试时,资料解释应符合下列要求:

1 检查测试的总均方误差不应超过±5%的幅度。

2 测试成果资料应说明测点土壤性质、湿度及其他需要特别说明的情况。

3 对于地形地貌单一、地质条件简单的测区,可提供土壤电阻率的范围及平均值。

4 不同方法测定的土壤电阻率资料存在差异时,应进行综合分析评判。

12.11.7 采用三极垂向电测深装置时,使用的仪器设备除井下设备应耐压、抗震且防水外,其他性能指标应符合下列规定:

1 深度测量不应超过0.5%的误差。

2 仪器设备的绝缘性能应符合下列规定:

 1) 地面仪器之间及其对地、绞车集流环对地、供电电源对地的绝缘电阻应大于10 MΩ;

 2) 电缆缆芯对地、电极系各电极之间、井下仪器线路与外壳之间的绝缘电阻应大于2 MΩ;

 3) 深度标记间隔应与深度比例尺相适应,长度相对误差不应超过0.2%的幅度。

3 测试钻孔(套管)内径不应小于75 mm。钻孔中应无金属套管且有井液,有绝缘套管时应密布小孔使管内孔液与管外孔液导通。

12.11.8 电阻率测试成果分析应包括下列内容:

1 采用对称四极装置测试时,应提供各测点的电测深原始曲线及相应拟合曲线,并根据拟合结果提供各电性层深度范围和电阻率。

2 采用三极垂向电测深装置时,应提供 $\rho_s \sim h$ 曲线。

12.12 土壤热响应试验

12.12.1 土壤热响应试验适用于各类土层。

12.12.2 土壤热响应试验可用于下列目的：

1 测定土壤的初始温度。

2 测定土壤的综合导热系数。

3 测定地埋管换热器的换热率。

12.12.3 现场试验前宜收集下列资料：

1 土层结构、性质、温度和室内试验热物性参数。

2 地下水静止水位、水温、水质及分布特征，必要时了解地下水流向、流速。

12.12.4 土壤热响应试验应符合下列要求：

1 地埋管换热器在下管前应进行预压试验，稳压压力宜为 1.2 MPa，稳压时间不宜小于 1 h。

2 钻探成孔后，应及时将地埋管换热器放入测试孔内，随后灌注回填膨润土和细砂(或水泥)混合浆或其他专用灌浆材料。

3 地埋管换热器应减少弯头、变径及外露部分，外露连接管应进行有效保温，保温层厚度不应小于 20 mm。

4 土壤的初始温度可采用温度传感器测量，测点可沿地埋管换热器埋设深度布置，间隔宜为 5 m～10 m，地表下至深度 6 m 范围内间隔宜加密至 2 m。

5 试验应在地埋管换热器安装完成且地温恢复至稳定后进行，稳定时间不宜小于 2 d；启动电加热、水泵等试验设备，待设备运转稳定后方可开始记录试验数据，采集间隔不应大于 5 min。

6 试验应连续，持续时间不宜少于 48 h；地埋管换热器内流速不应低于 0.2 m/s，且处于紊流状态；试验期间加热功率应保持恒定；地埋管换热器的出口温度稳定后，其温度宜高于土层初始平均温度 5℃ 以上，且维持时间不应少于 12 h。

12.12.5 土壤热响应试验成果分析应包括下列内容：

  1 提供土壤的初始温度与深度的关系曲线。

  2 提供钻孔单位延米换热量、导热系数等。

13 室内土工试验

13.1 一般规定

13.1.1 室内试验项目和试验方法应符合现行国家标准《土工试验方法标准》GB/T 50123 的有关规定,工程需要时,可执行相关行业标准。

13.1.2 试验项目的选择应满足建构筑物的设计和施工要求。各种常用的土工试验项目、测定参数及工程应用可参照表 13.1.2,岩石试验项目可参照现行国家标准《岩土工程勘察规范》GB 50021 确定。

表 13.1.2 室内土工试验项目、参数与工程应用

试验类别	试验项目	测定参数	工程应用
物理性	含水率 密度 比重	含水率 w 密度 ρ 比重 G	土的基本参数计算
	液限 塑限	液限 w_L 塑限 w_P 塑性指数 I_P 液性指数 I_L	1) 黏性土的分类 2) 判定黏性土状态
	颗粒分析	颗粒大小分布曲线 不均匀系数 $C_u = d_{60}/d_{10}$ 曲率系数 $C_c = d_{30}^2/(d_{10} d_{60})$ 有效粒径 d_{10} 中间粒径 d_{30} 平均粒径 d_{50} 限制粒径 d_{60} 粒径 d_{15}、d_{70}、d_{85}	1) 粉性土和砂土的分类 2) 确定黏粒含量,判别液化 3) 评价流砂、管涌可能性

试验类别	试验项目	测定参数	工程应用
物理性	烧失量	烧失量 Q	有机质土的分类
水理性	渗透	渗透系数 k_V、k_H	1)土层渗透性评价 2)降水设计
力学性	固结	$e \sim p$ 曲线 压缩系数 a 压缩模量 E_s 回弹再压缩模量 E_{rc}	1)沉降计算 2)开挖土体回弹量估算
		$e \sim \log p$ 曲线 先期固结压力 p_c 超固结比 OCR 压缩指数 C_c 回弹指数 C_s	1)土的应力历史评价 2)考虑应力历史的沉降计算 3)考虑应力历史时,开挖土体回弹量估算
		固结系数 c_v、c_h 次固结系数 c_α	黏性土沉降速率和固结度的计算
	直剪快剪	内摩擦角 φ_q 黏聚力 c_q	黏性土地基骤然加荷时的稳定性验算
	直剪固快	内摩擦角 φ 黏聚力 c	1)天然地基承载力验算 2)基坑及边坡稳定性验算
	直剪慢剪	内摩擦角 φ_s 黏聚力 c_s	粉性土、砂土边坡长期稳定性验算
	三轴压缩不固结不排水剪（UU）	内摩擦角 φ_u 黏聚力 c_u	1)地基承载力计算 2)施工速度较快、排水条件差的黏性土地基施工期稳定性验算 3)桩周土的极限摩阻力计算 4)桩端下软弱下卧层的强度验算

试验类别	试验项目	测定参数	工程应用
力学性	三轴压缩固结不排水剪(CU)	总应力内摩擦角 φ_{cu} 总应力黏聚力 c_{cu} 有效应力内摩擦角 φ' 有效应力黏聚力 c'	1)考虑上部荷载引起地基强度增长、固结后地基稳定性验算 2)基坑稳定性验算
	三轴压缩固结排水剪(CD)	内摩擦角 φ_d 黏聚力 c_d 割线模量 E_{50} 回弹模量 E_{ur}	1)施工速度缓慢、排水条件良好的地基长期稳定性验算 2)数值分析
	无侧限抗压强度	抗压强度 q_u 灵敏度 S_t	1)饱和软黏性土地基施工期稳定性验算 2)土层灵敏度评价
	静止侧压力系数	侧压力系数 K_0	静止侧压力计算
	基床系数	基床系数 K	模拟地基土与结构物的相互作用,计算结构物的内力及变形
	击实	最大干密度 ρ_{dmax} 最优含水率 w_{opt} 压实系数 $\lambda_c = \rho_d / \rho_{dmax}$	填土压实质量控制
	承载比	承载比 $CBR_{2.5}$ 或 $CBR_{5.0}$ 浸水后吸水膨胀量 δ_w	路面基层和底层材料以及各种土料的强度检测
	动三轴（动单剪）	应变幅 $10^{-4} \sim 10^{-2}$ 范围的动弹性模量 E_d、动剪切模量 G_d、阻尼比 λ、抗液化强度 τ_1	1)动力反应分析 2)地基液化判别
	共振柱	应变幅 $10^{-6} \sim 10^{-4}$ 范围的动弹性模量 E_d、动剪切模量 G_d、阻尼比 λ	1)动力反应分析 2)地基液化判别

续表13.1.2

试验类别	试验项目	测定参数	工程应用
热物性	导热系数 比热容 导温系数	导热系数 λ 比热容 C 导温系数 α	1)地下建构筑物通风等计算 2)地源热泵系统设计 3)冻结法设计
化学性	地下水的腐蚀性	pH 值、Ca^{2+}、Mg^{2+}、Cl^-、SO_4^{2-}、HCO_3^-、CO_3^{2-}、侵蚀性 CO_2、游离 CO_2、NH_4^+、OH^-、总矿化度	水对混凝土结构、钢结构及钢筋混凝土中钢筋的腐蚀性评价
	土的腐蚀性	pH 值、Ca^{2+}、Mg^{2+}、Cl^-、SO_4^{2-}、HCO_3^-、CO_3^{2-} 的易溶盐(土水比1:5)分析	土对混凝土结构、钢结构及钢筋混凝土中钢筋的腐蚀性评价
		氧化还原电位、极化电流密度、电阻率	土对钢结构的腐蚀性评价

注:污染土、水的试验应符合现行上海市工程建设规范《建设场地污染土勘察规范》DG/TJ 08—2233 的相关要求。

13.1.3 对于深部土层的室内试验应充分考虑土样的应力历史,并根据工程需要和设计要求制定专门的试验方案。

13.1.4 试验仪器应定期检验及标识,并符合规定的精度要求。有条件时,可采用自动化、智能化试验仪器进行试验数据采集和处理。记录应及时、真实、准确,并予以保存。

13.1.5 土样从取样之日起至开土试验的时间不宜超过 10 d,水样自取样之时起至试验开始的时间不宜超过 48 h。

13.1.6 试验报告中的指标应真实、准确,物理力学性指标宜匹配。

13.2 试样制备

13.2.1 试样制备应有记录,记录内容宜包括土样描述(土性、颜色、状态、包含物、均匀性等)、每筒土样制备的试样数及每块土样所进行的试验项目。

13.2.2 用环刀切取试样时,应具有层次代表性和归一性,试样与环刀应密合,同一组试样的密度差不宜大于 0.05 g/cm³。

13.2.3 切取试样后,宜取具有代表性土样留做液塑限或颗粒分析试验,且留部分土样贮存于容器内,保存至勘察文件提交。

13.3 土的物理性试验

13.3.1 土的密度试验宜采用环刀法,密度宜取同一组多块试样平均值。

13.3.2 含水率试验应进行 2 次平行测定,或用环刀内试样测定,其密度与同组平均密度差不宜大于 0.03 g/cm³。

13.3.3 界限含水率可采用液塑限联合测定法测定,或采用 76g 瓦氏圆锥仪法测定液限含水率(锥尖下沉深度为 10 mm)、搓条法测定塑限含水率。塑性指数小于 12 的土,宜用颗粒分析复测黏粒含量。

13.3.4 颗粒分析试样,粒径大于 0.075 mm 可用筛析法,粒径小于 0.075 mm 可用密度计法或移液管法(采用浓度 4% 的六偏磷酸钠作为分散剂)。若试样中易溶盐含量大于 0.5%,应洗盐。

13.3.5 土粒的比重可采用表 13.3.5 数值,对于有机质含量大于 5% 的土,应实测土粒的比重。

表 13.3.5 土粒的比重值

土的类别及名称			比重 G
黏性土	黏土	$I_P > 24$	2.76
		$20 < I_P \leqslant 24$	2.75
		$17 < I_P \leqslant 20$	2.74
	粉质黏土	$14 < I_P \leqslant 17$	2.73
		$10 < I_P \leqslant 14$	2.72

土的类别及名称		比重 G
粉性土	黏质粉土	2.71
	砂质粉土	2.70
砂土	粉砂	2.69
	细砂	2.68
	中砂	2.67
	粗砂、砾砂	2.66

注：I_P 为黏性土的塑性指数。

13.4 土的力学性试验

13.4.1 固结试验应满足下列要求：

1 加荷等级，第一级压力宜为 50 kPa，对于天然密度小于或等于 1.75 g/cm³ 的黏性土，第一级压力宜为 25 kPa。加荷荷重率不宜大于 1，最后一级压力应大于土的自重压力加附加压力之和。

2 对黏性土，当固结压力小于或等于 400 kPa 时，可采用综合固结度校正的快速法；大于 400 kPa 时，宜采用慢速法或用次固结增量校正的快速法。

3 基坑工程考虑卸荷加荷影响时，宜进行回弹再压缩固结试验，其压力的施加宜模拟实际卸荷加荷状态。

4 固结系数测定宜采用慢速法或用次固结增量法校正的快速法，测定范围均为土的自重压力至自重压力与附加压力之和。次固结系数测定应采用慢速法，在土的自重压力至自重压力与附加压力之和范围内测定。

5 土工试验报告应提供 100 kPa～200 kPa 的压缩系数和压缩模量。最大压力小于或等于 400 kPa 时，应附 $e \sim p$ 曲线或各级压力下的孔隙比、各压力段的压缩模量；最大压力大于 400 kPa

时,应附 $e \sim p$ 曲线。回弹再压缩固结试验应提供回弹曲线、回弹再压缩曲线及回弹再压缩模量。

13.4.2 先期固结压力试验应满足下列要求：

1 宜采用Ⅰ级土样进行试验。

2 加荷等级,第一级压力值宜为 12.5 kPa,加荷荷重率不应大于 1(在先期固结压力段附近荷重率应减小),施加的最大压力应使测得的曲线下段出现明显的直线段。

3 加荷稳定标准宜为 24 h 或每小时变形量小于 0.005 mm,也可采用间隔 2 h 逐级加荷的快速法,并按次固结增量法进行校正。

4 回弹试验宜在大于土的先期固结压力后进行,或在最后一级压力固结稳定后卸荷,直至第一级压力止。回弹测读应采用慢速法。

5 宜用最小曲率半径法(C 法)确定先期固结压力 p_c。

6 土工试验报告应提供 p_c、C_c、C_s 值,并附 $e \sim \lg p$ 曲线、不同压力下的孔隙比。

13.4.3 直剪固结快剪试验应满足下列要求：

1 试验宜用 4 块性质相同的试样,密度差不宜大于 0.05 g/cm^3。

2 四级垂直压力,第一级垂直压力宜接近土的自重压力,第四级垂直压力宜接近土的自重压力与附加压力之和。

3 直剪固结快剪的固结时间,对于黏性土不宜少于 4.5 h,对于粉性土或砂土不宜少于 2 h。

4 采用预压装置时,试样要均匀受力,不得偏心,经预压固结的试样自预压仪取出后宜及时进行试验,试样推入直剪仪剪力盒后,宜有足够时间进行再固结后实施剪切。

5 抗剪强度参数 c、φ 值宜用最小二乘法计算,或绘制抗剪强度与垂直压力的线性关系曲线确定。

13.4.4 三轴压缩试验应满足下列要求：

1 试验方法应与工程实际相一致,对加荷速率快、排水条件差的黏性土,宜采用不固结不排水(UU)试验。对考虑上部荷载引起土的强度增长或排水固结的基坑工程,可采用固结不排水(CU)试验。对施工进度慢、排水条件良好的地基长期稳定性验算,可采用固结排水(CD)试验。

2 试验应制备 3 个以上土质结构相同的试样。

3 试验围压宜根据工程实际荷重确定,UU 试验第一级围压宜接近土的自重压力,CU 试验第一级围压宜接近土的有效自重应力,最大一级围压宜接近土的自重压力与附加压力之和。

4 试验起始孔隙水压力系数 B 值不宜小于 0.95,排水固结稳定标准宜采用孔隙水压力消散达 95% 以上。

5 土工试验报告中,UU 试验应提供 c_u、φ_u,CU 试验应提供 c_{cu}、φ_{cu}、c'、φ',并附主应力差和轴向应变关系曲线、摩尔圆和强度包线。

13.4.5 无侧限抗压强度试验适用于饱和黏性土,宜采用Ⅰ级土样,土工试验报告中应提供 q_u、q'_u、S_t。

13.4.6 静止侧压力系数 K_0 试验适用于饱和的黏性土、粉性土和砂土,可采用侧压力仪或三轴压缩仪进行试验。

13.4.7 基床系数试验适用于饱和的黏性土、粉性土和砂土,试验宜采用应力加荷法,可采用三轴(CD)法或固结法测定。

13.4.8 常水头渗透试验适用于砂土,变水头渗透试验适用于黏性土和粉性土。试验宜重复测记 3 次以上,计算的渗透系数宜取 3 个误差不大于 2×10^{-n} 的数据平均值。对微透水~不透水的饱和黏性土,可通过固结试验测定固结系数 c_v、c_h,计算渗透系数 k_V、k_H。

13.4.9 深部土层的力学试验除应符合本节相关规定外,尚应符合下列规定:

1 取样至试验的时间不宜超过 72 h。

2 固结试验的压力等级、直剪试验和三轴试验的固结压力应考虑土样的原位应力和应力历史。

3 必要时,可根据土样的应力历史和工程需要选择合适的试验方法,模拟实际工程中的应力路径和排水状态。

13.5 土的热物性试验

13.5.1 当工程设计需要时,可通过试验确定岩土热物性指标,包括导热系数、比热容和导温系数。

13.5.2 岩土热物性指标的测定,可采用瞬态平面热源法、热线法、平板热流计法及热平衡法。

13.5.3 采用瞬态平面热源法、热线法及热流计法测定土的热物性指标时,宜符合下列要求:

1 试样尺寸和厚度的选择宜符合试验方法及选用试验仪器的要求,试样表面宜加工平整,使试件和测试仪器的工作表面紧密接触。

2 试验时,应测定试样的含水率和密度等物理性质参数。

3 测试时,测试温度的选择应与实际工况相符合,并进行2次平行测定。

4 测试报告应提供采用的仪器和方法、土试样的名称、厚度、含水率及密度等。

13.5.4 采用热平衡法测试岩土的比热容时,宜符合以下要求:

1 试验时应根据实际工况条件确定试样的加热温度和恒温加热时间。

2 宜进行2次平行测定,测定的差值不宜大于$0.1 \text{ kJ}/(\text{kg} \cdot \text{K})$,取2个值的平均值作为试验结果。

13.6 土的动力性试验

13.6.1 可根据工程设计要求,选用下列试验方法测定土动力参数：

    1   测定应变幅为 $10^{-4}\sim10^{-2}$ 的动模量和阻尼比时,可进行动三轴、动单剪或动扭剪试验。

    2   测定应变幅为 $10^{-6}\sim10^{-4}$ 的动模量和阻尼比时,可进行共振柱试验。

    3   为边坡或地基土动力稳定性分析提供动参数时,可进行动三轴试验。

    4   用应力法判别土层液化可能性,测定砂土、砂质粉土抗震液化强度时,可进行动三轴、动单剪或动扭剪试验。

    5   用刚度法判别土层液化可能性,测定砂土、砂质粉土发生孔压增长的门槛剪应变时,可进行共振柱试验。

13.6.2   各种动力性质试验宜提供下列成果：

    1   动模量和阻尼比试验的动模量与动应变关系曲线,阻尼比与动应变关系曲线。

    2   动强度试验的不同固结压力下的动剪应力与振次关系曲线。

    3   液化强度试验的不同固结压力下的液化应力与振次关系曲线。

13.6.3   动强度和液化试验可以下列条件之一作为破坏标准：

    1   动弹性应变和塑性应变之和达到 $2.5\%\sim5\%$ 时。

    2   孔隙水压力上升,达到初始固结围压时。

14 地下水

14.1 一般规定

14.1.1 上海地区与工程建设密切相关的地下水主要为第四系地层中的潜水和承压水。

14.1.2 潜水赋存于浅部地层中,大部分区域以黏性土为主,渗透性差;部分区域有浅部粉性土或砂土分布,渗透性相对较好。潜水水位埋深一般为 0.3 m~1.5 m,水位受降雨、潮汛、地表水及地面蒸发的影响有所变化,年平均水位埋深一般为 0.5 m~0.7 m;当大面积填土时,潜水位会随地面标高的升高而上升。

14.1.3 全新统地层中下部第④、⑤层中的粉性土或砂土中赋存承压水,呈不连续分布,常夹黏性土,土性不均,渗透性一般,水位呈周期性变化,埋深一般为 2 m~5 m。

14.1.4 更新统地层的粉性土或砂土中赋存承压水,与工程建设有关的主要有上更新统的第Ⅰ、Ⅱ承压含水层和中更新统的第Ⅲ承压含水层,其水位呈周期性变化,其中第Ⅰ承压含水层(第⑦层)水位埋深一般为 3 m~7 m,第Ⅱ承压含水层(第⑨层)水位埋深一般为 3 m~9 m,第Ⅲ承压含水层(第⑪层)水位埋深一般为 3 m~10 m,不同区域其水位有较大变化。

14.1.5 地下水的温度,在地表下 4 m 深度范围内受气温变化影响明显,4 m 以下水温受气温变化影响小,一般为 16℃~20℃。

14.1.6 勘察时宜调查勘察场地和周围是否存在影响地下水及地表水的污染源。

14.1.7 场地地基土和潜水未受环境污染时,一般对混凝土有微腐蚀性;当长期浸水时,潜水对混凝土中的钢筋有微腐蚀性;当干湿交替时,潜水对混凝土中的钢筋有微或弱腐蚀性;潜水对钢结构有弱腐蚀性。承压水一般对混凝土有微腐蚀性,对混凝土中的钢筋有微腐蚀性。

14.1.8 当判定场地地下水与地基土受污染时,应根据工程需要提出专项勘察的建议。对污染水土的测试与评价应符合本标准第9.4节的相关规定。

14.1.9 应根据工程需要和委托要求,针对基础形式、开挖深度及施工工法等,确定所需提供的水文地质参数。

14.1.10 地下水测试不应对地下水造成污染、对工程建设留下隐患,测试完成后应及时进行有效封孔及场地恢复。

14.2 水文地质参数的确定

14.2.1 钻孔中稳定潜水位应在水位恢复稳定后量测。量测稳定水位的时间应根据地层的渗透性确定,从停钻到量测的时间,对砂土不宜少于2h,对粉性土和黏性土不宜少于8h。需绘制地下水等水位线图时,应统一量测稳定水位。对位于有潮汐变化的江、河岸边的工程,地表水、地下水应同时连续量测,并注明量测时间,以了解地下水与地表水之间的水力联系。

14.2.2 当需量测承压含水层水位时,应采取隔水措施将被测含水层和其他含水层隔离后测其稳定水位;当涉及多层承压含水层时,应分别量测其稳定水位。连续量测稳定水位的时间不宜少于5d。工程需要时,宜收集该区域相关含水层的长期水位观察资料。

14.2.3 对于安全等级为一、二级的基坑工程,宜采用现场简易抽(注)水试验测定弱~中渗透性土层的渗透系数,测试方法及成果整理应符合本标准附录F第F.1节和第F.2节的规定。

14.2.4 对于安全等级为一级,且涉及承压水控制的基坑工程,应进行专项水文地质勘察,试验方法及成果整理可按本标准附录F第F.3节和第F.4节执行,并应符合下列规定:

    1 当需要确定含水层的富水性、渗透性及流量与水位降深的关系时,应进行单井抽水试验。抽水试验降深不宜少于3次,最大降深宜接近工程所需的地下水位降深。

2 当环境条件复杂且无法隔断含水层,需分析评价含水层间补给及降水对周边环境的影响时,应进行群井抽水试验,并宜进行地面沉降和分层沉降的监测。

3 当需要验证地下水回灌施工可行性时,可进行单井或群井回灌试验。

4 对抽水试验宜采取水样进行水质分析。

14.3 地下水评价

14.3.1 应根据工程需要,提供地基土的渗透性指标,评价地基土的透水性,分析评价地下水对建构筑物基础设计与施工的影响,预估可能产生的危害,提出预防和处理措施的建议。

14.3.2 评价承压水引发深基坑突涌的可能性时,应提供承压含水层的水头压力,对承压含水层和其顶面以上土层的土性、埋藏深度、厚度、透水性及基坑开挖后坑底以下地基土抗承压水头的稳定性等进行综合分析评价。基坑开挖后坑内地基土抗承压水突涌稳定性应满足式(14.3.2)的要求:

$$p_{cz}/p_{wy} \geqslant 1.05 \qquad (14.3.2)$$

式中:p_{cz}——坑底开挖面以下至承压含水层顶面间覆盖土的自重压力(kPa),地下水位以下按饱和重度计算;

p_{wy}——承压水水头压力(kPa)。

14.3.3 当基坑开挖深度以内有粉性土或砂土存在时,应评价在施工开挖过程中产生流砂的可能性。

14.3.4 对采取降水施工的工程,应分析评价降水对邻近建构筑物及地下设施的影响。

14.3.5 当场地地形或补给排泄条件复杂时,抗浮设防水位宜根据建筑使用功能、抗浮设计等级、场地排水条件、水位预测咨询成果和工程经验综合分析,通过专项论证后确定。

14.3.6 地下结构评价施工期和使用期地下水对结构物的上浮作用时,应符合下列要求:

1 地下结构承受的浮力应按照基底所在含水层中的静水压力差进行计算。

2 若在基底以下存在承压含水层,可根据施工节点和施工工况,同时考虑基底压力评价使用期承压含水层抗突涌稳定性。

3 当有抗浮需要时,应提出抗浮措施建议。

14.3.7 应评价地下水和地基土对混凝土、钢筋混凝土中的钢筋和钢结构的腐蚀性,并符合下列要求:

1 存在潜在污染源或新近吹填、沿长江或沿海场地,应采取不少于 2 组有代表性的水样进行测试分析。沿长江口或沿海场地,当深层地下空间结构涉及承压水时,宜采取不少于 2 组承压水样进行测试分析。

2 对存在潜在污染源场地,地下水对建筑材料的腐蚀性等级为中等及以上时,尚应进行地基土的专项测试分析。

3 评价地下水、土对混凝土、钢筋混凝土中的钢筋及钢结构的腐蚀性所需进行的化验或测试内容见表 14.3.7。

表 14.3.7 地下水、土试样的测试目的和内容

测试目的	取样量	样品处理	化验或测试内容	
评价地下水对混凝土及钢结构的腐蚀	水样 1 kg	侵蚀性 CO_2 需单独取样,在现场加 $CaCO_3$ 后密封	pH 值、游离 CO_2、侵蚀性 CO_2、Ca^{2+}、Mg^{2+}、NH_4^+、Cl^-、SO_4^{2-}、CO_3^{2-}、HCO_3^-、OH^-、总硬度	除 pH 外其他均用 mg/L 表示
评价土对混凝土及钢结构的腐蚀	土样 3 kg	水浸出液 土水比=1∶5	pH 值(应为电极在土中直接测定)、Ca^{2+}、Mg^{2+}、Cl^-、SO_4^{2-}、HCO_3^-、CO_3^{2-}、有机质	除 pH 外其他均用 mg/kg 表示
	土样 1 kg	盐酸浸出液	SO_4^{2-}	

14.3.8 地下水和土对混凝土腐蚀性评价标准见表 14.3.8-1 和表 14.3.8-2。地下水和土对钢筋混凝土结构中钢筋的腐蚀性评价标准见表 14.3.8-3。地下水对钢结构的腐蚀性评价标准见表 14.3.8-4。

表 14.3.8-1　按环境类型水和土对混凝土的腐蚀性评价

| 腐蚀等级 | 腐蚀介质 | 环境类型 | |
		Ⅱ	Ⅲ
微 弱 中 强	硫酸盐含量 SO_4^{2-} （mg/L）	<300 300～1500 1500～3000 >3000	<500 500～3000 3000～6000 >6000
微 弱 中 强	镁盐含量 Mg^{2+} （mg/L）	<2000 2000～3000 3000～4000 >4000	<3000 3000～4000 4000～5000 >5000
微 弱 中 强	铵盐含量 NH_4^+ （mg/L）	<500 500～800 800～1000 >1000	<800 800～1000 1000～1500 >1500
微 弱 中 强	苛性碱含量 OH^- （mg/L）	<43000 43000～57000 57000～70000 >70000	<57000 57000～70000 70000～100000 >100000
微 弱 中 强	总矿化度 （mg/L）	<20000 20000～50000 50000～60000 >60000	<50000 50000～60000 60000～70000 >70000

注:1. 弱透水土层中的地下水宜按Ⅲ类环境评价,强透水土层中的地下水宜按Ⅱ类环境评价。

2. 表中数值适用于有干湿交替作用的情况,Ⅱ类腐蚀环境无干湿交替作用时,表中硫酸盐含量数值应乘以 1.3 的系数。

3. 表中数值适用于水的腐蚀性评价,对土的腐蚀性评价,应乘以 1.5 的系数,单位以 mg/kg 表示。

4. 表中苛性碱（OH^-）含量（mg/L）应为 NaOH 和 KOH 中的 OH^- 含量（mg/L）。

表 14.3.8-2　按地层渗透性水和土对混凝土的腐蚀性评价

腐蚀等级	pH 值		侵蚀性 CO_2 (mg/L)		HCO_3^- (mmol/L)
	A	B	A	B	A
微	>6.5	>5.0	<15	<30	>1.0
弱	6.5~5.0	5.0~4.0	15~30	30~60	1.0~0.5
中	5.0~4.0	4.0~3.5	30~60	60~100	<0.5
强	<4.0	<3.5	>60	—	—

注:1. 表中 A 是指直接临水或强透水层中的地下水;B 是指弱透水层中的地下水。强透水层是指碎石土和砂土;弱透水层是指粉性土和黏性土。

　　2. HCO_3^- 含量是指水的矿化度低于 0.1 g/L 的软水时,该类水质 HCO_3^- 的腐蚀性。

　　3. 土的腐蚀性评价只考虑 pH 值指标;评价其腐蚀性时,A 是指强透水土层,B 是指弱透水土层。

表 14.3.8-3　水和土对钢筋混凝土结构中钢筋的腐蚀性评价

腐蚀等级	水中的 Cl^- 含量(mg/L)		土中的 Cl^- 含量(mg/kg)	
	长期浸水	干湿交替	A	B
微	<10000	<100	<400	<250
弱	10000~20000	100~500	400~750	250~500
中	—	500~5000	750~7500	500~5000
强	—	>5000	>7500	>5000

注:表中 A 是指地下水位以上的碎石土、砂土,稍湿的粉性土,坚硬、硬塑的黏性土;B 是指湿、很湿的粉性土,可塑、软塑、流塑的黏性土。

表 14.3.8-4　水对钢结构的腐蚀性评价

腐蚀等级	pH 值,$(Cl^- + SO_4^{2-})$含量(mg/L)
弱	pH 3~11,$(Cl^- + SO_4^{2-})$<500
中	pH 3~11,$(Cl^- + SO_4^{2-})$≥500
强	pH<3,$(Cl^- + SO_4^{2-})$任何浓度

注:1. 表中是指氧能自由溶入的水。

　　2. 本表也适用于钢管道。

　　3. 若水的沉淀物中有褐色絮状物沉淀(铁)、悬浮物中有褐色生物膜、绿色丛块,或有硫化氢臭,应作铁细菌、硫酸盐还原细菌的检验,查明有无细菌腐蚀。

15 现场检验与监测

15.1 一般规定

15.1.1 现场检验与监测应在工程设计和施工阶段进行。

15.1.2 现场检验宜包括基槽检验、地基处理效果及桩基等的检验,并宜对施工中出现的问题提出处理建议。

15.1.3 现场监测应根据工程性质与要求、施工阶段与工况、场地的工程地质条件与周围环境状况有针对性地进行,遇下列情况时应布置现场监测:

   1 地基加固或沉桩施工可能危及相邻建构筑物,并对周围环境有影响时。

   2 需监测建构筑物施工和使用过程中的位移或内力变化时。

15.1.4 检测与监测仪器精度应符合工程要求,并应定期进行检定和校准,在规定的有效期内使用。

15.1.5 检测与监测的工作量布置与测试精度应符合相关技术标准的要求。

15.1.6 现场检验与监测前应现场踏勘、编制工作大纲。现场设置的监测点,应在其稳定后测定初始值。

15.1.7 现场检验与监测数据应真实、可靠,并及时汇总整理后报送相关单位。当监测数据大于预警值时,应及时报警。

15.2 现场检验

15.2.1 现场检验应满足下列技术要求:

   1 根据不同类型的检验要求,选用合适的检验方法。

2 检测点抽样应具有代表性。

3 应结合地层特征、施工工法等综合判断检验结果。

15.2.2 基槽(坑)检验应符合下列规定：

1 基槽开挖后,应及时到现场核对基槽位置和槽底标高。

2 观察基槽(坑)底部土质,判断是否与勘察成果一致、是否为地基持力层,检查是否有暗浜等不良地质条件存在。

3 必要时,可采用轻型动力触探试验、静力触探试验进行测试,检验地基的均匀性。

4 当土性异常时,提出处理措施或施工勘察的建议。

15.2.3 天然地基和处理土地基检验应符合下列规定：

1 天然地基和处理土的地基承载力宜采用平板载荷试验进行检测,检测数量不宜少于3组。

2 换填地基均匀性可采用标准贯入试验或静力触探试验结合地区经验按有关标准综合确定;换填地基应分层进行压实系数检测,压实系数可选择现行国家标准《土工试验方法标准》GB/T 50123中的环刀法、灌砂法、灌水法或其他有效的方法进行检测。

3 预压法地基处理效果可采用十字板剪切试验、静力触探试验和室内土工试验等方法进行检测。

4 强夯法地基处理效果可选择静力触探试验、标准贯入试验、室内土工试验或物探等方法进行检测。

5 不加填料振冲加密处理效果可选择标准贯入试验、静力触探试验等方法进行检测。

15.2.4 复合地基检验应符合下列规定：

1 复合地基承载力应采用复合地基载荷试验进行检测,检测数量不宜少于3组。可选择多桩复合地基载荷试验或单桩复合地基载荷试验,载荷板面积应与多桩或单桩承担的处理面积一致。

2 桩间土承载力可采用平板载荷试验检测,桩体承载力可采用单桩静载荷试验检测。

3 水泥土搅拌桩、高压旋喷桩的桩身质量可采用钻芯法、静力触探等方法进行检测。

4 注浆地基处理效果可选择标准贯入试验、静力触探或物探等方法进行检测。

5 碎石、砂石桩的桩体质量可采用圆锥动力触探试验进行检测。

15.2.5 桩基检验应符合下列规定：

1 用于验证地层和桩基设计参数的前期试桩不应少于3组。

2 单桩承载力可采用静载荷试验进行测试，休止期应符合有关规定。当有动静对比资料时，也可采用高应变法动测进行单桩承载力测试。

3 桩身质量可采用低应变法或高应变法进行动测，必要时，也可采用钻芯法进行检验。

15.3 现场监测

15.3.1 现场监测应满足下列技术要求：

1 监测项目的选择应根据工程特点、设计要求、现场条件、地区经验和方法的适用性等确定。

2 监测范围应与主要影响范围相一致，并应满足相关标准和设计要求，同时应符合主管部门对工程和环境保护的规定。

3 同一工程的监测，宜固定观测人员和仪器，应采用相同的观测方法和观测路线施测。

4 监测过程中应进行现场定期巡视检查，并做好巡视记录。

15.3.2 沉桩工程监测应符合下列要求：

1 沉桩施工阶段宜进行孔隙水压力、土体位移、振动等监测工作，判断施工过程的安全程度。

2 挤土桩和部分挤土桩施工监测范围应符合现行上海市工

程建设规范《地基基础设计标准》DGJ 08—11 的相关规定。

3 沉桩施工监测应形成监测剖面,宜从沉桩区边线开始向外先密后疏布置。

4 孔隙水压力计应在沉桩影响深度范围内的土层中竖向布设,软弱土层中应布置测点,并对各元件间进行有效隔离。

5 土体侧向位移宜布置在沉桩区与被保护对象之间,测斜管埋深应根据桩入土深度、间距、环境和地质条件及保护要求综合确定。

6 沉桩区周围存在对振动敏感的建构筑物和设施时,应根据保护要求进行振动监测。在有噪声控制要求的区域,应进行噪声监测。

15.3.3 地基加固工程监测应符合下列要求:

1 地基加固工程中应进行垂直位移、水平位移、孔隙水压力等监测,并根据不同的地基加固方法与设计要求确定监测方法及控制指标。

2 对预压、强夯等地基处理工程,如周边有建构筑物时,应进行土体深层侧向位移和地表边桩位移监测。

3 宜对各监测项目的观测资料进行综合对比分析,研究其发展趋势。

15.3.4 建构筑物垂直位移监测应符合下列要求:

1 建构筑物长期沉降(垂直位移)观测宜从基础浇筑开始,实施于结构施工以及使用期间全过程。

2 应埋设满足要求的 3 个专用水准点,沉降点的布设应根据建构筑物体型与结构型式、工程地质条件等因素,并能全面反映建构筑物地基变形特征,要求便于观测且不易遭到损坏。

3 当周边工程活动影响建构筑物变形稳定时,应根据要求进行水平位移、倾斜及裂缝监测。

4 监测方法等尚应符合现行行业标准《建筑变形测量规范》JGJ 8 的相关规定。

16 岩土工程分析评价

16.1 一般规定

16.1.1 岩土工程分析评价应具备下列条件：

1 了解工程的结构类型、特点、荷载情况和变形控制等要求。

2 掌握场地的工程地质条件。

3 了解地区和类似工程经验。

4 了解周边环境条件及保护要求。

5 可能采用的施工工法。

16.1.2 应根据不同类型工程的特点，结合工程地质条件及环境保护要求，有针对性地进行岩土工程分析评价，并应符合下列要求：

1 提供设计、施工所需的岩土参数，评价地基的均匀性，提出地基基础方案建议。

2 分析地下水对工程的影响，提出防治措施建议。

3 分析设计、施工过程中可能遇到的地质问题及工程与周围环境的相互影响，评价地质条件可能引起的工程风险，提出防治措施和检测、监测的建议。

16.1.3 岩土工程计算时应符合下列要求：

1 评价地基土承载力和基坑稳定性、抗浮稳定性等问题，按承载能力极限状态计算。

2 评价地基土和基坑的变形等问题，按正常使用极限状态计算。

16.1.4 对于重大的岩土工程问题，可根据工程原型或足尺试验获得的量测结果,用反分析的方法求得土性参数,验证设计计算,查验工程效果。

16.2 分析评价的基本要求

16.2.1 天然地基的分析评价宜包括下列内容:

    1 天然地基持力层的比选和建议。

    2 提出各拟建物适宜的基础埋置深度(标高)的建议值,提供相应基础尺寸的地基承载力。

    3 对明(暗)浜等不良地质条件地基处理方法的建议。

    4 工程需要时,经专项委托,可估算天然地基沉降量,对可能采用的地基加固处理方案进行技术经济分析、比较并提出建议。

16.2.2 桩基工程的分析评价宜包括下列内容:

    1 桩基持力层的比选和建议。

    2 可能采用桩型、规格及相应的桩端入土深度的分析建议,提供桩基设计、施工所需的岩土参数及单桩承载力估算值。

    3 对存在欠固结土及大面积堆载、回填土的场地,分析桩侧产生负摩阻力的可能性及其影响。

    4 对承受水平力的桩基础,当设计有要求时,宜提供地基土水平抗力系数的比例系数。

    5 评价沉(成)桩可能遇到的风险以及桩基施工对周边环境的影响,提出桩基设计、施工应注意的问题。

    6 提出桩基检测的建议。

    7 工程需要时,经专项委托,可估算桩基沉降量,进行桩基方案技术经济比较。

16.2.3 沉降控制复合桩基工程的分析评价宜包括下列内容:

    1 提供承台基础的地基持力层、埋置深度的建议,提供相应基础尺寸的地基承载力。

2 进行桩基持力层比选,提供相应桩基设计参数及单桩竖向承载力。

3 对沉桩可能性进行分析评价,并提出施工注意事项。

4 对不良地质条件(暗浜、明浜)及杂填土等提出地基处理方案建议。

5 工程需要时,经专项委托,可按基础及荷载条件,提供基础承台面积、桩数与沉降量关系曲线。

16.2.4 地基处理工程的分析评价宜包括下列内容:

1 提出地基处理方法建议,提供地基处理设计和施工所需的岩土参数。

2 评价地基处理设计施工可能遇到的风险。

3 评价地基处理对周边环境的影响。

4 提出地基处理设计施工应注意的问题和检测建议。

16.2.5 基坑工程的分析评价宜包括下列内容:

1 阐述场地岩土条件和基坑周边环境条件,分析基坑施工与周围环境的相互影响。

2 阐述基坑周边填土、暗浜、地下障碍物等分布情况,并分析其对工程的影响。

3 分析地下水对基坑工程的影响,提出地下水控制所需的水文地质参数及防治措施的建议。临岸基坑工程,尚宜评价地下水与地表水之间的水力联系。

4 提出基坑支护形式的建议。

5 提出基坑设计、施工所需的岩土参数。工程需要提供地基土基床系数及比例系数时,可参见本标准附录G。

6 评价地质条件可能引起的工程风险,提出基坑设计、施工应注意的问题及防治对策。

7 评价基坑开挖、降水对周围环境的影响,并提出环境保护和监测工作的建议。

8 工程需要时,经专项委托,可估算深基坑回弹量,结合应力历史、变形条件、含水层的渗流条件分析评价对环境的影响。

16.2.6 既有建筑加层、加固和改造工程的分析评价内容除符合本章有关规定外,尚宜包括下列内容:

1 既有建筑物的变形稳定性及基础使用性状。

2 有条件时,对地基土及地下水受外部荷载作用及环境的变化情况,地基预压区与非预压区的土性差异性分析。

3 地基加固的必要性分析;若需加固时,提供设计和施工所需的岩土参数,提出加固方法的建议。

4 评价施工对既有建筑物及其邻近设施的影响,并提出相应监护措施的建议。

16.2.7 道路工程、轨道交通路基工程的分析评价内容除符合本章有关规定外,尚宜包括下列内容:

1 分析地基土的工程特性,评价路基均匀性。

2 提供道路设计和施工所需的路基土性参数。高填土道路宜提供路基沉降计算所需土层的压缩模量、固结系数等。必要时,宜提供土层的承载比 CBR,路基填土的最优含水率、最大干密度等。

3 对明(暗)浜、厚填土等提出地基处理建议。

4 对高填土路基的稳定性进行分析评价。

5 工程需要时,经专项委托,可预估高填土路基的沉降量,进行地基处理方案的技术经济比选。

16.2.8 桥梁工程的分析评价内容除应符合本节桩基工程有关规定外,尚宜包括下列内容:

1 根据河床断面及水文资料,分析评价冲刷对桥梁基础的不利影响。

2 评价临近岸坡的桩基施工对岸坡稳定性的影响。

3 提出桥台与桥坡段路堤间的差异沉降处理建议。

16.2.9 采用顶管法、定向钻进施工管道和顶进法施工箱涵的分析评价内容除符合本章有关规定外,尚宜包括下列内容:

1 根据管道、箱涵范围内土层性质,评价顶管、定向钻进施工管道和顶进箱涵施工的适宜性。

2 根据顶管(钻进、顶进)范围内地下障碍物分布情况,提出处理建议。

3 对顶管、定向钻进施工管道和顶进箱涵施工过程中产生流砂、管涌等不良地质的可能性进行分析评价,并提出防治建议。

4 判定地下水和地基土对管道的腐蚀性,提出防治措施的建议。

5 工作井和接收井采用明挖或沉井法施工时,其评价内容可参考本标准第16.2.5、第16.2.10条。

16.2.10 沉井(沉箱)工程除符合本章有关规定外,尚宜包括下列内容:

1 提供沉井下沉时各土层与井壁之间的摩阻力参数(可参见本标准附录H),提出施工期和使用期抗浮验算参数建议。

2 对沉井下沉过程中产生流砂、井底软弱土层突沉或隆起、井底承压水突涌可能性进行分析评价,并提出防治措施的建议。

3 评价沉井施工对环境影响,并提出相应建议。

16.2.11 采用盾构、沉管法施工隧道的分析评价内容除应符合本章有关规定外,尚宜包括下列内容:

1 评价盾构掘进(或沉管隧道开挖)范围内土层适宜性。

2 提供隧道设计施工所需的岩土参数。

3 根据隧道影响范围内粉性土或砂土、承压含水层、浅层天然气分布情况,分析评价其对隧道设计和施工可能产生的影响,提出处理措施的建议。

4 根据沿线地下设施及障碍物调查报告,分析评价其对设计和施工的不利影响,以及隧道施工对环境的不利影响,并提出处理建议。

5 对涉及水域隧址工程,可根据河床断面图、河势演变分析报告,分析评价河床冲淤变化对工程的不利影响,并提出防治措施的建议。

6 当沉管隧道采用桩基础时,其评价内容可参考本标准第 16.2.2 条。

7 工程需要时,经专项委托,对采用冻结法(暗挖)施工的联络通道宜提供相关土层的热物性指标及不同工况下土层的强度参数,并评价冻融引起的沉陷对工程及环境的不利影响。

16.2.12 堤岸工程的分析评价内容除符合本章有关规定外,尚宜包括下列内容:

1 提供堤岸稳定性、抗渗性计算所需土性参数,重力式堤岸构筑物基底与地基土间的摩擦系数,桩式堤岸桩基设计参数。

2 评价影响堤岸稳定性、渗透性、地基变形的因素,并提出防治措施的建议。

3 对各类堤岸结构宜采用的基础形式以及地基处理措施提出建议。

4 提出工程施工监测建议。

5 当对原有堤岸进行加高加固时,宜对原有堤岸状况进行评价,并提出地基加固措施建议。

6 当工程需要时,经专项委托,宜根据地表水与地下水的排补关系,预测施工和使用期间地下水的变化趋势。

7 当工程需要时,应进行筑堤土料专项勘察,评价土料质量、储量及开采、运输条件。

16.2.13 港口工程的分析评价内容除符合本章有关规定外,尚宜包括下列内容:

1 提供堤坝、岸坡、边坡稳定性计算参数。

2 评价地基的抗渗性能。

3 对影响码头稳定性的因素进行评价(包括冲刷、后方堆载等)。

4 桩式码头应提供桩基设计参数、估算单桩承载力,进行沉桩可行性分析。

5 重力式码头应提供构筑物基础底面与地基土之间的摩擦

系数。

6 对需要进行基坑开挖的船坞及港池等,应提供基坑围护设计与施工所需参数。

7 评价海域区水土对建构筑物的腐蚀性,并提出处理建议。

16.2.14 水闸工程的分析评价内容除符合本章有关规定外,尚宜包括下列内容:

1 提供水闸地基和基坑设计所需岩土参数。

2 评价水闸地基的抗滑稳定、沉降及渗透稳定条件,并提出防治措施的建议。

3 评价水闸上下游地基土抗冲刷稳定条件,并提出防治措施的建议。

4 评价基坑边坡抗滑稳定及渗透稳定条件,并提出防治措施的建议。

16.2.15 疏浚工程的分析评价内容除符合本章有关规定外,尚宜包括下列内容:

1 浚挖基槽边坡的稳定性分析。

2 疏浚岩土分级及可挖性评价。

3 经专项委托,进行疏浚岩土的可利用性评价。

16.2.16 防波堤和施工围堰工程的分析评价内容除符合本章有关规定外,尚宜包括下列内容:

1 分析影响防波堤和施工围堰稳定的因素(包括冲刷、淤泥、软土等)。

2 可结合地基处理方法,提供相关土性参数。

3 经专项委托,可估算防波堤和施工围堰的地基沉降量。

16.2.17 大面积堆土工程的分析评价内容除符合本章有关规定外,尚宜包括下列内容:

1 评价堆土荷载作用下地基的稳定性。

2 根据堆土方案、地基土条件等,提出地基处理的建议。

3 分析评价堆土对环境的影响,并提出环境保护的建议。

4 经专项委托,可预测地基沉降量、沉降与时间的关系。

16.2.18 废弃物处理工程的分析评价内容除符合本章有关规定外,尚宜包括下列内容:

1 分析评价地基土的强度、变形、渗透特征。

2 分析场地地形地貌、岩土条件,评价地基和边坡的稳定性。

3 根据工程性质、地基土渗透性和环境保护要求等,对防渗和边坡治理措施提出建议。

4 建议适宜的基础形式或地基处理方案,提供设计施工所需的岩土参数。

5 分析工程对周边环境的影响,根据工程及地基特点提出工程监测的建议。

6 根据场地原环境资料和调查资料,判断扩建或改建工程场地地基土和水是否受污染;若污染,可根据委托要求确定污染种类及污染程度,并提出预防措施建议。

7 填埋场基坑工程,其评价内容应符合本标准第 16.2.5 条的规定。

8 经专项任务委托,可开展专项勘察,调查污染物的运移,评价污染对环境的影响、废弃物填埋场地基变形与时间关系,分析暴雨、地基变形对垃圾堆体、坝体及周边环境的影响,提出对策或建议。

16.2.19 污染土处置工程的分析评价内容除符合本章有关规定外,尚宜包括下列内容:

1 分析地基土与地下水中主要污染物环境指标的超标情况,评价土与地下水受污染程度及对环境的影响。

2 评价污染对土的工程特性指标的影响程度。

3 评价污染土与地下水对建筑材料的腐蚀性。

4 针对污染土与地下水修复治理目标,结合场地地质条件及拟建工程地基基础方案,提出污染土的修复治理建议,并分析不良地质条件对污染物的迁移及其对污染土与地下水修复治理的影响。

5 经专项任务委托,可预测污染物迁移规律及发展趋势。

16.3 地基土参数统计

16.3.1 地基土室内及原位测试的参数统计应符合下列规定：

1 宜按不同工程地质单元分层进行统计。

2 子样的取舍宜考虑数据的离散程度和已有经验。

3 按工程性质及各类参数在工程设计中的作用，可分别给定范围值、计算值（算术平均值或最大、最小平均值）、子样数及变异系数。

16.3.2 物理指标宜采用算术平均值，应计算相应的均方差与变异系数，给出范围值。当变异系数较大时，应分析误差原因，提出建议值。

16.3.3 当抗剪强度指标变异系数大于30%时，宜剔除大值，取小值平均确定计算值。

16.3.4 压缩变形指标应提供相应的压缩系数、压缩模量算术平均值。先期固结压力可给定范围值，并计算相对应的超固结比，提供压缩指数和回弹指数。

16.3.5 静力触探测试参数应提供分层统计值，并计算场地最小平均值或算术平均值。

16.3.6 十字板剪切强度、标准贯入击数及剪切波速等指标，应提供分层统计值。

16.3.7 必要时可采用保证界限法提供土性参数计算值，或根据参数的变异性、子样的个数，提供经验值。

16.4 天然地基承载力

16.4.1 天然地基的地基承载力设计值，应根据工程性质、设计要求和地基土特性，采用可靠的土性参数确定。对黏性土，宜由室内土工试验强度指标或原位测试方法确定；对粉性土、砂土或填土,宜由原位测试方法确定;必要时,可采用静载荷试验方法确定;当具备条件时,也可根据已有成熟的工程经验采用土性类比法确定。当采用不同方法所得结果有较大差异时,应综合分析加以选定,并说明其适用条件。

16.4.2 采用静载荷试验确定天然地基承载力设计值时,应符合下列规定:

1 当试验承压板宽度大于或接近实际基础宽度或其持力层下的土层力学性质好于持力层时,其天然地基承载力设计值 f_d 应按式(16.4.2)计算:

$$f_d = f_{kt}/\gamma_R + \gamma_0 d \qquad (16.4.2)$$

式中:f_{kt}——浅层静载荷试验取得的天然地基极限承载力试验统计值(kPa);

γ_0——基础底面以上土层厚度的加权平均重度(kN/m³),地下水位以下取浮重度;

d——基础埋置深度(m),一般自室外地面标高算起,在填方整平地区,可自填土地面标高算起,但填土在上部结构竣工后完成时,应从天然地面标高算起;

γ_R——天然地基承载力抗力分项系数,可取 2.0。

2 当试验承压板宽度远小于实际基础宽度,且持力层下存在软弱下卧层时,应考虑下卧层对地基承载力设计值的影响。

16.4.3 采用室内土工试验指标计算天然地基承载力设计值时,应符合下列规定:

1 采用直剪固快抗剪强度指标计算天然地基承载力设计值 f_d 时,可按现行上海市工程建设规范《地基基础设计标准》DGJ 08—11 的有关规定计算。

2 采用无侧限抗压强度 q_u 或三轴不固结不排水抗剪强度 c_u 计算黏性土天然地基承载力设计值 f_d 时,可按式(16.4.3-1)、式(16.4.3-2)计算。当持力层下存在软弱下卧层时,应考虑下卧层对地基承载力设计值的影响。

$$f_d = 2.5c_u + \gamma_0 d \qquad (16.4.3\text{-}1)$$

$$f_d = 2.5q_u/2 + \gamma_0 d \qquad (16.4.3\text{-}2)$$

式中：c_u——三轴不固结不排水抗剪强度标准值(kPa)；

q_u——无侧限抗压强度标准值(kPa)。

16.4.4 采用原位测试成果确定天然地基承载力设计值时,应符合下列规定：

1 当持力层厚度大于或接近实际基础宽度或其持力层下的土层力学性质好于持力层时,可根据下式确定：

$$f_d = 0.5f_k + \eta_d\gamma_0(d-0.5) + \eta_b\gamma(b-3)$$
$$(16.4.4\text{-}1)$$

式中：f_k——由表 16.4.4 估算的天然地基极限承载力标准值(kPa)。

η_d，η_b——基础埋深和宽度的地基承载力设计值修正系数,按基底下土类确定：

淤泥质土 $\eta_d = 1.0$，$\eta_b = 0$；

一般黏性土 $\eta_d = 1.1$，$\eta_b = 0$；

粉性土 $\eta_d = 1.3$，$\eta_b = 0.3$。

b——基础底面宽度(m)；基础宽度小于 3 m 按 3 m 考虑,大于 6 m 按 6 m 考虑。

γ——基础底面以下土的重度(kN/m³),地下水位以下取浮重度。

2 当持力层下存在软弱下卧层时,应考虑下卧层对地基极限承载力标准值的影响,式(16.4.4-1)中天然地基极限承载力标准值 f_k 可按下列条件确定：

1) 当基底以下持力层厚度 h_1 与基础宽度 b 之比 $h_1/b >$ 0.7 时,不计下卧层影响,可按下式确定：

$$f_k = f_{k1} \quad (16.4.4-2)$$

式中：f_{k1}——持力层的地基极限承载力标准值(kPa)。

2) 当 $0.5 \leqslant h_1/b \leqslant 0.7$ 时，可按下式确定：

$$f_k = (f_{k1} + f_{k2})/2 \quad (16.4.4-3)$$

式中：f_{k2}——软弱下卧层的地基极限承载力标准值(kPa)。

3) 当 $0.25 \leqslant h_1/b < 0.5$ 时，可按下式确定：

$$f_k = (f_{k1} + 2f_{k2})/3 \quad (16.4.4-4)$$

4) 当 $h_1/b < 0.25$ 时，不计持力层影响，可按下式确定：

$$f_k = f_{k2} \quad (16.4.4-5)$$

表 16.4.4　天然地基极限承载力标准值 f_k

原位测试方法	土性	f_k(kPa)	适用范围值	符号说明
静力触探试验	一般黏性土	$f_k = 68 + 0.135p_s$ $f_k = 68 + 0.150q_c$	滨海平原区： $p_s \leqslant 1500$ kPa $q_c \leqslant 1300$ kPa 湖沼平原 I-1 区： $p_s \leqslant 2000$ kPa $q_c \leqslant 1700$ kPa	p_s—各土层静探比贯入阻力(kPa)； q_c—各土层静探锥尖阻力(kPa)； N_{10}—轻便触探试验的锤击数（击/30 cm）
	淤泥质土	$f_k = 58 + 0.125p_s$ $f_k = 58 + 0.145q_c$	$p_s \leqslant 800$ kPa $q_c \leqslant 700$ kPa	
	粉性土	$f_k = 72 + 0.090p_s$ $f_k = 72 + 0.108q_c$	$p_s \leqslant 2500$ kPa $q_c \leqslant 2200$ kPa	
	素填土	$f_k = 54 + 0.108p_s$ $f_k = 54 + 0.125q_c$	$p_s \leqslant 1500$ kPa $q_c \leqslant 1300$ kPa	
	冲填土	$f_k = 40 + 0.080p_s$ $f_k = 40 + 0.095q_c$	$p_s \leqslant 1000$ kPa $q_c \leqslant 900$ kPa	
轻便触探试验	素填土	$f_k = 80 + 4.0N_{10}$	$N_{10} \leqslant 30$	
	冲填土	$f_k = 58 + 2.9N_{10}$		

原位测试方法	土性	f_k(kPa)	适用范围值	符号说明
旁压试验	黏性土	$f_k=1.6\,(p_y-p_0)$ $f_k=(p_L-p_0)/1.2$		p_0——由旁压试验曲线和经验综合确定的侧向压力(kPa);
	粉性土	$f_k=1.4(p_y-p_0)$ $f_k=(p_L-p_0)/1.3$		p_y——由旁压试验曲线确定的临塑压力(kPa);
	砂土	$f_k=1.3\,(p_y-p_0)$ $f_k=(p_L-p_0)/1.5$		p_L——由旁压试验曲线确定的极限压力(kPa)

注:1. 本表适用于 20 m 以浅的天然地基极限承载力估算。
　　2. 浅部的非均质土、人工填土和新近沉积土,宜采用轻便触探或静力触探试验,查明其均匀情况。当土质较均匀时,宜取平均值;当土质不均匀时,宜取最小平均值。
　　3. 冲填土指新近吹填且未固结完成的填土;完成固结的吹填土,可按素填土估算。

16.4.5 采用类比法确定天然地基承载力设计值 f_d 时,应充分比较类同工程的沉降观测资料、工程地质条件、荷载条件和基础条件等。

16.5 桩基承载力

16.5.1 桩基的单桩承载力设计参数应结合地区工程经验,根据桩型、规格,采用可靠的原位测试确定。重要的大型桩基工程或场地地质条件较复杂时,应通过现场单桩静载荷试验确定。

16.5.2 采用静力触探资料,按地基土对桩的支承能力确定预制桩的单桩竖向承载力设计值时,可采用下式估算:

$$R_d=\frac{R_{sk}}{\gamma_s}+\frac{R_{pk}}{\gamma_p}=\frac{U_p\sum f_{si}l_i}{\gamma_s}+\frac{\alpha_b p_{sb}A_p}{\gamma_p} \quad (16.5.2\text{-}1)$$

式中:R_d——单桩竖向承载力设计值(kN);

f_{si}——用静力触探比贯入阻力估算的桩周各土层的极限摩阻力标准值(kPa);

p_{sb}——桩端附近的静力触探比贯入阻力平均值(kPa),大于8 MPa 时按 8 MPa 取值;

α_b——桩端阻力修正系数,按表 16.5.2-1 取用;

γ_s——桩侧摩阻力的分项系数,按端阻比 ρ_p 由表 16.5.2-2 查用;

γ_p——桩端阻力的分项系数,按端阻比 ρ_p 由表 16.5.2-2 查用;

$$\rho_p = \frac{R_{pk}}{R_{pk} + R_{sk}} \qquad (16.5.2\text{-}2)$$

R_{pk}——桩端极限阻力标准值(kN);

R_{sk}——桩侧总极限摩阻力标准值(kN);

U_p——桩身截面周长(m);

l_i——第 i 层土的厚度(m);

A_p——桩端横截面积(m^2)。

表 16.5.2-1　桩端阻力修正系数 α_b 值

桩端入土深度 h(m)	$h \leqslant 15$	$15 < h \leqslant 30$	$h > 30$
黏性土	1/2	2/3	1
粉性土	2/3	1	1.2
砂土	1	1.2	1.4

表 16.5.2-2　分项系数 γ_s、γ_p

ρ_p	0.05	0.10	0.15	0.20	0.25	0.30	0.35
γ_s	2.09	2.16	2.18	2.13	2.03	1.88	1.73
γ_p	1.08	1.20	1.37	1.61	1.93	2.34	2.83

1　桩端附近的静力触探比贯入阻力平均值 p_{sb} 按下列公式

计算：

当 $p_{sb1} \leqslant p_{sb2}$ 时，

$$p_{sb} = (p_{sb1} + \beta p_{sb2})/2 \qquad (16.5.2\text{-}3)$$

当 $p_{sb1} > p_{sb2}$ 时，

$$p_{sb} = p_{sb2} \qquad (16.5.2\text{-}4)$$

式中：p_{sb1}——桩端全断面以上的 8 倍桩径范围内的比贯入阻力
平均值（kPa）；

p_{sb2}——桩端全断面以下的 4 倍桩径范围内的比贯入阻力
平均值（kPa）；

β——折减系数，按 p_{sb2}/p_{sb1} 的值查表 16.5.2-3 取用。

表 16.5.2-3 折减系数 β 值

p_{sb2}/p_{sb1}	<5	5~10	10~15	>15
β	1	5/6	2/3	1/2

2 采用静力触探比贯入阻力估算各层土的极限侧摩阻力 f_s
时，应结合土工试验资料、土层的埋藏深度及性质分别按下列情
况考虑：

1）地表下 6 m 范围内的浅层土，可取

$$f_s = 15 \text{ kPa} \qquad (16.5.2\text{-}5)$$

2）黏性土

当 $p_s \leqslant 1000$ kPa 时，

$$f_s = \frac{p_s}{20} \qquad (16.5.2\text{-}6)$$

当 $p_s > 1000$ kPa 时，

$$f_s = 0.025 p_s + 25 \qquad (16.5.2\text{-}7)$$

3）粉性土

$$f_s = \frac{p_s}{60} \qquad (16.5.2-8)$$

4）砂土

$$f_s = \frac{p_s}{80} \qquad (16.5.2-9)$$

式中：p_s——桩身所穿越土层的比贯入阻力平均值(kPa)。

3 桩侧极限摩阻力值不宜超过 120 kPa。对于比贯入阻力 p_s 值为 2500 kPa～6500 kPa 的浅层粉性土或稍密的砂土，估算桩端阻力和桩侧摩阻力时应结合土的密实程度以及类似工程经验综合确定。

4 湖沼平原 I-1 区，地表下 4 m 揭露 Q_3 硬土层时，4 m 范围内的浅层土其桩侧极限侧摩阻力 f_s 可取 15 kPa；第⑥₁层暗绿～草黄色黏性土及第⑥₂层黄～灰色粉性土、粉砂，其桩侧极限侧摩阻力 f_s 可按式(16.5.2-7)～式(16.5.2-9)估算值的 70%考虑。

16.5.3 对于打(压)入式混凝土预制桩的桩周土极限摩阻力 f_s，可根据旁压试验曲线的极限压力 p_L 查图 16.5.3 确定。桩端土极限端承力 f_p 可按式(16.5.3-1)～式(16.5.3-3)进行计算：

黏性土：

$$f_p = 2p_L \qquad (16.5.3-1)$$

黏质粉土：

$$f_p = 2.5p_L \qquad (16.5.3-2)$$

砂质粉土或砂土：

$$f_p = 3p_L \qquad (16.5.3-3)$$

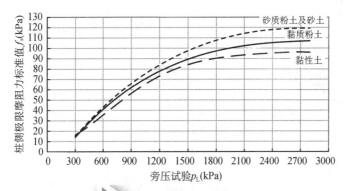

图 16.5.3 打(压)入式混凝土预制桩 f_s 与 p_L 关系图

16.5.4 当采用原位测试方法估算钻孔灌注桩单桩竖向极限承载力标准值时,在确保成桩质量的前提下,桩周土极限摩阻力 f_s 宜为打(压)入式混凝土预制桩的 0.7 倍～0.8 倍;桩端土极限端承力 f_p 可为打(压)入式混凝土预制桩的 0.3 倍～0.4 倍。

16.5.5 依据土性确定各层土的桩周极限摩阻力和桩端处土的极限端承力,估算单桩竖向承载力设计值时,可按式(16.5.5)进行计算:

$$R_d = \frac{R_{sk}}{\gamma_s} + \frac{R_{pk}}{\gamma_p} = \frac{U_p \sum f_{si} l_i}{\gamma_s} + \frac{f_p A_p}{\gamma_p} \quad (16.5.5)$$

式中:f_{si}——桩侧第 i 层土的极限摩阻力标准值(kPa),可根据土层的名称、埋藏深度及性质并结合原位测试值按表 16.5.5 所列的数值选用;

f_p——桩端处土的极限端阻力标准值(kPa),可根据土层的名称、埋藏深度及性质并结合原位测试值按表 16.5.5 所列的数值选用;

其余符号意义同上。

表 16.5.5　预制桩、灌注桩桩侧极限摩阻力标准值 f_s 与桩端极限端阻力标准值 f_p

土层编号	土层名称	埋藏深度 (m)	静探比贯入阻力 p_s (MPa)	预制桩 f_s (kPa)	预制桩 f_p (kPa)	灌注桩 f_s (kPa)	灌注桩 f_p (kPa)
②	褐黄～灰黄色黏性土	0～4		15		15	
	灰色黏质粉土	4～15	0.9～1.5	20～40	500～1000	15～30	600～800
	灰色砂质粉土	4～15	1.0～2.0	30～50	1000～2000	25～40	700～900
	灰色粉砂	4～15	1.5～4.0	40～60	2000～3000	30～45	
③	灰色淤泥质粉质黏土	4～15	0.5～0.7	15～30	200～500	15～25	150～300
	灰色粉性土、粉砂	4～15	1.5～4.0	35～55	1500～2500	30～45	800～1000
④	灰色淤泥质黏土	4～20	0.4～0.8	15～35	200～700	15～30	150～250
⑤$_1$	褐灰色黏性土	20～35	0.8～1.5	35～60	700～1200	30～45	350～650
⑤$_2$	灰色粉性土	20～35	3.0～6.0	50～70	2000～3500	40～60	850～1250
⑤$_3$	灰色粉砂	20～35	5.0～8.0	70～90	4000～6000	55～70	1250～1700
	灰～褐灰色黏性土	25～40	1.2～2.0	50～70	1200～2000	45～60	450～750
滨海平原区 ⑤$_4$	灰绿色黏性土	35～46	2.0～3.0	60～80	1500～2000	45～60	750～1000
滨海平原区 ⑥$_1$	暗绿～草黄色黏性土	22～26	2.0～3.0	60～80	1500～2500	50～60	750～1000
湖沼平原 I-1区 ⑥$_1$	暗绿～草黄色黏性土	26～30	2.5～3.5	80～100	2000～3500	60～80	1000～1200
湖沼平原 I-1区 ⑥$_2$	暗绿～草黄色黏性土	4～10	2.0～3.5	50～70	1500～2500	40～55	750～1000
	黄～灰色粉性土、粉砂	10～20	1.5～2.5	45～60	1200～2000	35～45	600～1000
		7～15	3.0～10.0	40～70	2000～4000	30～55	800～1500
		15～22	10.0～15.0	70～90	5000～8000	55～70	1500～2000
⑥$_3$	灰色黏性土	12～25	0.9～1.8	40～60	800～1500	30～45	400～600
⑥$_4$	灰绿、暗绿、草黄黏性土	20～30	1.8～4.0	60～100	1800～3500	45～65	900～1200

续表16.5.5

土层编号	土层名称	埋藏深度 (m)	静探比贯入阻力 p_s (MPa)	预制桩		灌注桩	
				f_s (kPa)	f_p (kPa)	f_s (kPa)	f_p (kPa)
⑦₁	草黄~灰色粉性土,粉砂	30~45	5.0~11.0	70~100	4000~7000	55~75	1250~1700
⑦₂	灰色粉细砂	35~60	10.0~25.0	100~120	6000~10000	55~80	1700~2550
⑧₁	灰色黏性土	40~55	1.2~2.5	55~70	1000~2000	50~65	800~1250
⑧₂	灰色粉质黏土,粉砂互层	50~65	3.0~6.0	65~80	2500~4000	60~75	1250~1700
⑨	灰色粉性土,砂土	60~100	10.0~25.0	110~120	8000~11000	70~90	2100~3000

注:1. 表中所列预制桩桩侧极限摩阻力和桩端极限端阻力主要适用于预制方桩;预应力空心桩的桩侧极限摩阻力和桩端极限端阻力可根据相关标准进行折减。

2. 表中所列灌注桩桩侧极限摩阻力和桩端极限端阻力适用于桩径大于600 mm时桩端极限端阻力可参照表中所列灌注桩桩侧极限摩阻力和桩端极限端阻力取值;桩径大于850 mm的情况。

3. 对于桩身大部分位于淤泥质土中且桩端支承于第⑤层相对较软土层的预制桩,单桩竖向承载力宜通过静载荷试验确定;当采用表列数据估算时,宜取本表列下限值。

4. 湖沼平原I-1区第⑥层土的埋深及性质与滨海平原区有明显差异,故桩侧极限摩阻力和桩端极限端阻力分别列出;湖沼平原I-2区第⑥层桩侧极限摩阻力和桩端极限端阻力取值可参考滨海平原区。

16.5.6 估算钢管桩的单桩竖向承载力设计值时,可按式(16.5.6-1)进行计算:

$$R_d = \frac{\lambda_s U_p \sum f_{si} l_i}{\gamma_s} + \frac{\lambda_p f_p A_p}{\gamma_p} \qquad (16.5.6\text{-}1)$$

式中:λ_s——侧阻挤土效应系数。对于闭口钢管桩,$\lambda_s = 1$;开口钢管桩 λ_s 宜按表16.5.6确定;当采用振动法沉桩时,λ_s 宜适当折减。

表16.5.6 开口钢管桩侧阻挤土效应系数

D_s(mm)	$\leqslant 600$	700	800	900	1000
λ_s	1.00	0.93	0.87	0.82	0.77

λ_p——桩端闭塞效应系数。对于闭口钢管桩,$\lambda_p = 1$;对于开口钢管桩,宜按下列公式取值:

当 $H_b/D_s < 5$ 时,

$$\lambda_p = 0.16(H_b/D_s)\lambda_s \qquad (16.5.6\text{-}2)$$

当 $H_b/D_s \geqslant 5$ 时,

$$\lambda_p = 0.8\lambda_s \qquad (16.5.6\text{-}3)$$

当采用振动法沉桩时,λ_p 宜适当折减。

式中:H_b——桩端进入持力层深度(m);

D_s——钢管桩外径(m);

其余符号意义同上。

16.5.7 桩端后注浆灌注桩单桩承载力应根据静载荷试验结果确定。当没有进行桩的静载荷试验时,可结合土层特性、注浆方法等条件综合确定,后注浆增强系数可按表16.5.7确定。

表 16.5.7　后注浆侧阻力增强系数 β_{si} 值、端阻力增强系数 β_p 值

土层名称	淤泥质土	黏性土、粉性土	粉砂、细砂	中砂
β_{si}	1.2～1.3	1.4～1.8	1.6～2.0	1.7～2.1
β_p	—	2.2～2.5	2.4～2.8	2.6～3.0

注:表中系数适用于注浆量 $G_c \geqslant 5d$ 的桩端后注浆灌注桩,G_c 为后注浆水泥用量(t),d 为桩径(m),并分 2 次～3 次注浆,注浆流量不宜超过 50 L/min。后注浆竖向增强段宽为注浆断面以上 12 m。

16.5.8　单桩竖向抗拔承载力宜通过现场单桩竖向抗拔静载荷试验确定。当没有进行单桩竖向抗拔静载荷试验时,单桩竖向抗拔承载力设计值可按式(16.5.8)进行估算:

$$R_{td} = \frac{U_p}{\gamma_s} \sum \lambda_i f_{si} l_i + G_p \qquad (16.5.8)$$

式中:γ_s——桩的抗拔承载力分项系数,可取 2.0;

f_{si}——桩周第 i 层土的极限摩阻力标准值(kPa),按表 16.5.5 取值;

λ_i——桩周第 i 层土的抗拔承载力系数,按表 16.5.8 取值;

G_p——单桩自重设计值(kN),自重和浮力作用分项系数取1.0,地下水位以下应扣除浮力;

其余符号意义同上。

表 16.5.8　抗拔承载力系数 λ

土的类型	λ
砂土、砂质粉土	0.6～0.7
黏质粉土、黏性土	0.7～0.8

注:1. 应根据土层的埋置深度、应力历史等综合确定。
　　2. 对大直径管桩,应根据工程经验或现场试桩试验确定。

16.5.9　单桩水平承载力宜根据静载荷试验结果确定。当没有进行静载荷试验时,可根据相关标准,并结合土层特性及桩顶约束等条件综合确定。

16.5.10 对于大面积填土工程,或位于欠固结土中的桩基,应考虑负摩阻力对桩基承载力的影响。

16.6 地基变形验算

16.6.1 详细勘察阶段可根据工程性质及设计要求,对建筑物的天然地基及桩基进行最终沉降量估算。

16.6.2 天然地基最终沉降量可采用分层总和法按式(16.6.2)计算:

$$s = \psi_s b p_0 \sum_{i=1}^{n} \frac{\delta_i - \delta_{i-1}}{(E_{s0.1\sim0.2})_i} \tag{16.6.2}$$

式中:s——地基最终沉降量(mm)。

ψ_s——沉降计算经验系数。应根据类似工程条件下沉降观测资料及经验确定。在不具备条件时,可根据基底附加压力 p_0 及土层厚度加权压缩模量 $\overline{E}_s$ 按表 16.6.2 确定;$\overline{E}_s$ 为基础底面以下 1 倍基础外包宽度的深度范围内土层厚度加权压缩模量(MPa)。

b——基础宽度(圆形基础时为直径)(m)。

p_0——按作用效应准永久组合计算时的基础底面附加压力(kPa)。

i——自基础底面往下算的土层序数。

n——地基压缩层范围内的土层数。

δ——沉降系数。计算基础中心沉降量时,查本标准附录 J 的表 J-1 或表 J-3;计算相邻矩形基础时,用角点法求代数和,查表 J-2。

$E_{s0.1\sim0.2}$——地基土在 0.1 MPa~0.2 MPa 压力作用时的压缩模量(MPa)。

表 16.6.2　天然地基沉降计算经验系数 ψ_s

$\overline{E}_s$(MPa) ＼ p_0(kPa)	40	60	80	100
≤2.0	2	2.5	—	—
2.5	1.6	2.0	2.5	—
3.0	1.1	1.4	2.0	—
3.5	0.7	1.0	1.25	—
4.0	0.5	0.6	0.75	0.95
≥5.0	0.3	0.4	0.5	0.6

注:表中数值可以内插。

16.6.3 估算黏性土的压缩模量 $E_{s0.1\sim0.2}$ 可根据静力触探试验成果资料按表 16.6.3 确定。

表 16.6.3　黏性土的压缩模量 $E_{s0.1\sim0.2}$ 与原位测试成果关系

$E_{s0.1\sim0.2}$(MPa)	适用深度	适用范围值
$E_{s0.1\sim0.2}=2.2p_s+1.9$ $E_{s0.1\sim0.2}=1.4q_c+2.4$ $E_{s0.1\sim0.2}=1.9q_t+1.4$	≤70 m	p_s≤4.0 MPa q_c≤4.0 MPa q_t≤4.0 MPa

注:1. 表中 $E_{s0.1\sim0.2}$ 是指固结压力 100 kPa～200 kPa 压力段的压缩模量。
　　2. 单桥比贯入阻力 p_s、双桥锥尖阻力 q_c、经孔压修正的锥尖阻力 q_t,单位均为 MPa。

16.6.4 考虑土的应力历史计算沉降时,宜根据土层的固结状态(正常固结土、超固结土、欠固结土)选用合适的计算方法,估算地基沉降量。

16.6.5 天然地基压缩层厚度自基础底面算起,算至附加压力等于土层自重压力的 10%处。计算附加压力时,应考虑相邻基础的影响。

16.6.6 深基坑工程尚宜考虑土体卸荷引起的基坑回弹和回弹再压缩对工程的不利影响。工程需要时,可估算开挖基坑地基土的回弹量和回弹再压缩量,并考虑深基坑地基土应力历史对回弹量的影响。地基的回弹变形量 s_r 和地基的回弹再压缩量 s_{rc} 可按式(16.6.6-1)～式(16.6.6-4)估算:

1 正常固结土可按式(16.6.6-1)～式(16.6.6-3)估算:

$$s_r = \psi_r \sum_{i=1}^{n} \frac{\sigma_{zi}}{E_{ri}} h_i \qquad (16.6.6\text{-}1)$$

$$s_{rc} = \psi_{rc} \sum_{i=1}^{n} \frac{\sigma_{zi}}{E_{rci}} h_i \qquad (16.6.6\text{-}2)$$

$$\sigma_{zi} = \delta_m \alpha_i p_c \qquad (16.6.6\text{-}3)$$

式中:s_r, s_{rc}——地基的回弹量(mm)、地基的回弹再压缩量(mm);

ψ_r, ψ_{rc}——回弹量计算经验系数和回弹再压缩量计算经验系数,应根据类似工程条件下沉降观测资料并综合考虑群桩作用确定,当无经验时可取 1.0;

n——地基变形计算深度范围内所划分的土层数;

h_i——第 i 层土厚度(m);

σ_{zi}——基坑开挖卸荷后,基础底面处及底面以下第 i 层土中点处向上的回弹隆起附加应力(kPa);

α_i——竖向附加应力系数,可根据本标准附录 K 表 K.0.1 确定;

δ_m——应力修正系数,可按本标准附录 K 表 K.0.2 确定,当 $\delta_m > 1.0$ 时取 $\delta_m = 1.0$;

p_c——基坑底面以上土的有效自重压力(kPa),地下水位以下应扣除浮力;

E_{ri}, E_{rci}——第 i 层土的回弹模量、回弹再压缩模量(MPa)。

2 考虑深基坑地基土应力历史对回弹量的影响,可采用回弹指数 C_{si} 按式(16.6.6-4)估算地基回弹量:

$$s_r = \psi_r \sum_{i=1}^{n} \frac{C_{si} h_i}{1 + e_i} \lg\left(\frac{p_{czi} + \sigma_{zi}}{p_{czi}}\right) \qquad (16.6.6\text{-}4)$$

$$p_{czi} = p_{ci}\delta_m \qquad (16.6.6-5)$$

式中：p_{ci}——第 i 层土的原有有效自重压力(kPa)；

C_{si}——坑底开挖面以下第 i 层土的回弹指数，C_{si} 可用 $e \sim \lg p$ 曲线按应力变化范围确定；

e_i——相应的第 i 层土的孔隙比；

p_{czi}——考虑应力修正系数(δ_m)后的第 i 层土层中心点的原有土层有效自重压力(kPa)。

16.6.7 估算地基回弹量时，计算深度应自基坑底面算起，算至坑底以下 1.5 倍基坑开挖深度处；当在计算深度以下尚有软弱下卧土层时，应算至软弱下卧层底部。

16.6.8 桩基最终沉降量可按实体深基础方法估算，当具备条件时，可采用 Mindlin 应力解的单向压缩分层总和法估算。如有可靠经验时，也可按旁压试验、静力触探试验或标准贯入试验等原位测试试验方法估算。

16.6.9 为估算桩基沉降应提供土层分层压缩曲线，并根据不同建构筑物的要求提供相应的压缩模量 E_s。对无法或难以采取原状土样的土层，E_s 可根据原位测试成果资料按表 16.6.9 确定。

表 16.6.9　土的压缩模量 E_s 与原位测试成果关系

原位测试方法	土性	E_s^*(MPa)	适用深度(m)	适用范围值
静力触探试验	一般黏性土	$E_s=3.3p_s+3.2$ $E_s=3.7q_c+3.4$	15~70	$0.8 \leqslant p_s \leqslant 5.0$(MPa) $0.7 \leqslant q_c \leqslant 4.0$(MPa)
	粉性土及粉砂、细砂	$E_s=(3\sim4)p_s$ $E_s=(3.4\sim4.4)q_c$	20~80	$3.0 \leqslant p_s \leqslant 25.0$(MPa) $2.6 \leqslant q_c \leqslant 22.0$(MPa)
标准贯入试验	粉性土及粉砂、细砂	$E_s=(1\sim1.2)N$	<120	$10 \leqslant N \leqslant 70$(击)
	中砂、粗砂	$E_s=(1.5\sim2)N$		$10 \leqslant N \leqslant 70$(击)

原位测试方法	土性	E_s^* (MPa)	适用深度 (m)	适用范围值
旁压试验	一般黏性土	$E_s = (0.7\sim1)E_m$	>10	—
	粉性土	$E_s = (1.2\sim1.5)E_m$		
	粉细砂	$E_s = (2\sim2.5)E_m$		
	中砂、粗砂	$E_s = (3\sim4)E_m$		

注:1. E_s^* 是指地基土在自重压力至自重压力加附加压力作用时的压缩模量,附加压力为 200 kPa~300 kPa。

2. p_s、q_c 单位为 MPa。

16.6.10 群桩按实体深基础法估算桩基最终沉降量时,其计算公式可采用式(16.6.10),并符合下列条件:

1 将桩基承台、桩群与桩间土作为实体深基础,且不考虑沿桩身的应力扩散。

2 压缩层厚度自桩端平面算起,算至附加应力等于土的自重应力的 20% 处,附加应力计算应考虑相邻基础的影响。

3 采用地基土在自重应力至自重应力加附加应力时的压缩模量。

4 沉降估算经验系数 ψ_e 应根据类似工程条件下沉降观测资料及经验确定。在不具备条件时,可采用表 16.6.10 的数值。

$$s = \psi_e b p_0 \sum_{i=1}^{n} \frac{\delta_i - \delta_{i-1}}{E_{si}} \qquad (16.6.10)$$

式中:E_{si}——桩端平面下第 i 层土在自重压力至自重压力加附加压力作用时的压缩模量(MPa);

ψ_e——桩基沉降估算经验系数;

其余符号意义同前。

表 16.6.10   桩基沉降估算经验系数 ψ_e

桩端入土深度(m)	<20	30	40	50	60
沉降估算经验系数 ψ_e	0.7	0.6	0.45	0.3	0.2

注:表内数值可内插。

16.6.11   桩基最终沉降量也可根据静力触探试验或标准贯入试验成果按式(16.6.11-1)~式(16.6.11-3)进行估算:

$$s = \psi_s I \frac{p_0}{2} \left(\frac{B}{3.3\bar{p}_s} \right) \qquad (16.6.11-1)$$

$$s = \psi_s I \frac{p_0}{2} \left(\frac{B}{4\bar{q}_c} \right) \qquad (16.6.11-2)$$

$$s = \psi_s I \frac{p_0}{2} \left(\frac{B}{1.1\bar{N}} \right) \qquad (16.6.11-3)$$

式中: s——桩基最终沉降量(mm)。

p_0——桩端全断面处有效附加应力(kPa)。

B——等效基础宽度(m),$B = \sqrt{A}$,A 为基础面积(m^2)。

I——桩端入土深度修正系数。当无经验时,可取 $I = 1-0.5 p_{cz}/p_0$;当 $I<0.3$ 时,取 0.3;p_{cz} 为桩端全断面处土的自重压力(kPa)。

ψ_s——桩基沉降估算经验系数。有条件时,应根据类似工程条件下沉降观测资料和经验确定;无相关经验时,当桩侧土有层厚 $H \geqslant 0.3B$(等效基础宽度)的硬塑状的黏性土或中密~密实砂土时,$\psi_s = 0.75 \sim 0.85$,其余情况 $\psi_s = 1.0$。

$\bar{p}_s, \bar{q}_c, \bar{N}$——1 倍 B 范围内静探比贯入阻力(MPa)、锥尖阻力(MPa)及标准贯入试验击数的等效值。比贯入阻力等效值计算方法见图 16.6.11,锥尖阻力及标准贯入试验击数的等效值计算方法同比贯入阻力。

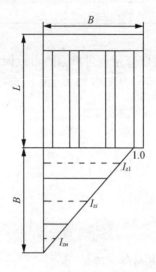

图 16.6.11 $\bar{p}_s$ 计算方法示意

$$\bar{p}_s = \frac{\left(\sum_{i=1}^{n} p_{si}\right) I_{zi} h_i}{B/2} \qquad (16.6.11\text{-}4)$$

式中：p_{si}——桩端以下第 i 层土的比贯入阻力（MPa）；

I_{zi}——第 i 层土应力衰减系数，取该层土深度中点处与以桩端处为 1.0、桩端下 1 倍等效宽度的深度处为 0 的应力三角形交点值；

h_i——桩端下第 i 层土厚度（m）。

17 岩土工程勘察成果文件

17.1 一般规定

17.1.1 本章适用于岩土工程详细勘察报告和专项报告的编制。

17.1.2 勘察报告应按照不同勘察阶段的工作要求编制。详细勘察报告的编制应符合本章规定,其他阶段的勘察报告应与相应阶段的勘察目的、任务和要求相适应。专项报告根据专项委托要求编制,内容应符合所开展工作内容相关的技术标准。

17.1.3 详细勘察报告应通过对勘察资料的整理、检查和分析,根据工程特点和设计提出的技术要求编写,应有明确的针对性,能正确反映场地工程地质条件、不良地质条件,做到资料真实完整、评价合理、建议可行,满足施工图设计的要求。

17.1.4 详细勘察报告应包括文字部分和图表部分。工程需要时,可提供必要的附件。

17.1.5 详细勘察报告和专项报告使用的术语、代号、符号和计量单位均应符合有关标准的规定。

17.1.6 勘察报告的幅面宜采用 A3,并有良好的装帧,装订内容及次序应符合下列要求:

   1 封面及扉页(责任页)。

   2 目次。

   3 文字。

   4 附图、附表。

   5 附件。

17.1.7 详细勘察报告的签章应符合下列要求:

   1 报告封面或扉页应有勘察单位公章和资质等级(证书编号)。

2　报告责任页应有勘察报告名称、勘察阶段、完成单位、法定代表人和单位技术负责人签章、提交日期等,应有项目负责人、审核人、审定人姓名打印及签字,并根据注册执业规定加盖注册土木工程师(岩土)印章。

3　单独成页的图表应有编制人和检查人(或审核人)签字。

4　各类室内试验和原位测试,其成果图表应有试验人和检查人(或审核人)签字。

5　测试、试验项目委托其他单位完成的,受委托单位递交的成果应有该单位公章及责任人签章。

17.2　详细勘察报告文字部分

17.2.1　详细勘察报告文字部分应根据项目要求、工程特点、场地的工程地质条件等,结合当地工程经验,经综合分析后编制。

17.2.2　详细勘察报告文字部分应包括下列内容:

1　工程概况与勘察工作概述。

2　场地环境及工程地质条件。

3　岩土工程分析评价。

4　结论与建议。

17.2.3　详细勘察报告工程概况与勘察工作概述应包括下列内容:

1　工程概况:工程名称、地点、建设单位(委托方)和设计单位名称、勘察阶段,拟建建构筑物性质以及与勘察方案相关的主要技术要求等。

2　勘察等级。

3　勘察依据的技术标准。

4　勘察目的及需要解决的主要技术问题。

5　勘察工作方法及工作量布置原则。

6　勘探点测放依据、高程系统和高程引测依据。

7 勘察完成工作量及完成时间。

8 其他必要的说明。

17.2.4 详细勘察报告场地环境及工程地质条件应包括下列内容：

1 地形地貌：地貌类型、地面高程、地表起伏、河塘分布及场地历史变迁等情况。

2 周边环境：与本工程相互影响的建构筑物、地表水体、道路、堆土或其他堆载等，以及邻近工程建设情况等，并宜在勘探点平面布置图中作出相应标识。

3 地基土层构成及特性：土层分层、定名、编号，对各土层性质和分布情况的描述；当场地内不同区域工程地质条件存在显著差异时，宜进行工程地质分区。

4 地基土物理力学性指标及地基承载力：对各类指标进行分层数理统计，并提供土层物理力学性质参数表；工程地质分区时，宜分区统计。

5 地下水：地下水类型、埋藏条件、水位及其变化，对混凝土、钢铁材料的腐蚀性；当涉及基坑工程地下水控制时应提供相关水文地质参数；邻近地表水的基坑工程，当浅表存在粉性土或砂土层时，应阐述地下水与地表水的水力联系。

6 不良工程地质条件及地下障碍物：描述其性状、埋深及分布范围，评价对工程的影响。

7 特殊性土：描述其性质、分布特征，评价对工程的影响。

17.2.5 详细勘察报告岩土工程分析评价应包括下列内容：

1 场地稳定性和适宜性评价。

2 场地地震效应评价；提供抗震设防烈度、基本地震加速度、设计地震分组；确定场地类别，抗震地段划分；进行液化判别，液化场地应评价液化等级，提出抗液化措施的建议等。

3 岩土工程分析评价应针对工程特点、工程地质条件及可能采用的基础形式或施工工法，分析评价地基均匀性，提供设计及施工所需的岩土参数，不同工程类型的岩土工程分析评价应符合本标准第 16 章相应条款。对地下水的评价尚应符合本标准第 14.3 节的有关规定。对桩基、地基处理、基坑和地下工程等应评价地质条件可能引起的工程风险,提出防治措施的建议。

4 分析工程建设与周边环境的互相影响,并提出设计、施工应注意的问题和监测的建议。

17.2.6 详细勘察报告结论与建议应包括下列内容:

1 场地稳定性与适宜性的评价结论。

2 场地地震效应的评价结论。

3 地下水及地基土对建筑材料的腐蚀性评价结论。

4 地下水水位(或埋深)建议值。

5 地基基础方案的建议。

6 地质条件可能引起的工程风险及防治措施的建议。

7 对地基基础和地基处理等提出检测的建议。

8 施工阶段环境保护和监测的建议。

9 其他需说明的情况。

17.2.7 对尚不具备现场勘察条件的勘探点,应明确下一步的工作要求,提出完成工作的条件。对确实无法满足工作条件的勘探点,应提出解决问题的方法和建议。

17.3 详细勘察报告图表部分

17.3.1 勘察报告图表部分应包括下列表格和图件:

1 统计表。

2 勘探点平面位置图。

3 工程地质剖面图。

4 钻孔柱状图。

5 原位测试成果图表。

6 室内土工试验成果图表。

7 其他所需图表。

17.3.2 图表应清晰、数据准确、标注规范、比例恰当。

（Ⅰ）统计表

17.3.3 勘探点主要数据一览表应包括下列内容：

　　1 勘探点类型、编号、孔口标高、孔深。

　　2 取样数量（原状、扰动）、原位测试工作量。

　　3 勘探点坐标。

　　4 必要时，提供钻孔的地下水位或水位埋深。

17.3.4 地层特征表应包括下列内容：

　　1 地质年代、土层编号、土层名称、层厚范围值及一般值、分层标高范围值及一般值。

　　2 成因、颜色、湿度、状态、密实度、压缩性及土层描述。

17.3.5 地基土的物理力学性质参数表应包括下列内容：

　　1 统计项目、平均值、最大值、最小值、统计子样数、均方差和变异系数，必要时提供标准值。

　　2 各地基土层的测试项目，包括常规物理力学指标、室内特殊试验指标、原位测试成果等。

（Ⅱ）平面图、剖面图和柱状图

17.3.6 勘探点平面布置图应标明下列内容：

　　1 场地周边标志物及场地红线。场地周边无固定标志物时，应标注场地红线角点或建筑物角点的坐标。

　　2 拟建建构筑物轮廓线、地下结构体边线、名称（或编号），建筑工程尚应标明层数（或高度）。线状市政工程尚应标明工程里程数。

　　3 方向标、比例尺等。

　　4 勘探点的位置、类型、孔号、孔深、孔口标高。

　　5 工程地质剖面线和剖面编号。

　　6 拟建场地主要地形、地物及不良地质条件的分布范围。

7 工程地质分区时,应标明工程地质分区界线。

8 其他必要的文字说明。

17.3.7 工程地质剖面线应根据具体条件合理布置,剖面线的排序宜自上而下、先横后纵,剖面编号方向宜自左至右、自上而下。

17.3.8 工程地质剖面图应标明下列内容:

1 剖面编号、水平向与垂直向比例、标高参照系尺度。

2 勘探点编号、孔口标高、分层深度及标高、孔深。

3 地下水稳定水位标高或埋深。

4 相邻孔间距。

5 河、塘、堤坝等地形地貌,以及剖面通过处的不良地质条件分布。

6 钻孔内取土、标准贯入试验位置及编号,标准贯入试验锤击数。

7 静力触探曲线。

8 各土层的编号和图例。

9 线状工程宜包括线路及里程等要素。对隧道工程和轨道交通工程等地下工程,宜标明地下结构的轮廓线。

17.3.9 钻孔柱状图应标明下列内容:

1 孔号、孔深、孔口标高、地下水稳定水位或埋深、钻孔孔径及孔位坐标、施工日期。

2 垂直向比例尺,宜不小于1∶500。

3 地质年代、土层编号、名称、成因、层底深度及标高、土层厚度、柱状图例、土层描述等。

4 试样的编号及起始深度,物理力学指标,标准贯入试验的编号、起始深度、锤击数或击数曲线。

(Ⅲ)原位测试成果图表

17.3.10 静力触探测试成果图表应标明下列内容:

1 孔号、孔深、孔口标高、探头类型、探头编号、率定系数及试验日期。

    2 单孔随深度变化的静力触探曲线及竖向比例、土层编号及名称、分层深度及标高、厚度、比贯入阻力 p_s 或锥尖阻力 q_c、侧壁摩阻力 f_s、摩阻比 R_f 及其分层统计值。

    3 测试孔隙水压力的静探试验,尚应提供孔隙水压力随深度变化曲线;进行孔压消散测试时,尚应提供孔隙水压力随时间的消散曲线。

    4 采用测斜探头进行测试的静探试验,尚宜提供倾斜度随深度变化曲线及修正曲线。

17.3.11 轻型动力触探成果图表应标明下列内容:

    1 孔号、孔深、孔口标高、试验日期。

    2 土层编号及名称、层底深度及标高、土层厚度。

    3 随深度记录的每贯入 30 cm 的锤击数 N_{10} 以及锤击数直方图。

17.3.12 十字板剪切试验成果图表应标明下列内容:

    1 孔号、孔深、孔口标高、探头编号、率定系数、试验日期。

    2 土层编号及名称、层底深度及标高、土层厚度。

    3 试验点深度、不扰动土十字板抗剪强度 $(c_u)_v$、重塑土十字板抗剪强度 $(c_u)'_v$、灵敏度 S_t 以及随深度 h 的变化曲线。

17.3.13 旁压试验成果图表应标明下列内容:

    1 孔号、孔口标高、地下水位埋深、试验点编号、试验深度、土层编号及名称、仪器型号、试验日期。

    2 试验压力 p 与体积 V、体积增量 ΔV 曲线,各级压力与对应的体积、体积增量。

    3 确定的初始压力 p_0、临塑压力 p_y、极限压力 p_1、旁压模量 E_m、剪切模量 G_m、侧向基床反力系数 K_m 等参数。

    4 旁压卸载试验,尚应提供卸载及再加载时体积随压力变化曲线及对应旁压卸载模量 E_{mur}。

17.3.14 扁铲侧胀试验成果图表应标明下列内容:

1 孔号、孔口标高、仪器型号、率定系数、试验日期。

2 各测试点初始压力 p_0、膨胀压力 p_1、压力增量 Δp 以及土性指数 I_D、孔压指数 U_D、侧胀模量 E_D、水平应力指数 K_D 随深度的变化曲线。

3 单孔分层的土层编号及名称、层底深度及标高、土层厚度,以及各土层初始压力 p_0、膨胀压力 p_1、压力增量 Δp、土性指数 I_D、孔压指数 U_D、侧胀模量 E_D、水平应力指数 K_D 分层统计值。

17.3.15 钻孔简易降水头注水试验成果图表尚应标明下列内容:

1 孔号、孔口标高,各试验段编号、起止深度、土层编号及名称、套管内径、注水开始时间、随时间变化的水位降深等。

2 水头比 $\ln(H_t/H_0) \sim t$ 的关系曲线。

3 计算公式、渗透系数。

(Ⅳ)室内土(水)试验成果图表

17.3.16 室内土工试验成果表应标明下列内容:

1 试样编号(孔号与取样号)、取样深度、土样名称。

2 试验指标名称、符号和计量单位。

3 试验成果指标,包括砂土及粉性土的颗粒组成百分含量、天然含水率、密度、比重、饱和度、孔隙比、界限含水率、直剪固快黏聚力和内摩擦角、压缩系数和压缩模量。

4 工程需要时,尚应提供渗透系数、固结系数、三轴压缩试验的黏聚力和内摩擦角、无侧限抗压强度、静止侧压力系数、先期固结压力等相关指标。

17.3.17 固结试验最后一级加荷等级大于或等于 400 kPa 时应绘制 $e \sim p$ 曲线成果图表,并标明下列内容:

1 单个试样 $e \sim p$ 曲线,应包含试样编号、取样深度、各级压力对应的孔隙比、各压力段压缩系数和压缩模量。

2 分层统计的各土层 $e \sim p$ 曲线,应包含土层编号和名称、土样数量、各级压力对应的孔隙比、各压力段压缩系数和压缩模量。

3 进行回弹再压缩试验的,试验曲线尚应包含回弹曲线、回弹再压缩曲线,并提供回弹再压缩模量。

17.3.18 高压固结试验成果图表应标明下列内容:

1 试样编号、取样深度。

2 $e \sim \lg p$ 曲线。

3 先期固结压力 p_c、压缩指数 C_c 和回弹指数 C_s 指标值。

17.3.19 静三轴压缩试验成果图表应标明下列内容:

1 试样编号、名称、试验方法。

2 主应力差和轴向应变关系曲线、摩尔圆和强度包线图。

3 抗剪强度指标。

17.3.20 击实试验成果图表应标明下列内容:

1 试样编号、名称。

2 干密度和含水率关系曲线。

3 最大干密度和最优含水率。

17.3.21 热物性试验成果表应标明下列内容:

1 试样编号、取样深度和土样名称。

2 含水率、密度、比重、饱和度、孔隙比。

3 导热系数和比热容。

17.3.22 土动力参数测试成果图表应标明下列内容:

1 试样的物理性试验成果表,包含试样编号、取样深度、名称,颗粒组成或界限含水率、密度、含水率。

2 各土样初始动剪切模量 G_0、拟合参数 a_r、b_r 值汇总表。

3 阻尼比~动剪应变($\lambda \sim \gamma_d$)、剪切模量比~动剪应变($G_d/G_0 \sim \gamma_d$)关系曲线。

17.3.23 水质简易分析成果表应标明下列内容:

1 水试样编号、取样深度、取样时间、试验时间、测定项目名称、符号、单位及分析化验的含量值。

2 各水试样的水质分析结果的判定结论。

17.3.24 其他特殊试验成果图表应符合现行国家标准《土工试验方法标准》GB/T 50123 的要求。

17.4 专项报告

17.4.1 工程需要时,经专项委托,可提供下列专项报告:

1 波速测试报告。

2 电阻率测试报告。

3 载荷试验报告。

4 土壤热响应试验报告。

5 场地微振动测试报告。

6 工程物探报告。

7 水文地质专项勘察(或抽水试验)报告。

8 周边环境专项调查报告。

9 污染土专项勘察与咨询报告。

10 浅层天然气专项勘察报告。

11 其他专项岩土工程问题的技术咨询报告等。

附录 A 湖沼平原 I-1 区地基土层次名称表

表 A 湖沼平原 I-1 区地基土层次名称

地质年代		土层序号	土层名称	顶面埋深 (m)	常见厚度 (m)	成因类型	状态或密实度	包含物及工程特性	分布状况
全新世 Q4	Q4³	①₁	填土	—	0.5~1.0	人工	松散	夹植物根茎,具孔隙,局部含砖石等杂质。暗浜区底部分布有淤泥、黑色有机物等	遍布
		①₂	灰黑色泥炭质土	0.5~1.0	0.2~0.5	湖沼	软塑	含大量腐殖质,有机质,有臭味,无层理	局部分布
		②₁	灰黄~蓝灰色黏性土	0.5~1.5	0.5~1.5	滨海~河口	可塑~软塑	含氧化铁及铁锰质结核,局部夹有机质。属中~高压缩性土	遍布
		②₂	灰黑色泥炭	2.0~3.0	0.3~0.6	河口~湖沼	软塑	以腐殖质、有机质为主,有臭味	局部分布
	Q4²	③₁	灰色淤泥质黏性土	2.0~3.5	1.0~12.0	滨海~浅海	流塑	含云母、有机质,含少量粉性土。属高压缩性土,具流变和触变的特性	局部缺失

续表A

地质年代		土层序号	土层名称	顶面埋深 (m)	常见厚度 (m)	成因类型	状态或密实度	包含物及工程特性	分布状况
全新世 Q_4	Q_4^2	③₂	灰色粉性土、粉砂	6.0~10.0	1.5~10.0	滨海~浅海	松散~稍密	含云母、贝壳，夹薄层黏性土，存在地震液化和流动的可能性。属中压缩性土	局部分布
		③₃	灰~黄色黏性土	7.0~15.0	2.0~13.0	滨海~浅海	软塑	含云母，有机质，含少量粉性土。属高压缩性土，具流变和触变的特性	局部分布
晚更新世 Q_3	Q_3^2	⑥₁	暗绿~草黄色黏性土	4.0~15.0	3.0~14.0	河口~湖沼	硬塑~可塑	含氧化铁条纹，腐殖质，铁锰质结核。属超固结土，中压缩性土，是良好的天然地基和桩基持力层	局部缺失，层面有起状
		⑥₂	黄~灰色粉性土、粉砂	7.0~20.0	2.0~17.0	河口~湖沼	稍密~中密	含云母、氧化铁条纹，夹黏性土。属中压缩性土，分布稳定时为良好的桩基持力层	局部分布
		⑥₃	灰色黏性土	13.0~20.0	1.0~10.0	河口~湖沼	软塑	含云母、腐殖质，夹薄层粉砂。高~中压缩性，工程地质一般	局部缺失

地质年代	土层序号	土层名称	顶面埋深 (m)	常见厚度 (m)	成因类型	状态或密实度	包含物及工程特性	分布状况
晚更新世 Q_3 Q_3^2	⑥₄	灰绿、暗绿、草黄色黏性土	20.0~25.0	2.0~20.0	河口~湖沼	硬塑~可塑	含铁锰氧化物、腐殖质,夹粉性土。属超固结,中压缩性土,分布稳定时为良好的桩基持力层	局部分布
	⑦₁	草黄色粉性土	25.0~29.0	1.0~5.0	河口~滨海	稍密~中密	含云母、氧化铁条纹,夹黏性土及粉性土,属中压缩性土,是良好的桩基持力层	局部缺失
	⑦₂	灰黄~灰色粉砂	30.0~40.0	3.0~20.0	河口~滨海	中密~密实	由长石、石英、云母等矿物颗粒组成,土质较均匀一致,属中~低压缩性土,是良好的桩基持力层	局部分布
	⑧₁	灰色黏性土	30.0~45.0	3.0~16.0	滨海~浅海	软塑~可塑	含云母、腐殖质,夹薄层粉砂。属高~中压缩性土	遍布
	⑧₂	灰色粉质黏土夹粉砂	45.0~55.0	3.0~20.0	滨海~浅海	可塑或中密	含云母、腐殖质,具交错层理,黏性土与砂呈"千层饼"状,局部夹少量钙质结核及半腐殖质,属中压缩性土,是较好的桩基持力层	遍布

续表 A

地质年代		土层序号	土层名称	顶面埋深 (m)	常见厚度 (m)	成因类型	状态或密实度	包含物及工程特性	分布状况
晚更新世 Q_3	Q_3^1	⑨	青灰色粉性土、粉砂	55.0~75.0	10.0~20.0	滨海~河口	密实	由长石、石英、云母等组成,可塑~硬塑的黏性土,局部夹中~低压缩性的黏性土。属中~低压缩性土,是良好的桩基持力层	遍布

注:湖沼平原 I-2 区地基土层序可参照本标准附录 B 滨海平原地基土层次名称表。

— 166 —

附录 B 滨海平原地基土层次名称表

表 B 滨海平原地基土层次名称

地质年代	土层序号	土层名称	顶面埋深 (m)	常见厚度 (m)	成因类型	状态或密实度	包含物及工程特性	分布状况
全新世 Q_4	①$_0$	围海填土	—	0.5~6.5	人工	松散、流塑	以粉性土为主,局部夹较多淤泥质土,土质不均	沿海、沿长江闸垦区分布
	①$_1$	填土	—	0.5~3.0	人工	松散	含碎石、石块、垃圾、植物根茎等;或以黏性土为主	遍布
Q_4^3	①$_2$	浜底淤泥	1.0~3.0	1.0~4.0	—	流塑	黑色淤泥、杂物,有臭味	分布于暗浜(塘)区
		灰褐色淤泥	0.5~6.5	0.5~2.0	—	流塑	原滩面淤泥,土质极为软弱	沿海、沿长江局部分布
	①$_3$	灰色粉性土(俗称江滩土)	2.0~3.0	4.0~15.0	河漫滩	松散~稍密	含螺壳、贝壳碎屑、棕丝等杂质,以黏质粉土为主,局部夹较多淤质质粉土,局部为砂质粉土	黄浦江沿岸

续表B

地质年代	土层序号	土层名称	顶面埋深 (m)	常见厚度 (m)	成因类型	状态或密实度	包含物及工程特性	分布状况
全新世 Q₄ (Q_4^3)	①₃	灰色粉性土	1.0~8.0	1.0~5.0	潮坪	松散~稍密	局部夹较多黏性土,土质不均。系新近沉积土	沿海、沿长江局部分布
	②₁	褐黄色黏性土	0.5~2.0	1.5~2.0	滨海~河口	可塑	含氧化铁锈斑及铁锰质结核。属中压缩层,俗称"硬壳层",是良好的天然地基持力层	遍布
	②₂	灰黄色黏性土	1.5~2.0	0.5~2.0	滨海~河口	软塑	含铁锰质斑点,夹灰色条纹,局部夹粉性土。属中~高压缩性土	遍布
	②₃	灰色粉性土、粉砂	2.0~10.0	3.0~15.0	滨海~河口	松散~稍密	含云母,夹薄层黏性土。土质均匀,属中压缩性土,存在地震液化和流砂的可能性	沿苏州河(主要位于苏州河以北)呈带状分布
				15		稍密~中密(局部密实)	含云母,夹薄层黏性土,土质均匀。属中压缩性土,是良好的天然地基持力层	东南部沿江、沿海地区分布

续表B

地质年代	土层序号	土层名称	顶面埋深(m)	常见厚度(m)	成因类型	状态或密实度	包含物及工程特性	分布状况
全新世 Q₄ (Q₄²)	③₁③₃	灰色淤泥质粉质黏土	3.0~7.0	5.0~10.0	滨海~浅海	流塑	含云母、有机质,局部为软塑状粉质黏土。属高中压缩性土,是天然地基的主要软弱下卧层	除②₃层分布厚度大的区外,遍布
	③₂	灰色粉性土、粉砂	4.0~5.0	1.0~5.0	滨海~浅海	松散~稍密	含云母、夹薄层黏性土,土质不均匀。属中压缩性,存在地震液化和流砂的可能性	局部分布,呈"透镜体"状
	④	灰色淤泥质黏土	7.0~12.0	5.0~10.0	滨海~浅海	流塑	含云母、有机质,夹少量薄层粉砂,局部夹贝壳碎屑。属高压缩性土,是天然地基主要软弱下卧层	遍布
全新世 Q₄ (Q₄¹)	⑤₁	褐灰色黏性土	15.0~20.0	5.0~15.0	滨海、沼泽	软塑~可塑	含云母、有机质,夹泥、钙质结核、半腐芦苇等根茎。土性自上而下逐渐变好,属高~中压缩性土	遍布
	⑤₂	灰色粉性土、粉砂	20.0~30.0	5.0~20.0	滨海、沼泽	稍密~中密(局部密实)	含云母、夹薄层状黏性土,具交错层理。属中压缩性土,分布稳定时,是良好的桩基持力层	古河道区域分布

地质年代		土层序号	土层名称	顶面埋深 (m)	常见厚度 (m)	成因类型	状态或密实度	包含物及工程特性	分布状况
全新世 Q_4	Q_4^1	⑤₃	灰~褐灰色黏性土	25.0~32.0	9.0~20.0	溺谷	可塑	含云母、有机质，夹薄层粉砂，局部夹泥灰质土。属中压缩性土，可作为桩基持力层	古河道区域分布
		⑤₄	灰绿色黏性土	35.0~46.0	0.5~3.0	溺谷	可塑~硬塑	含氧化铁、有机质。属中压缩性土	古河道区域局部分布
晚更新世 Q_3	Q_3^2	⑥	暗绿~草黄色黏性土	15.0~35.0	2.0~5.0	河口~湖泽	可塑~硬塑	含氧化铁斑点，偶夹钙质结核。属超固结、中压缩性土，是良好的桩基持力层	局部受古河道切割而缺失
		⑦₁	草黄~灰色粉性土、粉砂	20.0~35.0	4.0~8.0	河口~滨海	中密~密实	含云母、夹薄层状黏性土。属中压缩性土，是良好的桩基持力层	受古河道切割而缺失
		⑦₂	灰色粉细砂	35.0~40.0 (43.0~55.0)	6.0~30.0	河口~滨海	密实	由长石、石英、云母等矿物颗粒组成，土质较均匀致密。属中~低压缩性土，是良好的桩基持力层	分布较广，局部缺失

续表B

地质年代	土层序号	土层名称	顶面埋深 (m)	常见厚度 (m)	成因类型	状态或密实度	包含物及工程特性	分布状况
晚更新世 Q₃ — Q_3^2	⑧₁	灰色黏性土	30.0~50.0	10.0~20.0	滨海~浅海	软塑~可塑	含云母、腐殖质,夹薄层粉砂。属轻度超固结的高~中压缩性土	分布较广,局部缺失
Q_3^2	⑧₂	灰色粉质黏土、粉砂互层	50.0~60.0	5.0~20.0	滨海~浅海	可塑或中密	含云母,具交错层理,夹砂互层呈"千层饼"状。属中压缩性土,是较好的桩基持力层	分布较广,局部缺失
Q_3^1	⑨₁	青灰色粉砂夹细砂中粗砂	60.0~77.0	5.0~8.0	滨海~河口	中密~密实	含砾石,砂土颗粒自上而下变粗,层顶多夹多较的薄层黏性土。属中~低压缩性土,是良好的桩基持力层	分布较稳定
Q_3^1	⑨₂	青灰色粉细砂夹中粗砂	70.0~81.0	5.0~10.0	滨海~河口	密实	含砾石,夹黏性土团块。属低压缩性土	分布较稳定
中更新世 Q₂ — Q_2^2	⑩	蓝灰~褐灰色黏性土	86.0~125.0	4.0~10.0	河口~湖泽	硬塑	含钙质、铁锰质结核。属超固结,中~低压缩性土	分布较广,局部缺失
Q_2^2	⑪	青灰色粉细砂	95.0~135.0	10.0~30.0	河口~滨海	密实	含贝壳碎片、局部夹黏性土夹层或透镜体。属低压缩性土	遍布

续表B

地质年代		土层序号	土层名称	顶面埋深（m）	常见厚度（m）	成因类型	状态或密实度	包含物及工程特性	分布状况
中更新世 Q_2	Q_2^2	⑫	绿灰～褐黄色黏性土	130.0～160.0	8.0～12.0	湖泊	硬塑～坚硬	含云母、夹粉砂。属超固结、中～低压缩性土	遍布

注：第⑫层有括号者为古河道分布区的顶面埋深。

附录 C　河口砂岛地基土层次名称表

表 C　河口砂岛地基土层次名称

地质年代	土层序号	土层名称	顶面埋深 (m)	常见厚度 (m)	成因类型	状态或密实度	包含物及工程特性	分布状况
全新世 Q$_4$ Q$_4^3$	①$_0$	围海填土	—	0.5~6.5	人工	松散、流塑	以粉性土为主,局部夹较多淤泥质土,石块、垃圾,土质不均	围垦区分布
	①$_1$	填土	—	0.6~5.2	人工	松散	含碎石、石块、垃圾、植物根茎等,暗沃底部分布有沃底淤泥	遍布
	②$_1$	褐黄~灰黄色黏性土	0.6~5.2	0.4~3.0	滨海~河口	可塑	含氧化铁锈斑及铁锰质结核,夹多量薄层粉性土,局部相变为粉性土。属中压缩性土,是良好的天然地基持力层	除围垦区外,遍布
	②$_3$	灰色粉性土、粉砂	0.6~5.0	11.8~23.2	滨海~河口	松散~稍密	含云母,夹薄层黏性土,土质不均匀。属中压缩性土,是良好的天然地基持力层,但下卧层存在地震液化和流砂的可能性	遍布

续表C

地质年代		土层序号	土层名称	顶面埋深(m)	常见厚度(m)	成因类型	状态或密实度	包含物及工程特性	分布状况
全新世 Q_4	Q_4^2	④	灰色淤泥质黏土	12.8~22.2	1.7~11.5	滨海～浅海	流塑	含云母、有机质，夹少量薄层粉砂，局部夹贝壳屑。属高压缩性土，是天然地基主要软弱下卧层	遍布
	Q_4^1	⑤₁	褐灰色黏性土	17.8~25.9	7.5~24.0	滨海、沼泽	软塑～可塑	含云母、有机质，夹泥、钙质结核、半腐芦苇根茎。土性自上而下逐渐变好，属高～中压缩性土	遍布
		⑤₂	灰色粉性土、粉砂	30.2~44.8	2.3~21.4	滨海、沼泽	稍密～中密	含云母，夹薄层状黏性土。具交错层理。属中压缩性土，分布稳定时，是良好的桩基持力层	
		⑤₃	灰～褐灰色黏性土	30.2~54.0	2.8~30.1	溺谷	软塑～可塑	含云母、有机质，夹薄层粉砂，局部夹泥炭质土。属高～中压缩性土，当厚度较大时，可作为桩基持力层	局部分布

续表C

地质年代		土层序号	土层名称	顶面埋深(m)	常见厚度(m)	成因类型	状态或密实度	包含物及工程特性	分布状况
晚更新世 Q₃	Q₃²	⑦	灰色粉性土、粉砂	45.7~66.0	2.0~23.6	河口~滨海	密实	含云母,夹薄层状黏性土。属中~低压缩性好的桩基持力层	局部分布
		⑧	灰色黏性土夹粉性土	60.0~68.0	2.0~6.2	滨海~浅海	软塑~可塑	含云母,腐殖质,夹薄层粉砂;局部呈砂互层"千层饼"状。属中压缩性土	局部分布
	Q₃¹	⑨	青灰色粉细砂	63.0~73.5	20.0~30.0	滨海~河口	密实	含云母,砂土颗粒自上而下变粗,层顶夹薄层黏性土。属中~低压缩性好的桩基持力层	遍布,分布较稳定

附录 D　湖沼平原 I-1 区地基土层物理力学性质指标统计表

表 D　湖沼平原 I-1 区地基土层物理力学性质指标统计

土层名称	土层序号	数值统计	含水量 w(%)	密度 ρ(g/cm³)	比重 G	孔隙比 e	液限 w_L(%)	塑限 w_P	塑性指数 I_P	压缩系数 $a_{0.1\sim0.2}$(MPa⁻¹)	压缩模量 $E_{s0.1\sim0.2}$(MPa)	固结快剪 c(kPa)	固结快剪 φ(°)	比贯入阻力 p_s(MPa)
灰黄~蓝灰色黏性土	②₁	幅值	25.0~40.9	1.79~1.97	2.72~2.75	0.72~1.15	30.2~44.8	17.7~24.0	11.5~21.9	0.18~0.77	1.84~7.29	11.0~30.0	11.0~26.5	0.50~1.00
		变异系数	0.104	0.021	0.003	0.095	0.087	0.063	0.143	0.287	0.259	0.234	0.223	—
灰色淤泥质黏性土	③₁	幅值	31.3~50.2	1.70~1.88	2.72~2.75	0.81~1.42	28.8~45.4	17.3~24.3	10.8~21.8	0.35~1.18	1.33~5.30	9.0~17.0	10.0~20.5	0.30~0.60
		变异系数	0.108	0.025	0.003	0.111	0.093	0.069	0.149	0.272	0.240	0.140	0.181	—
灰色粉性土、粉砂	③₂	幅值	25.7~43.0	1.76~1.94	2.69~2.72	0.74~1.18	—	—	—	0.11~0.41	3.86~14.65	0.0~7.0	23.5~35.0	1.20~3.50

续表D

土层名称	土层序号	数值统计	含水量 $w(\%)$	密度 ρ(g/cm³)	比重 G	孔隙比 e	液限 w_L(%)	塑限 w_P	塑性指数 I_P	压缩系数 $a_{0.1\sim0.2}$ (MPa⁻¹)	压缩模量 $E_{s0.1\sim0.2}$ (MPa)	固结快剪 c (kPa)	固结快剪 φ (°)	比贯入阻力 p_s (MPa)
灰色粉性土、粉砂	③₂	变异系数	0.117	0.024	0.003	0.112	—	—	—	0.312	0.287	0.452	0.074	—
灰色黏性土	③₃	幅值	31.5~44.9	1.75~1.88	2.72~2.75	0.90~1.27	31.2~44.8	18.5~24.0	12.2~21.2	0.38~0.82	2.58~4.72	10.0~20.0	12.0~24.5	0.50~0.90
		变异系数	0.083	0.019	0.003	0.084	0.091	0.063	0.143	0.184	0.155	0.149	0.209	—
暗绿~草黄色黏性土	⑥₁	幅值	20.6~31.2	1.89~2.05	2.72~2.73	0.61~0.89	29.4~40.0	16.1~22.9	12.2~18.2	0.14~0.35	4.78~10.09	32.0~60.0	12.0~21.5	1.50~3.50
		变异系数	0.086	0.018	0.001	0.081	0.066	0.079	0.078	0.184	0.161	0.106	0.121	—
黄~灰色粉性土、粉砂	⑥₂	幅值	25.5~36.9	1.82~1.96	2.68~2.71	0.73~1.03	—	—	—	0.09~0.32	5.17~15.75	0.0~7.0	26.0~36.0	3.00~15.00
		变异系数	0.078	0.016	0.003	0.072	—	—	—	0.253	0.228	0.819	0.067	—

续表D

土层名称	土层序号	数值统计	含水量 $w(\%)$	密度 $\rho(\mathrm{g/cm^3})$	比重 G	孔隙比 e	液限 w_L (%)	塑限 w_P	塑性指数 I_P	压缩系数 $a_{0.1-0.2}$ (MPa^{-1})	压缩模量 $E_{s0.1-0.2}$ (MPa)	固结快剪 c (kPa)	固结快剪 φ (°)	比贯入阻力 p_s (MPa)
灰色黏性土	⑥₃	幅值	28.2~44.8	1.75~1.92	2.72~2.74	0.80~1.27	28.8~44.4	17.2~24.1	11.0~20.9	0.27~0.66	3.25~5.93	10.0~23.0	10.0~25.0	0.90~1.80
		变异系数	0.092	0.021	0.003	0.091	0.093	0.071	0.138	0.198	0.154	0.153	0.211	—
灰绿、暗绿、草黄色黏性土	⑥₄	幅值	20.1~31.5	1.89~2.05	2.72~2.74	0.60~0.90	28.8~40.9	16.2~23.1	11.7~18.8	0.14~0.33	4.95~10.18	35.0~60.0	12.5~25.0	1.80~4.00
		变异系数	0.093	0.018	0.002	0.087	0.071	0.080	0.089	0.166	0.149	0.101	0.155	—
草黄色粉性土	⑦₁	幅值	23.8~36.7	1.82~1.98	2.69~2.71	0.69~1.00	—	—	—	0.09~0.28	5.35~15.70	0.0~9.0	27.0~35.0	3.50~10.00
		变异系数	0.091	0.018	0.003	0.080	—	—	—	0.221	0.210	0.601	0.061	—
灰黄~灰色粉砂	⑦₂	幅值	24.7~35.2	1.81~1.97	2.68~2.70	0.71~0.98	—	—	—	0.10~0.21	7.84~16.17	0.0~7.0	27.5~36.0	8.00~20.00

续表D

土层名称	土层序号	数值统计	含水量 w(%)	密度 ρ(g/cm³)	比重 G	孔隙比 e	液限 w_L(%)	塑限 w_P	塑性指数 I_P	压缩系数 $a_{0.1\sim0.2}$(MPa⁻¹)	压缩模量 $E_{s0.1\sim0.2}$(MPa)	固结快剪 c(kPa)	固结快剪 φ(°)	比贯入阻力 p_s(MPa)
灰黄~灰色粉砂	⑦₂	变异系数	0.079	0.018	0.002	0.072	—	—	—	0.167	0.149	1.310	0.055	—
灰色黏性土	⑧₁	幅值	26.6~41.3	1.79~1.94	2.72~2.74	0.77~1.166	29.0~44.1	17.0~24.1	10.9~21.0	0.18~0.57	3.15~8.03	13.0~28.0	11.5~26.0	1.20~2.50
		变异系数	0.094	0.018	0.003	0.088	0.090	0.072	0.141	0.232	0.197	0.156	0.182	—
灰色粉质夹黏粉砂	⑧₂	幅值	21.1~37.8	1.81~2.02	2.70~2.74	0.62~1.07	27.0~40.6	15.8~23.1	10.5~18.2	0.10~0.46	3.16~12.67	10.0~33.0	18.0~27.5	3.50~8.00
		变异系数	0.130	0.025	0.003	0.120	0.086	0.085	0.121	0.325	0.295	0.214	0.119	—
青灰色粉性土,粉砂	⑨	幅值	18.9~35.8	1.81~2.06	2.68~2.71	0.54~0.99	—	—	—	0.06~0.23	6.54~20.65	0.0~4.0	28.0~36.0	8.00~20.00
		变异系数	0.137	0.029	0.004	0.131	—	—	—	0.297	0.245	1.530	0.065	—

注：1. 本次统计工作共收集 100 多项具有代表性工程的岩土工程勘察报告及土工试验数据，共计土试样约 25000 个。
　　2. 统计时对异常数据作了取舍，取平均值±2 倍均方差范围内的数值。

附录 E 滨海平原区地基土层物理力学性质指标统计表

表 E 滨海平原区地基土层物理力学性质指标统计

土层名称	土层序号	数值统计	含水量 w (%)	密度 ρ (g/cm³)	比重 G_s	孔隙比 e	液限 w_L (%)	塑限 w_P (%)	塑性指数 I_P	压缩系数 $a_{0.1-0.2}$ (MPa^{-1})	压缩模量 $E_{s0.1-0.2}$ (MPa)	固结快剪 c (kPa)	固结快剪 φ (°)	三轴UU c_u (kPa)	三轴UU φ_u (°)	三轴CU c_{cu} (kPa)	三轴CU φ_{cu} (°)	三轴CU c' (kPa)	三轴CU φ' (°)	无侧限抗压强度 q_u (kPa)	高压固结 C_c	高压固结 C_s	波速试验 v_p (m/s)	波速试验 v_s (m/s)
褐黄～灰黄色黏性土	②1	幅值	25.4~40.5	1.79~1.98	2.72~2.75	0.73~1.14	30.1~43.8	17.6~24.1	11.5~21.0	0.20~0.65	3.00~7.22	8.5~28.5	12.7~26.2	32.0~80.0	0	0~32.0	21.0~26.0	0~10.0	30.0~32.0	48~89	0.166~0.403	0.017~0.081	300~1290	84~117
		变异系数	0.094	0.022	0.001	0.086	0.086	0.069	0.145	0.251	0.274	0.278	0.190	0.270						0.239	0.350	0.300	0.373	0.092
灰色粉性土～粉砂	②3	幅值	36.0~43.0	1.76~1.93	2.69~2.72	0.75~1.17				0.09~0.57	3.50~12.50	0~13.0	23.5~35.0										110~185
		变异系数	0.124	0.025	0.003	0.114				0.439	0.315	0.420	0.126										0.097
灰色淤泥质粉质黏土	③1	幅值	36.0~49.7	1.71~1.86	2.72~2.74	1.00~1.36	29.6~40.1	17.8~23.0	10.3~17.0	0.30~1.03	2.20~5.97	8.5~14.2	12.1~28.0	21.0~40.0		0~5.0	18.0~26.0	0	31.0~38.0	31~66	0.169~0.472	0.024~0.070	708~1449	84~142
		变异系数	0.110	0.022	0.001	0.104	0.066	0.060	0.145	0.290	0.292	0.240	0.250	0.18						0.186	0.266	0.336	0.176	0.126
灰色淤泥质黏土	④	幅值	40.0~59.6	1.64~1.79	2.73~2.76	1.12~1.67	34.4~50.2	19.0~26.0	17.0~25.1	0.55~1.65	1.32~3.58	11.5~15.7	8.5~16.9	18.0~44.0		0~19.0	11.0~19.2	0~12.0	22.0~32.5	42~77	0.429~0.628	0.041~0.109	874~1481	100~166

续表 E

土层名称	土层序号	数值统计	含水量 w (%)	密度 ρ (g/cm³)	比重 G	孔隙比 e	液限 w_L (%)	塑限 w_P (%)	塑性指数 I_P	压缩系数 $a_{0.1\sim0.2}$ (MPa⁻¹)	压缩模量 $E_{s0.1\sim0.2}$ (MPa)	固结快剪 c (kPa)	固结快剪 φ (°)	三轴UU c_u (kPa)	三轴UU φ_u (°)	三轴CU c_{cu} (kPa)	三轴CU φ_{cu} (°)	三轴CU c' (kPa)	三轴CU φ' (°)	无侧限抗压强度 q_u (kPa)	高压固结 C_c	高压固结 C_s	波速试验 v_p (m/s)	波速试验 v_s (m/s)
灰色淤泥质黏土	④	变异系数	0.080	0.018	0.001	0.075	0.078	0.067	0.112	0.196	0.179	0.037	0.162							0.152	0.107	0.263	0.121	0.114
褐灰色黏性土	⑤₁	幅值	29.8~42.5	1.75~1.90	2.72~2.74	0.85~1.22	28.3~42.9	17.3~23.8	10.2~20.0	0.28~0.71	3.00~6.77	11.5~20.0	12.7~27.4	35.0~94.0	0	0~25.0	15.0~27.0	0~15.0	30.0~35.3	50~135	0.239~0.436	0.020~0.093	656~1570	112~220
		变异系数	0.082	0.019	0.003	0.079	0.096	0.073	0.152	0.214	0.200	0.223	0.217	0.24						0.256	0.208	0.400	0.233	0.185
灰色粉性土、粉砂	⑤₂	幅值	28.0~37.1	1.78~1.93	2.69~2.73	0.78~1.09				0.12~0.47	4.50~11.50	0~14.2	23.5~37.0											
		变异系数	0.060	0.019	0.004	0.069				0.331	0.342	0.39	0.124											
灰~褐灰色黏性土	⑤₃	幅值	28.1~40.0	1.78~1.91	2.72~2.74	0.82~1.15	28.3~41.6	17.0~24.3	10.4~18.6	0.22~0.52	4.00~7.50	10.0~24.3	15.5~28.7	36~96	0	15~47	14.0~24.5	0~13	26.9~37.1	52~141	0.251~0.345	0.016~0.039	823~1781	151~310
		变异系数	0.062	0.013	0.001	0.057	0.081	0.077	0.121	0.174	0.168	0.272	0.169	0.212		0.169	0.105	0.428	0.038	0.200	0.116	0.233	0.211	0.189
灰绿色黏性土	⑤₄	幅值	19.3~28.3	1.89~2.08	2.71~2.73	0.58~0.84	25.1~34.0	14.1~19.5	10.1~15.8	0.14~0.34	5.26~11.27	28.5~57.1	15.5~27.4	102~172	/	41~52	20.0~31.5	7~21	31.5~33.5	136~196	0.087~0.189	0.006~0.027	1087~2223	172~373
		变异系数	0.090	0.024	0.002	0.101	0.076	0.074	0.124	0.253	0.210	0.359	0.186	0.145	/	0.068	0.117	0.314	0.020	0.162	0.340	0.450	0.272	0.209

续表 E

土层名称	土层序号	数值统计	含水量 w (%)	密度 ρ (g/cm³)	比重 G	孔隙比 e	液限 w_L (%)	塑限 w_P (%)	塑性指数 I_P	压缩系数 $a_{0.1-0.2}$ (MPa⁻¹)	压缩模量 $E_{s0.1-0.2}$ (MPa)	固结快剪 c (kPa)	固结快剪 φ (°)	三轴UU c_u (kPa)	三轴UU φ_u (°)	无侧限抗压强度 q_u (kPa)	三轴CU c_{cu} (kPa)	三轴CU φ_{cu} (°)	三轴CU c' (kPa)	三轴CU φ' (°)	高压固结 C_c	高压固结 C_s	波速试验 v_p (m/s)	波速试验 v_s (m/s)
⑥ 暗绿~草黄色黏性土		幅值	21.3~27.7	1.91~2.05	2.72~2.73	0.63~0.80	28.2~36.5	15.6~20.3	11.3~16.8	0.14~0.30	5.50~9.51	36.0~53.0	15.5~20.9	135~195	0	185~382	30.0~70.0	20.0~29.0	20.0~43.0	25.2~35.0	0.132~0.245	0.016~0.026	1250~1739	227~357
		变异系数	0.054	0.017	0.001	0.056	0.056	0.058	0.096	0.111	0.156	0.06	0.099	0.130		0.231					0.165	0.202	0.095	0.152
⑦₁ 草黄~灰色粉性土、粉砂		幅值	21.0~34.5	1.82~2.03	2.68~2.72	0.59~0.95				0.08~0.30	6.50~18.27	0~10.0	27.5~38.5										1071~1639	199~357
		变异系数	0.146	0.028	0.004	0.128				0.207	0.215	0.330	0.089										0.107	0.152
⑦₂ 灰色粉细砂		幅值	19.5~34.1	1.84~2.03	2.68~2.70	0.59~0.92				0.07~0.23	8.50~22.36	0~7.1	29.5~39.5										1250~1963	248~454
		变异系数	0.118	0.026	0.003	0.10				0.284	0.243	0.233	0.070										0.097	0.145
⑧₁ 灰色黏性土		幅值	29.9~40.7	1.78~1.91	2.71~2.75	0.84~1.17	29.2~43.7	17.2~23.6	10.9~21.0	0.19~0.50	4.00~8.82	14.3~28.6	16.9~28.7	48~138	0	76~165	17~26	17.5~25.5	0~13	27.5~33.5	0.217~0.524	0.029~0.087	1077~1486	182~290
		变异系数	0.072	0.017	0.003	0.071	0.100	0.073	0.160	0.193	0.196	0.244	0.117	0.256	/	0.237	0.094	0.092	0.449	0.044	0.160	0.202	0.094	0.148
⑧₂ 灰色粉质黏土、粉砂互层		幅值	22.2~38.5	1.82~2.00	2.70~2.74	0.66~1.08	22.8~43.1	13.7~23.5	8.1~20.0	0.13~0.40	4.50~11.00	8.6~28.6	18.2~27.4	61~160	0		20~27	19.5~28.5	1~9	28.5~33.5	0.150~0.565	0.018~0.087	1051~2000	226~331
		变异系数	0.113	0.024	0.003	0.101	0.125	0.120	0.167	0.242	0.229	0.365	0.144	0.217	/		0.074	0.099	0.433	0.042	0.291	0.379	0.134	0.088

续表 E

土层名称	土层序号	数值统计	含水量 w (%)	密度 ρ (g/cm³)	比重 G	孔隙比 e	液限 w_L (%)	塑限 w_P (%)	塑性指数 I_P	压缩系数 $a_{0.1\sim0.2}$ (MPa⁻¹)	压缩模量 $E_{s0.1\sim0.2}$ (MPa)	固结快剪 c (kPa)	固结快剪 φ (°)	三轴UU c_u (kPa)	三轴UU φ_u (°)	三轴CU c_{cu} (kPa)	三轴CU φ_{cu} (°)	三轴CU c' (kPa)	三轴CU φ' (°)	无侧限抗压强度 q_u (kPa)	高压固结 C_c	高压固结 C_s	波速试验 v_p (m/s)	波速试验 v_s (m/s)
青灰色粉细砂夹黏性土	⑨₁	幅值	19.0~34.4	1.84~2.10	2.68~2.71	0.51~0.85				0.06~0.27	9.60~22.43	0~7.0	27.5~42.8										1173~2000	260~500
		变异系数	0.145	0.027	0.003	0.134				0.320	0.316												0.131	0.156
青灰色粉细砂夹中粗砂	⑨₂	幅值	14.0~30.2	1.87~2.16	2.68~2.70	0.50~0.81				0.05~0.19	10.50~24.10	0	31.2~45.0										1422~1818	303~588
		变异系数	0.206	0.035	0.002	0.176				0.300	0.226												0.053	0.148
蓝灰~褐灰色黏性土	⑩	幅值	21.1~30.0	1.90~2.08	2.71~2.74	0.61~0.85	28.3~38.8	17.1~22.5	10.9~16.3	0.12~0.25	7.11~12.96	36~127	11.5~27.5	158~242	0	68~109	15.6~24.5	15~24	31.5~32.0		0.118~0.480	0.014~0.087	1739~1785	383~600
		变异系数	0.101	0.025	0.003	0.094	0.086	0.072	0.124	0.207	0.204	0.382	0.2183	0.138	/	0.164	0.141	0.196	0.008		0.319	0.388	0.012	0.163
青灰色粉细砂	⑪	幅值	21.1~29.7	1.91~2.06	2.68~2.71	0.60~0.81				0.08~0.17	11.02~19.50	0~5	32.5~46.0										1666~1818	454~666
		变异系数	0.093	0.018	0.003	0.086				0.223	0.203	1.585	0.104										0.020	0.121
绿灰色黏性土	⑫	幅值	19.8~30.0	1.90~2.10	2.69~2.75	0.55~0.86	25.8~44.6	15.0~25.0	10.4~20.9	0.10~0.28	7.50~14.32	39~80	14.5~27.0								0.178~0.278	0.033~0.056	1666~1739	395~625
		变异系数	0.109	0.025	0.006	0.108	0.153	0.137	0.123	0.272	0.239	0.301	0.225								0.232	0.267	0.017	0.117

注：
1. 本次统计工作共收集100多项具有代表性工程的地质勘察报告，共计土试样约42000个。
2. 统计时按分层作频率直方图，通过分析异常值作了取舍，取平均值±2倍均方差范围内的数值。

附录 F 地下水原位测试方法

F.1 钻孔简易降水头注水试验

F.1.1 钻孔简易降水头注水试验适用于地下水位以下的全新统（Q_4）粉性土、砂土以及具有层理结构的黏性土或粉性土。

F.1.2 钻孔简易降水头注水试验技术要求应符合下列规定：

1 试验段应采用清水钻进，将孔内泥质物清除干净，孔底沉淀物不应大于 5 cm，并应减少对试验段土层的扰动；如考虑孔壁进水，对孔壁稳定差的试验段可采用过滤管护壁。

2 非试验段可用套管隔离，为保证止水效果，应采用套管打入黏性土 1 m～2 m 或用黏土球充填套管与孔壁间隙，确保套管与孔壁之间不漏水，套管接头应密合止水；试验段长径比应满足 $l/r > 8$。

3 试验段隔离以后，向套管内注入清水，使管中水位高出地下水位一定高度或至套管顶部作为初始水头，停止供水并开始记录管内水位变化情况。

4 有条件时，试验前应进行地下水位观测。

F.1.3 管内水位观测应符合下列规定：

1 开始间隔时间应为 1 min，连续观测 5 次，然后间隔 5 min 观测 5 次，间隔 10 min 观测 3 次，最后按照水头下降速度，间隔 30 min～60 min 进行观测。

2 当水头比与时间关系 $\ln(H_t/H_0) \sim t$ 不呈直线时（H_t 为试验时间 t 测得的水头，H_0 为试验初始水头），应进行检查并重新试验。

3 当试验水头下降到初始试验水头的 0.3 倍或在半对数坐

标纸上连续 10 个以上观测点水头比与时间关系呈直线时,可结束试验。

F.1.4 钻孔简易降水头注水试验成果分析应符合下列要求:

1 绘制 $\ln(H_t/H_0)\sim t$ 关系曲线。

2 试验土层的渗透系数可按式(F.1.4)计算:

$$k=\frac{\pi r^2}{A}\frac{\ln(H_1/H_2)}{t_2-t_1} \tag{F.1.4}$$

式中: k ——土层渗透系数(cm/s)。

t_1, t_2 ——注水试验某一时刻的试验时间(s)。

H_1, H_2 ——试验时间 t_1、t_2 时的试验水头(cm)。

r ——套管内半径(cm)。

A ——形状系数(cm)。根据上海地层组合和注水试验方法,潜水含水层取 $\dfrac{2\pi l}{\ln(l/r)}$,承压含水层取 $\dfrac{2\pi l}{\ln(2l/r)}$, l 为试验段长度(cm)。

F.2 钻孔简易抽水试验

F.2.1 钻孔简易抽水试验适用于渗透性较好的砂土及砂质粉土。

F.2.2 钻孔简易抽水试验技术要求应符合下列规定:

1 抽水试验孔段的孔径应根据含水层的性质、渗透性和过滤器的类型确定。

2 抽水试验孔段不能使用泥浆循环钻进,应减少孔壁附近土体扰动。

3 抽水孔安装过滤器前,应采用清水或其他有效方法,将孔内泥质物清除干净。

4 应采取适当措施保证过滤器居于中间位置,并下到孔内预定深度。

5 过滤器与孔壁之间应填充级配砾石,过滤层顶部应填3.0 m厚的黏土或黏土球止水。

6 正式抽水试验前,抽水孔应进行反复清洗,达到水清砂净无沉淀。

7 试验抽水过程中,应观察抽水孔出水量及抽水孔水位变化情况,检查动力、水泵、过滤器等试验设备的运转情况和工作效果。

F.2.3 管内水位观测应符合下列规定:

1 抽水试验过程中,应同步观测、记录抽水孔的涌水量和抽水孔及观测孔的动水位。开始间隔时间为 1 min,连续观测 5 次,然后间隔 5 min 观测 5 次,再以 10 min 间隔观测,出现稳定趋势以后每隔 30 min 观测 1 次,直至结束。

2 在抽水稳定延续时间内,涌水量与动水位应没有持续上升或下降的趋势。

3 水位恢复观测时间为 1 min、2 min、3 min、4 min、5 min、10 min、15 min、30 min,以后每隔 30 min 观测 1 次,直到恢复静止水位为止。

F.2.4 简易抽水试验成果分析应符合下列要求:

1 绘制 $s\sim t$、$Q\sim t$ 和 $Q\sim s$ 或 $Q\sim(\Delta h)^2$ 关系曲线。

2 渗透性参数计算:

    1) 应在分析试验地段水文地质条件的基础上,结合抽水孔结构和试验方法合理选用公式,对于在无界含水层中进行单孔完整井稳定流抽水,当 $Q\sim s$ 或 $Q\sim(\Delta h)^2$ 呈直线关系时,可按本标准表 F.4.1-1 计算。

    2) 潜水完整井根据水位恢复速度确定渗透系数时,可按式(F.2.4)近似计算:

$$k=\frac{3.5r^2}{(H+2r)t}\ln\frac{s}{s'} \tag{F.2.4}$$

式中:k——土层渗透系数(cm/s);

r——抽水孔半径(cm);

H——潜水含水层厚度(cm);

s——停止抽水后孔内稳定水位下降值(cm);

s'——经过时间 t 后(水位恢复)的地下水位下降值(cm);

t——时间(s);

其他符号意义同前。

F.3 抽水试验

F.3.1 抽水试验方法或试验方案可根据不同需要按表 F.3.1 选择。

表 F.3.1 抽水试验方法和应用范围

试验方法		应用范围和适用条件	目的	备注
分类依据	类型			
抽水井与观测井的数量	单井抽水(无观测井或 1 口以上观测井)	在方案制订和优化方案阶段	确定含水层的富水性、渗透性及流量与水位降深的关系	方法简单,成本低,但有些参数不能取得
	群井抽水(1 口或以上观测井)	在优化方案阶段,观测井布置在抽水含水层和非抽水含水层内	确定含水层的富水性、渗透性和各向异性,漏斗的影响范围和形态,补给带的宽度,合理的井距,流量与水位降深的关系,含水层之间的水力联系,进行流向流速测定和含水层给水度的测定	根据不同的目的布设观测井,测得的各项参数较完整,但成本较高

试验方法		应用范围和适用条件	目的	备注
分类依据	类型			
含水层的厚度和数量	分层抽水	含水层的水文地质特征尚未查明的地区,选择典型地段进行	确定含水层的水文地质参数,了解各含水层之间的水力联系	含水层之间应严格分层、止水
	混合抽水	含水层各层的水文地质特征已基本查清的地区	确定某一含水层组的水文地质参数	—
抽水井滤水管长度与含水层厚度的比值	完整井抽水	含水层厚度不大于15 m,宜进行完整井抽水	确定含水层的水文地质参数	滤水管长度与含水层厚度之比超过90%
	非完整井抽水	含水层厚度大,不宜进行完整井抽水的地区	确定含水层的水文地质参数,确定含水层的各向异性	滤水管长度小于含水层厚度的90%
水位降深或流量随时间变化	稳定流抽水	单井抽水,用于方案制订或优化方案阶段	测定含水层的渗透系数,井的特性曲线,井损失	成本低,不考虑抽水后水位随时间变化的关系
	非稳定流抽水	宜包括1个以上观测井,用于优化方案阶段	测定含水层的水文地质参数,了解含水层的边界条件,顶底板弱透水层的水文地质参数、地下水含水层之间的水力联系	抽水开始后水位(流量)随时间变化的全过程,能测定稳定抽水无法测到的某些参数

F.3.2 群井抽水试验井数应根据工程性质、水文地质条件和场地环境条件等因素确定,且不宜少于 3 口,井间距宜为 10 m～30 m,可呈圆形、三角形或矩形布置。

F.3.3 抽水试验观测井的布置应以抽水井为原点布置 1 条或 2 条观测线。1 条观测线时,观测井宜垂直地下水流向布置;2 条观测线时,其中一条宜沿平行地下水流向布置。

F.3.4 抽水试验观测井的数量应符合下列规定:

1 单井抽水试验可根据工程需要在同一含水层中设置不少于 2 口观测井。

2 群井抽水试验同一方向的观测线上位于抽水含水层中的观测井数量不宜少于 3 口。

3 若抽水含水层上下地层为弱透水层时,宜根据工程需要在弱透水层和相邻含水层中布置观测井。

F.3.5 抽水试验观测井的距离应符合下列规定:

1 离抽水井最近的观测井与抽水井距离不宜大于设计最大降深的 0.5 倍,不宜小于 3 倍成孔直径。稳定流抽水试验时最近观测井的距离宜控制在 1.5 倍承压含水层厚度到 0.187 倍影响半径之间。

2 最远的观测井水位下降不宜小于 10 倍的观测误差,相邻两个观测井的水位差不宜小于 0.1 m。

3 多口观测井的距离由近到远应由密到疏。

4 非稳定流抽水,用水位下降值与距离对数($s～\lg r$)关系曲线计算时,各观测井宜在距离对数轴线上均匀分布。

F.3.6 工程影响范围内的多层含水层,需分层研究时,应进行分层抽水试验。渗透性有变化的大厚度含水层,垂向可划分几个试验段,根据需要可对其中一段或几段进行分段抽水试验。

F.3.7 抽水易引起附近地面变形时,宜在地表布置沉降监测点,并在引起地面变形的主要压缩层中布置土体深层竖向位移观测点和孔隙水压力测试点。

F.3.8 地表沉降监测点布置应符合下列规定：

1 地表沉降监测点应呈射线状、十字状或网格状布置。

2 地表沉降监测点间距应结合试验井的间距布置，且不宜大于 10 m。

3 地表沉降点布置范围不宜小于 2 倍抽水井与最远观测井的距离。

4 沉降测量基准点应远离抽水区域，沉降监测点埋设应牢靠。

5 当周边环境复杂时，应对试验区影响范围内建构筑物的角点位置增设沉降点。

F.3.9 土体深层竖向位移布置应符合下列规定：

1 土体分层竖向位移可通过埋设磁环式分层沉降标，采用分层沉降仪进行量测；或通过埋设深层沉降标，采用水准测量方法进行量测。

2 磁环式分层沉降标或深层沉降标应在试验前不少于 1 周埋设。采用磁环式分层沉降标时，沉降管安置到位后应与原土层密贴牢固。

3 土体深层沉降点应布置在水位降深变化最大的区域内的主要抽水层及相邻层，宜设置在各层土的界面上，也可等间距设置。

F.3.10 抽水井、观测井成孔应符合现行国家标准《供水水文地质勘察规范》GB 50027 的有关规定。

F.3.11 稳定流抽水试验应符合有关规定：

1 抽水试验时，水位下降的次数应根据试验目的确定，宜进行 3 次降深试验，其中最大下降值可接近井内设计动水位，其余 2 次下降值宜分别为最大下降值的 1/3 和 2/3，每次下降值之差不宜小于 1 m，各次降深试验的水泵吸水管口的安装深度应相同。

2 抽水试验时，应保持抽水井出水量和动水位同时相对稳定，其稳定标准应以在抽水稳定延续时间内，抽水井出水量和动水位在连续 2 h 内的波动值小于 5%、最远观测井内的水位在连续 2 h 内的波动值不大于 20 mm/h,且无持续上升或下降趋势为准则。

3 抽水试验的稳定延续时间宜符合表 F.3.11 的规定。

表 F.3.11 抽水试验的稳定延续时间

含水层类别	稳定延续时间(h)
粗砂含水层	≥8
中砂、细砂和粉砂含水层	≥16
粉性土含水层	≥24

4 抽水试验时应观测抽水井及观测井水位、抽水井出水量。动水位和出水量观测的时间,宜在抽水开始后的第 5 min、10 min、15 min、20 min、25 min、30 min 各测 1 次,以后每隔 30 min 或 60 min 测 1 次,直至试验结束。

F.3.12 非稳定流抽水试验宜符合下列规定:

1 抽水试验时,应保持抽水井出水量或动水位相对稳定。采用定流量抽水时,流量变化幅度不宜大于 3%;采用定降深抽水时,水位变化幅度不宜超过 1%。

2 试验期间,当一口抽水井抽水时,另一口最近的抽水井产生的水位下降值不宜小于 200 mm。

3 抽水试验的延续时间可根据含水层的导水性、储水能力、观测井的数量及与抽水井的距离,结合所采用的非稳定流计算方法确定,承压水应根据水头下降值与时间对数($s \sim \lg t$)关系曲线确定,潜水应根据含水层水位变化平方差与时间对数($\Delta h^2 \sim \lg t$)关系曲线确定。当曲线呈直线状,延续时间在 $\lg t$ 轴上的投影数值不应少于 2 个对数周期;当曲线有拐点时,宜延续时间至拐点后出现水平线的最初时刻。

4 试验时应观测动水位和出水量,观测的时间宜在抽水开始后的第 5 min、10 min、15 min、20 min、25 min、30 min 各测

1 次,以后每隔 30 min 或 60 min 测 1 次,直至试验结束。水温、气温观测的时间,宜每隔 2 h~4 h 同步测量 1 次。

5 抽水井的水位下降次数应根据试验目的而定。

6 群井抽水试验时间应与土体沉降变化时间相一致,抽水持续时间应大于试验区的沉降稳定时间 1 d~2 d。

7 抽水停止后应进行恢复水位观测,观测时间间隔同抽水试验。

F.3.13 土体深层竖向位移观测时应符合下列规定:

1 土体分层竖向位移的初始值应在磁环式分层沉降标或深层沉降标埋设后量测,稳定时间不应少于 1 周,并应获得稳定的初始值。

2 采用分层沉降仪量测时,每次测量应重复 2 次并取平均值作为测量结果,2 次读数之差不应大于 1.5 mm;采用深层沉降标结合水准测量时,水准监测精度应符合现行国家标准《工程测量规范》GB 50026 的有关规定。

3 采用磁环式分层沉降标监测时,每次监测均应测定沉降管口高程的变化,并应换算沉降管内各监测点的高程。

F.3.14 抽水试验成果分析应符合下列要求:

1 绘制 $s\sim t$、$s\sim \lg t$、$Q\sim t$ 和 $Q\sim s$ 关系曲线。

2 应在分析试验地段水文地质条件的基础上,结合抽水井结构和试验方法按本标准第 F.4 节选用公式计算渗透性参数。

F.3.15 非完整井抽水试验及群井抽水试验的水文地质参数计算可采用数值计算分析方法。

F.4 抽水试验渗透系数计算公式

F.4.1 稳定流完整井抽水试验的渗透系数计算宜符合下列规定:

1 完整井单井抽水试验的渗透系数计算宜符合表 F.4.1-1 的

规定。

表 F.4.1-1　稳定流完整井单井抽水试验渗透性参数计算

示意图	计算公式	适用条件
	$k = \dfrac{0.732Q}{(2H-s)s}\lg\dfrac{R}{r}$ $R = 2s\sqrt{kH}$	1. 潜水； 2. 远离河流
	$k = \dfrac{0.366Q}{Ms}\lg\dfrac{R}{r}$ $R = 10s\sqrt{k}$ s 应根据井损和水跃影响 进行修正	承压水

2 完整井多井抽水试验的渗透系数计算宜符合表 F.4.1-2 的规定。

表 F.4.1-2　稳定流完整井多井抽水试验渗透系数计算

示意图	计算公式	适用条件
	$k = \dfrac{0.732Q}{(2H-s-s_1)(s-s_1)}\lg\dfrac{r_1}{r}$	潜水

续表 F.4.1-2

示意图	计算公式	适用条件
	$k = \dfrac{0.366Q}{M(s - s_1)} \lg \dfrac{r_1}{r}$	承压水
	$k = \dfrac{0.732Q}{(2H - s_1 - s_2)(s_1 - s_2)} \lg \dfrac{r_2}{r_1}$	潜水
	$k = \dfrac{0.366Q}{M(s_1 - s_2)} \lg \dfrac{r_2}{r_1}$	承压水

F.4.2 稳定流非完整井抽水试验的渗透系数计算宜符合下列规定：

　　1 非完整井单井抽水试验的渗透系数计算宜符合表 F.4.2-1 的规定。

表 F. 4. 2-1 稳定流非完整井单井抽水试验渗透性参数计算

示意图	计算公式	适用条件
	$k = \dfrac{0.366Q(\lg R - \lg r)}{H_1 s}$	1. 潜水； 2. 单井非完整井
	$k = \dfrac{Q}{2\pi SM}\left(\ln\dfrac{R}{r} + \dfrac{M-l}{l}\ln\dfrac{1.12M}{\pi r}\right)$	1. 潜水或承压水； 2. $l>0.2M$； 3. 用于潜水时，M 换成 H 或 $(H+h)/2$

2 非完整井多井抽水试验的渗透系数计算宜符合表 F. 4. 2-2 的规定。

表 F. 4. 2-2 稳定流非完整井多井抽水试验渗透系数计算

示意图	计算公式	适用条件
	$k = \dfrac{0.16Q}{l(s-s_1)}\left(2.3\lg\dfrac{1.6l}{r} - \text{arsh}\dfrac{l}{r_1}\right)$	1. 承压水； 2. 滤管顶部紧贴含水层顶板； 3. 有 1 口观测井且 $l=l'$； 4. $l<0.3M$，$l=l'$； 5. $r_1<0.3M$，且 $r_1<2\sqrt{ls_{\max}}$，式中最大水位下降值 $s_{\max} = (0.3\sim0.5)l$

195

示意图	计算公式	适用条件
	$k = \dfrac{0.16Q}{l(s_1-s_2)}\left(\text{arsh}\dfrac{l}{r_1} - \text{arsh}\dfrac{l}{r_2}\right)$ $(l<0.3M)$ $k = \dfrac{0.16Q}{l(s_1-s_2)}\left[\text{arsh}\dfrac{l}{r_1} - \text{arsh}\dfrac{l}{r_2} - \dfrac{l}{M}\left(\text{arsh}\dfrac{M}{r_1} - \text{arsh}\dfrac{M}{r_2}\right) + \dfrac{l}{M}\ln\dfrac{r_2}{r_1}\right]$ $(l\geqslant0.3M)$	1. 承压水; 2. 滤管顶部紧贴含水层顶板; 3. 有2口观测井且 $l=l'$; 4. $r_1<0.3M$,且 $r_1\leqslant2\sqrt{ls_{\max}}$, $r_1=0.3r_2$
	$k = \dfrac{0.08Q}{l(s-s_1)}\left[2\ln\dfrac{1.6l}{r} - \left(\text{arsh}\dfrac{0.4l}{r_1} + \text{arsh}\dfrac{1.6l}{r_1}\right)\right]$	1. 承压水; 2. 滤管顶部不与含水层顶板紧贴; 3. 有1口观测井且 $l=l'$; 4. $l<0.3M$, $r_1<0.3M$; $r_1\leqslant2\sqrt{ls_{\max}}$, 主井中最大水位下降值 $s_{\max}=(0.3\sim0.5)l$
	$k = \dfrac{0.08Q}{l(s_1-s_2)}\left[\left(\text{arsh}\dfrac{0.4l}{r_1} + \text{arsh}\dfrac{1.6l}{r_1}\right) - \left(\text{arsh}\dfrac{0.4l}{r_2} + \text{arsh}\dfrac{1.6l}{r_2}\right)\right]$	1. 承压水; 2. 滤管顶部不与含水层顶板紧贴; 3. 有2口观测孔且 $l=l'$; 4. $l<0.3M$, $r_1<0.3M$, $r_1=0.3r_2$; $r_1\leqslant2\sqrt{ls_{\max}}$

示意图	计算公式	适用条件
	$k = \dfrac{0.16Q}{ls_1} \text{arsh} \dfrac{l}{2r_1}$	1. 承压水； 2. M 超过过滤器长度若干倍； 3. 有 1 口观测井； 4. 观测井过滤器中部与主井过滤器中部深度一致； 5. $C > 1.5l$，$l_1 \leqslant 0.5l$
	$k = \dfrac{0.16Q}{l(s_1 - s_2)}\left(\text{arsh} \dfrac{l}{2r_1} - \text{arsh} \dfrac{l}{2r_2} \right)$	1. 承压水； 2. M 超过过滤器长度若干倍； 3. 有 2 口观测井； 4. 观测井过滤器中部与主井过滤器中部深度一致； 5. $C > 1.5l$，l_1、$l_2 \leqslant 0.5l$

F. 4. 3 非稳定流抽水试验的水文地质参数计算宜符合下列规定：

1 非稳定流抽水试验可按表 F. 4. 3-1 计算水文地质参数。

表 F.4.3-1　非稳定流抽水试验水文地质参数计算

示意图	计算公式	适用条件	工作步骤
	$$T = \frac{0.183Q}{i}$$ $$S = \frac{2.25Tt_0}{r_w^2}$$ $$k = \frac{T}{M}$$	1. 按定流量抽水; 2. 对承压水,且无越流、平面分布为无限含水层,单井定流量抽水,井应满足 $\frac{r_w^2}{4at} \le 0.05$(时间~降深直线图解法;$a$ 为导压系数,$a = T/S$,t 为抽水时间); 3. 对潜水,公式中承压含水层厚度 M 换为潜水液面至含水层底距离 H,i 为修正降深值 s_c $\left(s_c = s - \frac{s^2}{2H} \right)$ 与抽水时间 t 关系曲线($s_c \sim \lg t$)得出的斜率; 4. 非完整井也可用该公式进行估算	1. 根据抽水井在抽水开始后不同时间观测到的水位降深资料绘制 $s \sim \lg t$ 直线; 2. 求直线的斜率 i 和直线在 $s=0$ 轴上的截距 t_0; 3. 计算导水系数 T,贮水系数 S,渗透系数 k; 4. 有观测井时,可利用观测井据计算导水系数 T 和渗透系数 k,计算时将至抽水井的距离 r_w 替换为观测井距,但不用于计算贮水系数 S

续表 F.4.3-1

示意图	计算公式	适用条件	工作步骤
	$$k = \frac{Q}{4\pi M[s]}[W(u)]$$ $$S = \frac{4T[t]}{r_1^2\left[\dfrac{1}{u}\right]}$$ 其中 $W(u)$ 为泰斯井函数，$W(u) = \int_t^{\infty}\frac{e^{-x}}{x}dx = -0.5772 - \ln u + u - \frac{u^2}{2\times 2!} + \frac{u^3}{3\times 3!} - \frac{u^4}{4\times 4!} \cdots$，$[s]$，$[t]$，$[W(u)]$，$\left[\dfrac{1}{u}\right]$ 为重合曲线上任一点对应的坐标值	承压完整井，无越流，有 1 口观测井，定流量抽水（时间～降深配线法）	1. 选取同标准曲线 $W(u)\sim 1/u$ 模数相同的双对数坐标纸，绘出一口观测井的 $s\sim t$ 关系曲线； 2. 保持两图坐标轴平行平移，s 平行 $W(u)$，t 平行 $1/u$ 情况下，移动 $s\sim t$ 曲线，直到野外测试点与图中标准曲线全部或大部分重合为止； 3. 在重合曲线上任取一点，读出相应的坐标值，$[s]$，$[t]$，$[W(u)]$，$\left[\dfrac{1}{u}\right]$； 4. 将重合点坐标代入公式计算出渗透系数 k，贮水系数 S

199

续表 F.4.3-1

示意图	计算公式	适用条件	工作步骤
	$k_r = \dfrac{Q}{4\pi M[s]}[W(u) + f_s]$ $k_z = \alpha^2 k_r$ $S = \dfrac{4T[t]}{r_1^2}\left[\dfrac{1}{u}\right]$ 其中 $f_s = \dfrac{2M^2}{\pi^2(l-C)}(l_1 - C_1) \times$ $\sum_{n=1}^{\infty} \dfrac{1}{n^2}\left(\sin\dfrac{n\pi l}{M} - \sin\dfrac{n\pi C}{M}\right) \times$ $\left(\sin\dfrac{n\pi l_1}{M} - \sin\dfrac{n\pi C_1}{M}\right) \times$ $W\left(u, \dfrac{n\pi\alpha r_1}{M}\right)$ $W(m,x) = \int_u^\infty \dfrac{\exp\left(-y - \dfrac{x^2}{4y}\right)}{y}\,dy$ $\alpha = \sqrt{\dfrac{k_z}{k_r}}$	承压非完整井,无越流,定流量抽水,有1口观测井(时间~降深配线法)	1. 选取同标准曲线 $W(u)+f_s \sim 1/u$ 模数相同的双对数坐标纸,绘出一口观测井 $s \sim t$ 关系曲线; 2. 保持两图坐标轴平行:s 平行 $W(u)+f_s$,t 平行 $1/u$ 情况下,移动试点 $s \sim t$ 曲线,直到野外测试点与图中标准曲线全部或大部分重合为止; 3. 在重合曲线上任取一点,读出相应的坐标值,$[s]$、$[t]$、$[W(u)+f_s]$、$[1/u]$ 以及对应标准曲线的 α; 4. 将重合点坐标代入公式计算出径向渗透系数 k_r,竖向渗透系数 k_z,贮水系数 S

2 完整井非稳定流抽水试验可用水位恢复法按表 F.4.3-2 计算水文地质参数。

表 F.4.3-2 完整井非稳定流抽水试验水位恢复法水文地质参数计算

示意图	计算公式	适用条件	工作步骤
	$T = \dfrac{0.183Q}{i}$ $k = \dfrac{T}{M}$ 其中 Q 为抽水阶段的稳定流量	1. 承压完整井,无越流,平面分布为无限含水层,按定流量抽水; 2. 有观测井时,可利用观测井的数据计算导水系数 T 和渗透系数 k,$\dfrac{r_1^2}{4at} \leqslant 0.05$,$r_1$ 为观测井至抽水井的距离; 3. 对潜水,公式中承压含水层厚度 M 换为潜水液面至含水层底距离 H,绘制曲线时应采用修正降深值 s_c $\left(s_c = s - \dfrac{s^2}{2H}\right)$	1. 利用水位恢复资料绘出 H-$\lg\left[t/(t_p+t)\right]$($t_p$ 为停止抽水时间,t 为水位恢复延续时间)曲线,求得其直线段斜率 i; 2. 计算参数 T、渗透系数 k

附录 G　地基土基床系数及比例系数表

表 G　地基土基床系数及比例系数

地基土分类	基床系数 K（MPa/m）			比例系数 m（MN/m⁴）
	$s<10$ mm	10 mm$\leqslant s$ $\leqslant40$ mm	$s>40$ mm	
流塑状黏性土 （$p_s<0.6$ MPa）	5～14	1～5	1～4	<1～3
软塑状黏性土 （0.6 MPa$\leqslant p_s<1.0$ MPa）	12～25	4～12	2～5	2～5
可塑状黏性土 （1.0 MPa$\leqslant p_s<2.0$ MPa）	20～40	8～20	3～10	3～7
硬塑状黏性土 （$p_s\geqslant2.0$ MPa）	30～65	15～30	4～15	5～12
松散粉性土、砂土 （$p_s<2.6$ MPa）	12～25	2～12	<2	2～5
稍密粉性土、砂土 （2.6 MPa$\leqslant p_s<5.0$ MPa）	20～40	5～20	2～15	3～8
中密粉性土、砂土 （5.0 MPa$\leqslant p_s<10.0$ MPa）	30～80	7～40	3～25	5～12
密实粉性土、砂土 （$p_s\geqslant10.0$ MPa）	60～120	25～60	15～40	6～20

注：1. p_s 指静探比贯入阻力，s 指变形量。
2. 缺乏实测数据时，可按竖向基床系数 K_V 与水平向基床系数 K_H 相同考虑。
3. m 值建议参数值对应的变形量为 10 mm，适用于平面应变边界条件；对三维应变条件，应乘以 1.1～1.4 的系数。
4. 未考虑长期荷载作用。

附录 H 井壁摩阻力表

表 H 井壁摩阻力

土层类别	井壁摩阻力 f_k(kPa)
流塑状态的黏性土	10～15
软塑及可塑状态的黏性土	12～25
粉砂和粉性土	15～25
泥浆套	3～5

注:1. 井壁外侧为阶梯式且采用灌沙助沉时,灌砂段的摩阻力可取 7 kPa～10 kPa。

2. 气幕减阻时,可按表中摩阻力乘以 0.5～0.7 的系数。

附录 J 沉降系数表

表 J-1 矩形基础中心沉降系数 δ_1

$\dfrac{2z}{b}$	l/b											
	1.0	1.2	1.4	1.6	1.8	2.0	3.0	4.0	5.0	6.0	10.0	条形
0.0	0.000	0.000	0.000	0.000	0.000	0.000	0.000	0.000	0.000	0.000	0.000	0.000
0.2	0.100	0.100	0.100	0.100	0.100	0.100	0.100	0.100	0.100	0.100	0.100	0.100
0.4	0.198	0.198	0.198	0.198	0.198	0.198	0.198	0.198	0.198	0.198	0.198	0.198
0.6	0.290	0.292	0.292	0.294	0.294	0.294	0.294	0.294	0.294	0.294	0.294	0.294
0.8	0.374	0.378	0.382	0.382	0.384	0.384	0.384	0.386	0.386	0.386	0.386	0.386
1.0	0.450	0.458	0.462	0.464	0.466	0.468	0.470	0.470	0.470	0.470	0.470	0.470
1.2	0.516	0.526	0.534	0.538	0.542	0.544	0.548	0.548	0.548	0.548	0.548	0.548
1.4	0.536	0.588	0.598	0.606	0.610	0.614	0.620	0.622	0.622	0.622	0.622	0.622
1.6	0.620	0.642	0.656	0.664	0.672	0.676	0.684	0.686	0.688	0.688	0.688	0.688
1.8	0.662	0.688	0.706	0.718	0.726	0.732	0.744	0.748	0.750	0.750	0.750	0.750
2.0	0.700	0.728	0.750	0.764	0.774	0.782	0.800	0.804	0.806	0.806	0.807	0.808
2.2	0.730	0.764	0.788	0.806	0.818	0.828	0.850	0.856	0.858	0.860	0.860	0.860
2.4	0.756	0.796	0.822	0.844	0.858	0.870	0.896	0.904	0.908	0.908	0.910	0.910
2.6	0.782	0.822	0.854	0.876	0.894	0.906	0.938	0.948	0.952	0.954	0.956	0.956
2.8	0.802	0.848	0.882	0.906	0.926	0.940	0.978	0.990	0.994	0.996	0.998	1.000
3.0	0.822	0.870	0.906	0.934	0.954	0.972	1.016	1.028	1.034	1.038	1.040	1.040
3.2	0.838	0.890	0.928	0.958	0.982	1.000	1.048	1.064	1.072	1.074	1.078	1.078
3.4	0.854	0.906	0.948	0.980	1.006	1.026	1.078	1.098	1.106	1.110	1.114	1.114
3.6	0.868	0.924	0.966	1.000	1.026	1.048	1.108	1.130	1.140	1.144	1.148	1.150
3.8	0.880	0.938	0.982	1.018	1.048	1.070	1.134	1.160	1.170	1.176	1.182	1.182

$\dfrac{2z}{b}$	l/b											
	1.0	1.2	1.4	1.6	1.8	2.0	3.0	4.0	5.0	6.0	10.0	条形
4.0	0.892	0.950	0.998	1.036	1.066	1.090	1.160	1.188	1.200	1.206	1.212	1.214
4.2	0.902	0.964	1.012	1.050	1.082	1.108	1.182	1.214	1.228	1.234	1.242	1.244
4.4	0.912	0.974	1.024	1.066	1.098	1.126	1.204	1.238	1.254	1.262	1.270	1.272
4.6	0.932	0.984	1.036	1.078	1.112	1.140	1.226	1.262	1.278	1.288	1.298	1.300
4.8	0.928	0.994	1.048	1.090	1.126	1.156	1.244	1.284	1.302	1.312	1.324	1.326
5.0	0.936	1.002	1.058	1.102	1.138	1.168	1.262	1.304	1.324	1.336	1.348	1.352
6.0	0.966	1.040	1.100	1.148	1.190	1.226	1.338	1.394	1.422	1.438	1.460	1.466
7.0	0.988	1.066	1.130	1.184	1.228	1.268	1.396	1.462	1.500	1.522	1.554	1.562
8.0	1.004	1.086	1.152	1.210	1.258	1.300	1.440	1.518	1.564	1.592	1.632	1.646
9.0	1.018	1.100	1.170	1.230	1.280	1.324	1.476	1.562	1.616	1.648	1.702	1.720
10.0	1.028	1.114	1.186	1.246	1.300	1.344	1.506	1.600	1.658	1.696	1.762	1.788
12.0	1.044	1.132	1.208	1.272	1.328	1.376	1.552	1.658	1.728	1.774	1.860	1.904
14.0	1.056	1.146	1.224	1.290	1.348	1.398	1.584	1.700	1.778	1.832	1.940	2.002
16.0	1.064	1.156	1.236	1.304	1.364	1.416	1.608	1.732	1.818	1.876	2.004	2.086
18.0	1.070	1.166	1.244	1.314	1.374	1.428	1.628	1.758	1.848	1.912	2.056	2.162
20.0	1.076	1.172	1.252	1.322	1.384	1.440	1.644	1.778	1.874	1.942	2.100	2.228
25.0	1.086	1.184	1.266	1.338	1.402	1.458	1.672	1.816	1.920	1.998	2.182	2.372
30.0	1.092	1.192	1.274	1.348	1.414	1.472	1.692	1.842	1.952	2.034	2.240	2.488
35.0	1.096	1.198	1.280	1.356	1.422	1.480	1.706	1.860	1.974	2.062	2.284	2.586
40.0	1.100	1.202	1.286	1.360	1.428	1.488	1.716	1.874	1.992	2.082	2.316	2.672

注：l—基础长度（m）；b—基础宽度（m）；z—计算点离基础底面竖向距离（m）。

表 J-2　矩形基础角点沉降系数 δ_2

$\dfrac{z}{b}$	l/b											
	1.0	1.2	1.4	1.6	1.8	2.0	3.0	4.0	5.0	6.0	10.0	条形
0.0	0.000	0.000	0.000	0.000	0.000	0.000	0.000	0.000	0.000	0.000	0.000	0.000
0.2	0.050	0.050	0.050	0.050	0.050	0.050	0.050	0.050	0.050	0.050	0.050	0.050

续表 J-2

$\dfrac{z}{b}$	l/b											
	1.0	1.2	1.4	1.6	1.8	2.0	3.0	4.0	5.0	6.0	10.0	条形
0.4	0.099	0.099	0.099	0.099	0.099	0.099	0.099	0.099	0.099	0.099	0.099	0.099
0.6	0.145	0.146	0.146	0.147	0.147	0.147	0.147	0.147	0.147	0.147	0.147	0.147
0.8	0.187	0.189	0.191	0.191	0.192	0.192	0.192	0.193	0.193	0.193	0.193	0.193
1.0	0.225	0.229	0.231	0.232	0.233	0.234	0.235	0.235	0.235	0.235	0.235	0.235
1.2	0.258	0.263	0.267	0.269	0.271	0.272	0.274	0.274	0.274	0.274	0.274	0.274
1.4	0.268	0.294	0.299	0.303	0.305	0.307	0.310	0.311	0.311	0.311	0.311	0.311
1.6	0.310	0.321	0.328	0.332	0.336	0.338	0.342	0.343	0.344	0.344	0.344	0.344
1.8	0.331	0.344	0.353	0.359	0.363	0.366	0.372	0.374	0.375	0.375	0.375	0.375
2.0	0.350	0.364	0.375	0.382	0.387	0.391	0.400	0.402	0.403	0.403	0.404	0.404
2.2	0.365	0.382	0.394	0.403	0.409	0.414	0.425	0.428	0.429	0.430	0.430	0.430
2.4	0.378	0.398	0.411	0.422	0.429	0.435	0.448	0.452	0.454	0.454	0.455	0.455
2.6	0.391	0.411	0.427	0.438	0.447	0.453	0.469	0.474	0.476	0.477	0.478	0.478
2.8	0.401	0.424	0.441	0.453	0.463	0.470	0.489	0.495	0.497	0.498	0.499	0.500
3.0	0.411	0.435	0.453	0.467	0.477	0.486	0.508	0.514	0.517	0.519	0.520	0.520
3.2	0.419	0.445	0.464	0.479	0.491	0.500	0.524	0.532	0.536	0.537	0.539	0.539
3.4	0.427	0.453	0.474	0.490	0.503	0.513	0.539	0.549	0.553	0.555	0.557	0.557
3.6	0.434	0.462	0.483	0.500	0.513	0.524	0.554	0.565	0.570	0.572	0.574	0.575
3.8	0.440	0.469	0.491	0.509	0.524	0.535	0.567	0.580	0.585	0.588	0.591	0.591
4.0	0.446	0.475	0.499	0.518	0.533	0.545	0.580	0.594	0.600	0.603	0.606	0.607
4.2	0.451	0.482	0.506	0.525	0.541	0.554	0.591	0.607	0.614	0.617	0.621	0.622
4.4	0.456	0.487	0.512	0.533	0.549	0.563	0.602	0.619	0.627	0.631	0.635	0.636
4.6	0.466	0.492	0.518	0.539	0.556	0.570	0.613	0.631	0.639	0.644	0.649	0.650
4.8	0.464	0.497	0.524	0.545	0.563	0.578	0.622	0.642	0.651	0.656	0.662	0.663
5.0	0.468	0.501	0.529	0.551	0.569	0.584	0.631	0.652	0.662	0.668	0.674	0.676
6.0	0.483	0.520	0.550	0.574	0.595	0.613	0.669	0.697	0.711	0.719	0.730	0.733

$\dfrac{z}{b}$	l/b											
	1.0	1.2	1.4	1.6	1.8	2.0	3.0	4.0	5.0	6.0	10.0	条形
7.0	0.494	0.533	0.565	0.592	0.614	0.634	0.698	0.731	0.750	0.761	0.777	0.781
8.0	0.502	0.543	0.576	0.605	0.629	0.650	0.720	0.759	0.782	0.796	0.816	0.823
9.0	0.509	0.550	0.585	0.615	0.640	0.662	0.738	0.781	0.808	0.824	0.851	0.860
10.0	0.514	0.557	0.593	0.623	0.650	0.672	0.753	0.800	0.829	0.848	0.881	0.894
12.0	0.522	0.566	0.604	0.636	0.664	0.688	0.776	0.829	0.864	0.887	0.930	0.952
14.0	0.528	0.573	0.612	0.645	0.674	0.699	0.792	0.850	0.889	0.916	0.970	1.001
16.0	0.532	0.578	0.618	0.652	0.682	0.708	0.804	0.866	0.909	0.938	1.002	1.043
18.0	0.535	0.583	0.622	0.657	0.687	0.714	0.814	0.879	0.924	0.956	1.028	1.081
20.0	0.538	0.586	0.626	0.661	0.692	0.720	0.822	0.889	0.937	0.971	1.050	1.114
25.0	0.543	0.592	0.633	0.669	0.701	0.729	0.836	0.908	0.960	0.999	1.091	1.186
30.0	0.546	0.596	0.637	0.674	0.707	0.736	0.846	0.921	0.976	1.017	1.120	1.244
35.0	0.548	0.599	0.640	0.678	0.711	0.740	0.853	0.930	0.987	1.031	1.142	1.293
40.0	0.550	0.601	0.643	0.680	0.714	0.744	0.858	0.937	0.996	1.041	1.158	1.336

注：l—基础长度（m）；b—基础宽度（m）；z—计算点离基础底面竖向距离（m）。

表 J-3　圆形基础中心应力系数 α_3 和沉降系数 δ_3

$\dfrac{2z}{D}$	α_3	δ_3
0.0	1.000	0.000
0.2	0.998	0.100
0.4	0.949	0.197
0.6	0.864	0.287
0.8	0.756	0.368
1.0	0.646	0.438
1.2	0.547	0.498
1.4	0.461	0.548

续表 J-3

$\dfrac{2z}{D}$	α_3	δ_3
1.6	0.390	0.591
1.8	0.332	0.627
2.0	0.284	0.658
2.2	0.246	0.684
2.4	0.213	0.707
2.6	0.187	0.727
2.8	0.165	0.745
3.0	0.146	0.761
3.2	0.130	0.774
3.4	0.117	0.787
3.6	0.106	0.798
3.8	0.096	0.808
4.0	0.087	0.817
4.2	0.079	0.825
4.4	0.073	0.833
4.6	0.067	0.840
4.8	0.062	0.846
5.0	0.057	0.852
6.0	0.040	0.877
7.0	0.030	0.894
8.0	0.023	0.907
9.0	0.018	0.918
10.0	0.015	0.926
12.0	0.010	0.939
14.0	0.008	0.948
16.0	0.006	0.955

$\dfrac{2z}{D}$	α_3	δ_3
18.0	0.005	0.960
20.0	0.004	0.964

注:D—圆形基础直径(m);z—计算点离基础底面竖向距离(m)。

附录 K   回弹变形和回弹再压缩变形计算用表

K.0.1   矩形和条形均布荷载作用下中心点 Boussinesq 解竖向附加应力系数可按表 K.0.1 确定。

表 K.0.1   矩形基础中心应力系数 α_i

$2z/b$	l/b											
	1.0	1.2	1.4	1.6	1.8	2.0	3.0	4.0	5.0	6.0	10.0	条形
0.0	1.000	1.000	1.000	1.000	1.000	1.000	1.000	1.000	1.000	1.000	1.000	1.000
0.2	0.994	0.995	0.996	0.996	0.996	0.997	0.997	0.997	0.997	0.997	0.997	0.997
0.4	0.960	0.968	0.972	0.974	0.975	0.976	0.977	0.977	0.977	0.977	0.977	0.977
0.6	0.892	0.910	0.920	0.926	0.930	0.932	0.936	0.936	0.937	0.937	0.937	0.937
0.8	0.800	0.830	0.848	0.859	0.866	0.870	0.878	0.880	0.881	0.881	0.881	0.881
1.0	0.701	0.740	0.766	0.782	0.793	0.800	0.814	0.817	0.818	0.818	0.818	0.818
1.2	0.606	0.651	0.682	0.703	0.717	0.727	0.748	0.753	0.754	0.755	0.755	0.755
1.4	0.522	0.569	0.603	0.628	0.645	0.658	0.685	0.692	0.694	0.695	0.696	0.696
1.6	0.449	0.496	0.532	0.558	0.578	0.593	0.627	0.636	0.639	0.640	0.642	0.642
1.8	0.388	0.433	0.469	0.496	0.517	0.534	0.573	0.585	0.590	0.591	0.593	0.593
2.0	0.336	0.379	0.414	0.441	0.463	0.481	0.525	0.540	0.545	0.547	0.549	0.550
2.2	0.293	0.333	0.366	0.393	0.416	0.433	0.482	0.499	0.505	0.508	0.511	0.511
2.4	0.257	0.294	0.325	0.352	0.374	0.392	0.443	0.462	0.470	0.473	0.477	0.477
2.6	0.226	0.260	0.290	0.315	0.337	0.355	0.408	0.429	0.438	0.442	0.446	0.447
2.8	0.201	0.232	0.260	0.284	0.304	0.322	0.377	0.400	0.410	0.414	0.419	0.420
3.0	0.179	0.208	0.233	0.256	0.276	0.293	0.348	0.373	0.384	0.389	0.395	0.396
3.2	0.160	0.187	0.210	0.232	0.251	0.267	0.322	0.348	0.360	0.366	0.373	0.374

2z/b	l/b											
	1.0	1.2	1.4	1.6	1.8	2.0	3.0	4.0	5.0	6.0	10.0	条形
3.4	0.144	0.169	0.191	0.211	0.229	0.244	0.299	0.326	0.339	0.345	0.353	0.354
3.6	0.131	0.153	0.173	0.192	0.209	0.224	0.278	0.305	0.319	0.327	0.335	0.337
3.8	0.119	0.139	0.158	0.176	0.192	0.206	0.259	0.287	0.301	0.309	0.318	0.320
4.0	0.108	0.127	0.145	0.161	0.176	0.190	0.241	0.269	0.285	0.293	0.303	0.305
4.2	0.099	0.116	0.133	0.148	0.163	0.176	0.225	0.254	0.270	0.278	0.290	0.292
4.4	0.091	0.107	0.123	0.137	0.150	0.163	0.211	0.239	0.255	0.265	0.277	0.280
4.6	0.084	0.099	0.113	0.127	0.139	0.151	0.197	0.226	0.242	0.252	0.265	0.268
4.8	0.077	0.091	0.105	0.118	0.130	0.141	0.185	0.213	0.230	0.240	0.254	0.258
5.0	0.072	0.085	0.097	0.109	0.121	0.131	0.174	0.202	0.219	0.229	0.244	0.248
6.0	0.051	0.060	0.070	0.078	0.087	0.095	0.130	0.155	0.172	0.184	0.202	0.208
7.0	0.038	0.045	0.052	0.059	0.066	0.072	0.100	0.122	0.139	0.150	0.171	0.179
8.0	0.029	0.035	0.040	0.046	0.051	0.056	0.079	0.098	0.113	0.125	0.147	0.158
9.0	0.023	0.028	0.032	0.036	0.041	0.045	0.064	0.081	0.094	0.105	0.128	0.140
10.0	0.019	0.022	0.026	0.030	0.033	0.037	0.053	0.067	0.079	0.089	0.112	0.126
12.0	0.013	0.016	0.018	0.021	0.023	0.026	0.038	0.048	0.058	0.066	0.088	0.106
14.0	0.010	0.012	0.013	0.015	0.017	0.019	0.028	0.036	0.044	0.051	0.070	0.091
16.0	0.007	0.009	0.010	0.012	0.013	0.015	0.022	0.028	0.034	0.040	0.057	0.079
18.0	0.006	0.007	0.008	0.009	0.011	0.012	0.017	0.023	0.028	0.032	0.047	0.071
20.0	0.005	0.006	0.007	0.008	0.009	0.010	0.014	0.018	0.023	0.027	0.040	0.064
25.0	0.003	0.004	0.004	0.005	0.006	0.006	0.009	0.012	0.015	0.018	0.027	0.051
30.0	0.002	0.003	0.003	0.003	0.004	0.004	0.006	0.008	0.010	0.012	0.019	0.042
35.0	0.002	0.002	0.002	0.003	0.003	0.003	0.005	0.006	0.008	0.009	0.015	0.037
40.0	0.001	0.001	0.002	0.002	0.002	0.002	0.004	0.005	0.006	0.007	0.011	0.032

注:l—基础长度(m);b—基础宽度(m);z—计算点离基础底面竖向距离(m)。

K.0.2 应力修正系数 δ_m 可按表 K.0.2 确定。

表 K.0.2 应力修正系数 δ_m

L/B ＼ h/B	0.2	0.3	0.4	0.6	0.8	1.0	1.2	1.4	1.6	1.8	2.0
1	1.000	0.954	0.899	0.816	0.750	0.702	0.663	0.633	0.608	0.588	0.570
1.1	1.000	0.960	0.905	0.819	0.756	0.707	0.669	0.638	0.613	0.593	0.575
1.2	1.000	0.965	0.911	0.825	0.762	0.713	0.674	0.643	0.618	0.597	0.580
1.3	1.000	0.970	0.916	0.830	0.767	0.718	0.680	0.649	0.623	0.602	0.585
1.4	1.000	0.975	0.921	0.836	0.772	0.723	0.685	0.653	0.628	0.607	0.589
1.5	1.000	0.979	0.925	0.840	0.777	0.728	0.689	0.658	0.633	0.611	0.594
1.6	1.000	0.983	0.929	0.845	0.782	0.733	0.694	0.663	0.637	0.616	0.598
1.7	1.000	0.987	0.933	0.849	0.786	0.737	0.699	0.667	0.642	0.620	0.602
1.8	1.000	0.990	0.937	0.854	0.791	0.742	0.703	0.672	0.646	0.624	0.606
1.9	1.000	0.993	0.941	0.857	0.795	0.746	0.707	0.676	0.650	0.629	0.610
2.0	1.000	0.996	0.944	0.861	0.799	0.750	0.711	0.680	0.654	0.632	0.616
2.2	1.000	1.000	0.950	0.868	0.806	0.758	0.719	0.688	0.662	0.640	0.622
2.4	1.000	1.000	0.954	0.874	0.813	0.765	0.726	0.695	0.669	0.647	0.629
2.6	1.000	1.000	0.959	0.879	0.818	0.771	0.733	0.701	0.675	0.654	0.635
2.8	1.000	1.000	0.962	0.884	0.824	0.776	0.738	0.707	0.682	0.660	0.641
3.0	1.000	1.000	0.965	0.888	0.828	0.782	0.744	0.713	0.687	0.665	0.647
3.2	1.000	1.000	0.967	0.891	0.832	0.786	0.749	0.718	0.692	0.671	0.652
3.4	1.000	1.000	0.969	0.894	0.836	0.790	0.753	0.722	0.697	0.675	0.657
3.6	1.000	1.000	0.970	0.897	0.839	0.794	0.757	0.727	0.701	0.680	0.661
3.8	1.000	1.000	0.971	0.899	0.842	0.797	0.761	0.730	0.705	0.684	0.666
4.0	1.000	1.000	0.972	0.900	0.845	0.800	0.764	0.734	0.709	0.687	0.669
4.2	1.000	1.000	0.972	0.902	0.847	0.803	0.767	0.737	0.712	0.691	0.673
4.4	1.000	1.000	0.973	0.903	0.849	0.805	0.769	0.740	0.715	0.694	0.676
4.6	1.000	1.000	0.973	0.904	0.850	0.807	0.772	0.742	0.718	0.697	0.679

L/B ＼ h/B	0.2	0.3	0.4	0.6	0.8	1.0	1.2	1.4	1.6	1.8	2.0
4.8	1.000	1.000	0.972	0.905	0.851	0.809	0.774	0.744	0.720	0.699	0.681
5.0	1.000	1.000	0.972	0.905	0.853	0.810	0.775	0.746	0.722	0.701	0.683
5.2	1.000	1.000	0.972	0.906	0.854	0.811	0.777	0.748	0.724	0.703	0.686
5.4	1.000	1.000	0.971	0.906	0.854	0.813	0.778	0.750	0.726	0.705	0.687
5.6	1.000	1.000	0.971	0.906	0.855	0.816	0.780	0.751	0.727	0.707	0.689
5.8	1.000	1.000	0.970	0.906	0.856	0.815	0.781	0.753	0.729	0.708	0.691
6.0	1.000	1.000	0.970	0.906	0.856	0.815	0.782	0.754	0.730	0.710	0.692
6.2	1.000	1.000	0.969	0.906	0.856	0.816	0.783	0.755	0.731	0.711	0.693
6.4	1.000	1.000	0.968	0.906	0.857	0.816	0.783	0.756	0.732	0.712	0.695
6.6	1.000	1.000	0.968	0.906	0.857	0.817	0.784	0.756	0.733	0.713	0.696
6.8	1.000	1.000	0.967	0.906	0.857	0.817	0.785	0.757	0.734	0.716	0.697
7.0	1.000	1.000	0.966	0.906	0.857	0.818	0.785	0.758	0.734	0.715	0.697
7.2	1.000	1.000	0.966	0.905	0.857	0.818	0.785	0.758	0.735	0.715	0.698
7.4	1.000	1.000	0.965	0.905	0.857	0.818	0.786	0.759	0.736	0.716	0.699
7.6	1.000	1.000	0.964	0.905	0.857	0.818	0.786	0.759	0.736	0.717	0.699
7.8	1.000	0.999	0.964	0.905	0.857	0.819	0.787	0.760	0.737	0.717	0.700
8.0	1.000	0.998	0.963	0.904	0.857	0.819	0.787	0.760	0.737	0.718	0.701
8.2	1.000	0.998	0.963	0.904	0.857	0.819	0.787	0.760	0.737	0.718	0.701
8.4	1.000	0.997	0.962	0.904	0.857	0.819	0.787	0.761	0.738	0.718	0.701
8.6	1.000	0.996	0.962	0.904	0.857	0.819	0.787	0.761	0.738	0.719	0.702
8.8	1.000	0.996	0.961	0.903	0.857	0.819	0.788	0.761	0.738	0.719	0.702
9.0	1.000	0.995	0.961	0.903	0.857	0.819	0.788	0.761	0.739	0.719	0.702
9.2	1.000	0.994	0.960	0.903	0.857	0.819	0.788	0.761	0.739	0.720	0.703
9.4	1.000	0.994	0.960	0.903	0.857	0.819	0.788	0.762	0.739	0.720	0.703
9.6	1.000	0.993	0.959	0.903	0.857	0.819	0.788	0.762	0.739	0.720	0.703

续表K.0.2

L/B \ h/B	0.2	0.3	0.4	0.6	0.8	1.0	1.2	1.4	1.6	1.8	2.0
9.8	1.000	0.993	0.959	0.902	0.857	0.819	0.788	0.762	0.739	0.720	0.704
10.0	1.000	0.993	0.959	0.902	0.857	0.819	0.788	0.762	0.740	0.720	0.704

注:L—基坑长(m);B—基坑宽(m);h—挖深(m)。

附录 L 图 例

表 L-1 一般图例

图例	名称	说明
	拟建建筑物	线粗 1.2 mm
	已建建筑物	线粗 0.3 mm

表 L-2 勘探测试图例

图例	名称	说明
k19 3.72 42.50 1.00	孔号 ◯ 孔口高程 孔深 ◯ 稳定水位埋深	直径 4.0 mm,线粗 0.3 mm (小钻孔直径 2.5 mm)
	取土样钻孔	直径 4.0 mm,线粗 0.3 mm
	控制性孔	直径 4.0 mm,线粗 0.3 mm
	抽水试验孔	直径 4.0 mm,线粗 0.3 mm
	注水试验孔	直径 4.0 mm,线粗 0.3 mm
	标准贯入试验孔	直径 4.0 mm,线粗 0.3 mm
	轻型动力触探孔	直径 4.0 mm,线粗 0.3 mm

图例	名称	说明
	动力触探孔	直径 4.0 mm,线粗 0.3 mm
	静力触探试验孔(单桥)	直径 4.0 mm,线粗 0.3 mm
	静力触探试验孔(双桥)	直径 4.0 mm,线粗 0.3 mm
	十字板剪切试验孔	直径 4.0 mm,线粗 0.3 mm
	波速测试孔	直径 4.0 mm,线粗 0.3 mm
	旁压试验孔	直径 4.0 mm,线粗 0.3 mm
	扁铲侧胀试验孔	直径 4.0 mm,线粗 0.3 mm
	电测井点	直径 4.0 mm,线粗 0.3 mm
	场地微振动测试孔	直径 4.0 mm,线粗 0.3 mm
	地下水长期观测孔及编号	符号左侧数字为点的编号
	应力应变观测孔及编号	符号左侧数字为点的编号
	载荷试验点及编号	高 7.0 mm,宽 6.0 mm,编号圈直径 3 mm

图例	名称	说明
① ▽	振动载荷试验点及编号	高 7.0 mm,宽 6.0 mm,编号圈直径 3 mm
②	块体强迫振动试验点及编号	高 7.0mm,宽 6.0 mm
③	桩试验点及编号	高 10.0 mm
○ 编号/孔深 2.5	简易钻孔	直径 2.5 mm,线粗 0.3 mm
3	井斜测量点及编号	直径 4.0 mm,线粗 0.3 mm
2 ⊖	井径测试点及编号	直径 4.0 mm,线粗 0.3 mm
	钻孔	孔柱粗 1 mm～1.5 mm
	探井(槽)	槽宽 3.0 mm
	静力触探试验孔(单桥)	孔柱粗 0.5 mm,曲线粗 0.2 mm
	静力触探试验孔(双桥)	孔柱粗 0.5 mm,曲线粗 0.2 mm
	动力触探孔	孔柱粗 0.5 mm
	简易钻孔(铲孔、轻便钻、钎探)	孔柱粗 0.5 mm

续表 L-2

图例	名称	说明
5 · ③ 1 ▽ (4) —10.00 (-6.28) —40.00	取土编号 层号 标贯编号(击数) 分层深度(标高) 终孔深度	直径 2 mm 边长 2 mm

表 L-3　工程物探图例

图例	名称	说明
1 ⊘	电测深点及编号	直径 4 mm
3 ⊖	磁探点及编号	直径 4 mm
2 ⊗	地震爆炸点及编号	直径 4 mm

表 L-4　土类图例

图例	名称	说明
	杂填土	线粗 0.3 mm,右斜 45°角
	素填土	线粗 0.3 mm,斜线 45°角
	冲填土(吹填土)	线粗 0.3 mm
	耕土	高 4 mm

图例	名称	说明
	淤泥	波纹长度为 3 mm~4 mm
	淤泥质黏土	线粗 0.3 mm,右斜 45°角
	淤泥质粉质黏土	线粗 0.3 mm,右斜 45°角
	泥炭	高 4.0 mm
	有机质土	高 4.0 mm
	黏土	线粗 0.3 mm,右斜 45°角
	粉质黏土	线粗 0.3 mm,右斜 45°角
	黏质粉土	线粗 0.3 mm,右斜 45°角
	砂质粉土	线粗 0.3 mm,右斜 45°角
	黏土夹砂	线粗 0.3 mm,右斜 45°角
	粉砂	—
	细砂	—

续表 L-4

图例	名称	说明
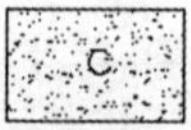	粗砂	—
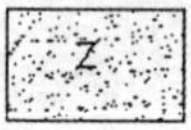	中砂	—
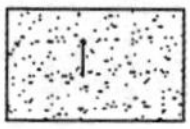	砾砂	小圆圈直径小于 0.8 mm
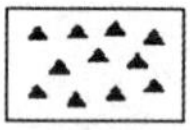	角砾	边长 1.5 mm,图中黑三角作不规则排列
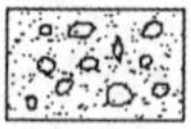	圆砾	长轴 2 mm~2.5 mm

表 L-5 分区界限及其他图例

图例	名称	说明
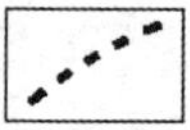	区界限	线粗 0.9 mm
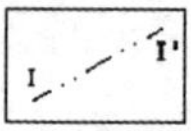	工程地质剖面线及编号	线粗 0.6 mm
	等值线	线粗 0.3 mm
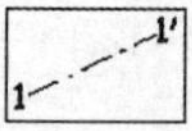	螺纹钻孔剖面及编号	—
	河床断面及编号	—
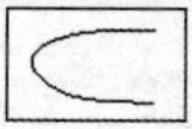	明浜	线粗 0.3 mm

图例	名称	说明
	暗浜	线粗 0.3 mm
▽	稳定水位	"▽"边长 2.0 mm

附录 M 上海市地貌类型图

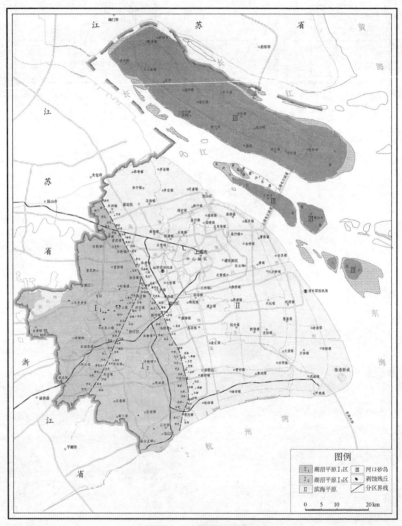

图 M 上海市地貌类型图

注:彩图请扫描封底二维码下载(下同)。

附录 N　上海市区典型土层分布图

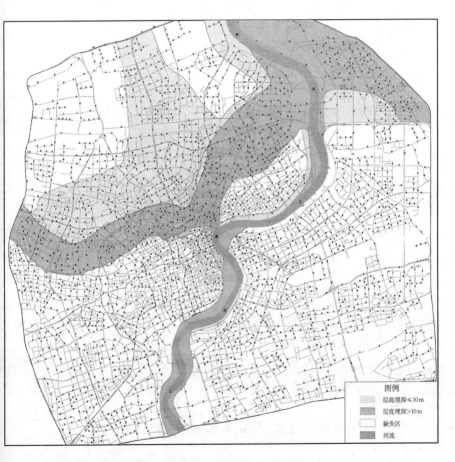

图 N-1　上海市区浅层粉性土、砂土分布图

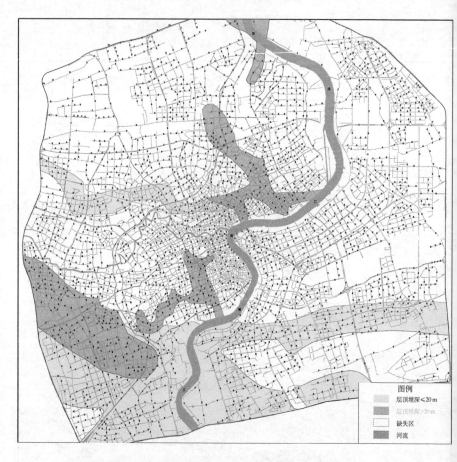

图 N-2　上海市区第⑤₂层粉性土、砂土层分布图

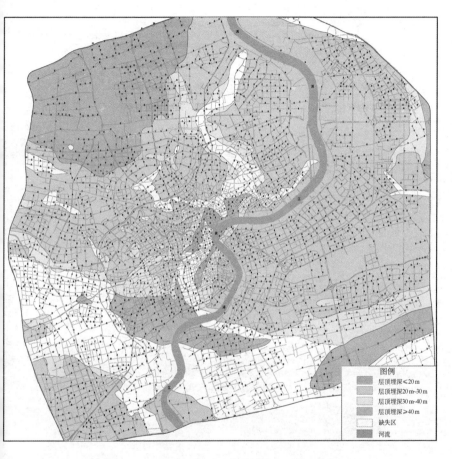

图例

	层顶埋深≤20 m
	层顶埋深20 m~30 m
	层顶埋深30 m~40 m
	层顶埋深≥40 m
	缺失区
	河流

图 N-3   上海市区第⑤₄层、第⑥层硬土层分布图

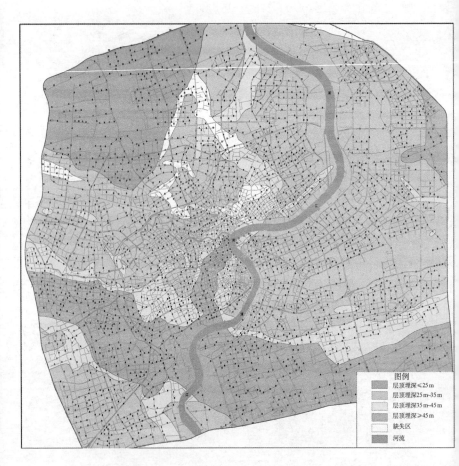

图例
层顶埋深≤25 m
层顶埋深25 m-35 m
层顶埋深35 m-45 m
层顶埋深≥45 m
缺失区
河流

图 N-4　上海市区第⑦层粉性土、砂土层分布图

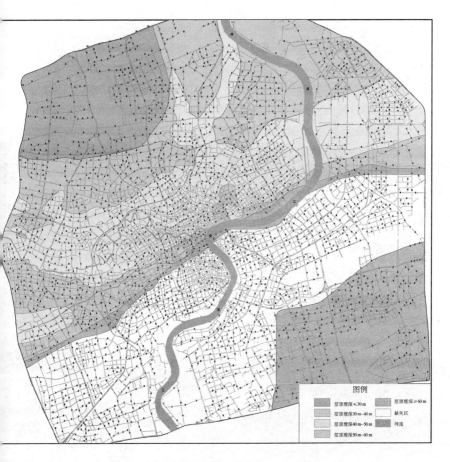

图例

层顶埋深≤30 m　　　层顶埋深≥60 m
层顶埋深30 m～40 m　缺失区
层顶埋深40 m～50 m　河流
层顶埋深50 m～60 m

图 N-5　上海市区第⑧层黏性土层分布图

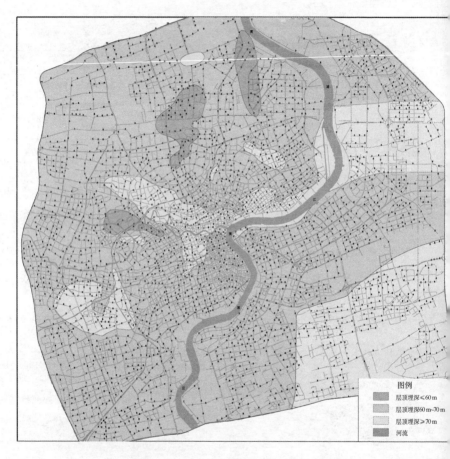

图 N-6 上海市区第⑨层砂土层分布图

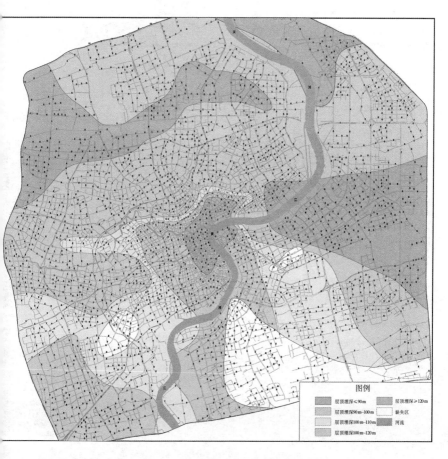

图例

层顶埋深<90 m	层顶埋深>120 m
层顶埋深90 m~100 m	缺失区
层顶埋深100 m~110 m	河流
层顶埋深100 m~120 m	

图 N-7 上海市区第⑩层黏性土层分布图

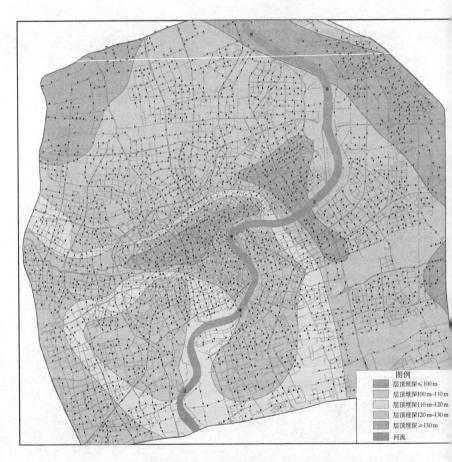

图例

层顶埋深≤100 m

层顶埋深100 m~110 m

层顶埋深110 m~120 m

层顶埋深120 m~130 m

层顶埋深≥130 m

河流

图 N-8　上海市区第⑪层砂土层分布图

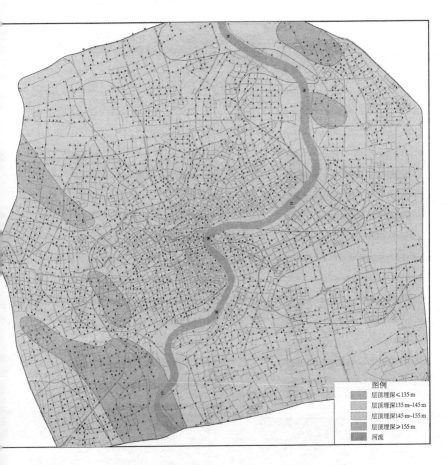

图例

▨	层顶埋深≤135 m
	层顶埋深135 m~145 m
	层顶埋深145 m~155 m
▨	层顶埋深≥155 m
▨	河流

图 N-9　上海市区第⑫层黏性土层分布图

附录 P　上海市五大新城工程地质图

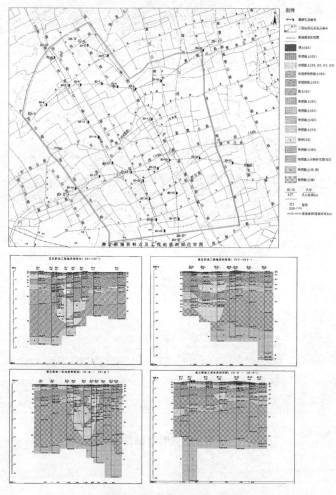

图 P-1　嘉定新城工程地质图

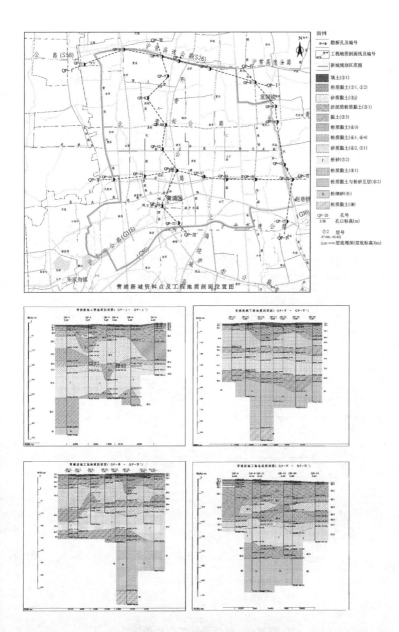

图 P-2　青浦新城工程地质图

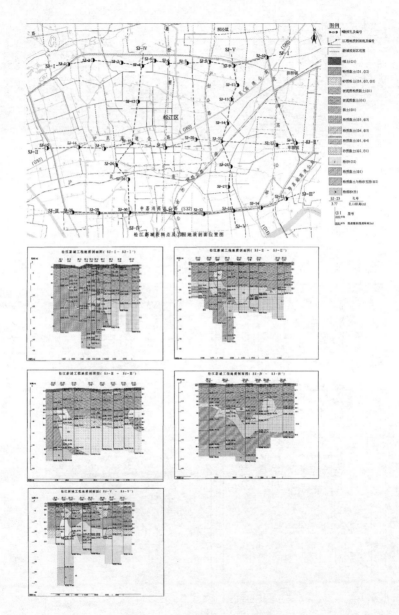

图 P-3　松江新城工程地质图

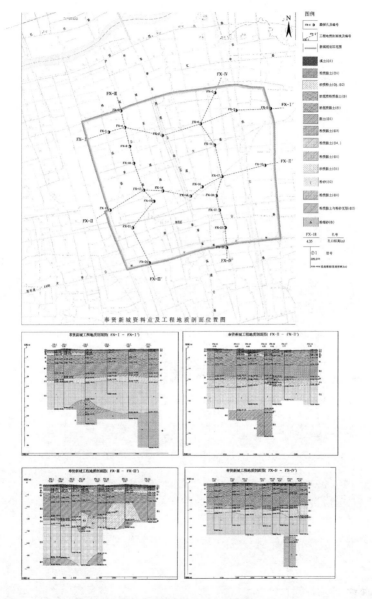

图 P-4　奉贤新城工程地质图

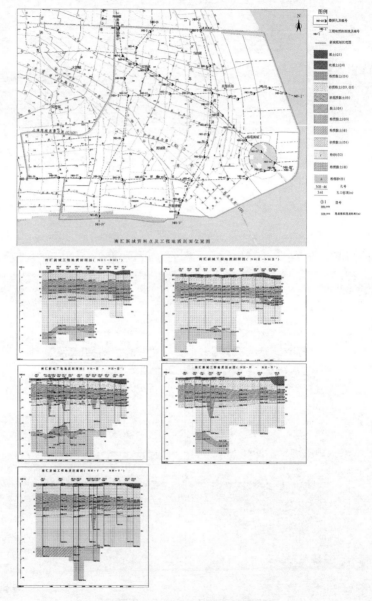

图 P-5 南汇新城工程地质图

本标准用词说明

1 为便于在执行本标准条文时区别对待,对于要求严格程度不同的用词,说明如下:

1) 表示很严格,非这样做不可的用词:
正面词采用"必须";
反面词采用"严禁"。

2) 表示严格,在正常情况下均应这样做的用词:
正面词采用"应";
反面词采用"不应"或"不得"。

3) 表示允许稍有选择,在条件许可时首先应这样做的用词:
正面词采用"宜";
反面词采用"不宜"。

4) 表示有选择,在一定条件下可以这样做的用词,采用"可"。

2 条文中指定应按其他有关标准、规范执行时,写法为"应符合……的规定"。非必须按指定的标准、规范或其他规定执行时,写法为"可参照……"。

引用标准名录

1 《建筑抗震设计规范》GB 50011

2 《岩土工程勘察规范》GB 50021

3 《土工试验方法标准》GB/T 50123

4 《地基动力特性测试规范》GB/T 50269

5 《建筑变形测量规范》JGJ 8

6 《水运工程岩土勘察规范》JTS 133

7 《水运工程抗震设计规范》JTS 146

8 《疏浚与吹填工程设计规范》JTS 181—5

9 《水工建筑物抗震设计规范》DL 5073

10 《建筑抗震设计标准》DG/TJ 08—9

11 《地基基础设计标准》DGJ 08—11

12 《建设场地污染土勘察规范》DG/TJ 08—2233

上海市工程建设规范

岩土工程勘察标准

DG/TJ 08—37—2023
J 12034—2023

条 文 说 明

2023　上海

目　次

Contents

1 总 则

1.0.1 上海市《岩土工程勘察规范》DBJ 08—37—94 是 1994 年编制的全国第一本地方性岩土工程勘察规范,并分别于 2002 年、2012 年各修订过一次,本次是第三次修订。

上海市《岩土工程勘察规范》DGJ 08—37—2012(以下简称"原规范")实施以来,对保证勘察工作质量、促进岩土工程技术进步起到了应有的作用。本次修订基本保持原规范的总体框架,仅作局部调整:补充了近年来发展的新技术和积累的新经验;改正和删除了某些不适当、不确切的条款;按住房和城乡建设部《工程建设标准编写规定》的体例进行编写;与相关技术标准、规范进行了协调,并按新颁布的国家标准《工程勘察通用规范》GB 55017—2021 对条文进行了修订。

1.0.2 原规范的适用范围已扩大到建筑工程、市政工程、地下工程、港口工程及水利工程,与现行上海市建设工程规范《地基基础设计标准》DGJ 08—11 的适用范围一致。根据上海市工程建设的发展,本次修订增加了市域铁路、有轨电车的勘察要求,考虑上海地区市域铁路建设与原纳入市政工程类的城市轨道交通在建筑类型、施工工法方面均基本一致,故合并后单列"隧道工程与轨道交通工程"章。考虑"大面积堆土工程""废弃物处理工程""污染土处置工程"均属于环境工程,故将该三种工程类型从原"市政工程勘察"章单列出来,形成"环境工程勘察"章。环境工程勘察涉及"环境岩土工程问题",根据现行国家标准《岩土工程基本术语标准》GB/T 50279 的定义,环境岩土工程是利用岩石力学、土力学的基本理论、技术和方法,研究和解决与环境有关的岩土工程问题,为治理和保护环境服务的科学技术。因此,在进行废弃物处理工程、污染土处置工程勘察工作时,需要融合岩土工程与环境工程两个专业领域的相关要求,除执行本标准的要求外,还需遵守其他有关规范、标准的规定。

本标准未涉及电力工程构筑物的勘察。开展此类工程勘察,尚应符合电力行业相关规范、标准的要求。

1.0.3 勘察纲要是勘察工作实施的指导文件,本条强调了编制勘察纲要的重要性、必要性和针对性。实际工程中应严格做到先编制勘察纲要,后实施勘察作业。

1.0.4 综合测试方法,是指对岩土体工程特性采用原位测试、工程物探和室内试验等多种技术或手段,进行综合分析和相互印证的测试方法。原位测试方法可客观、准确、快速地获取土层参数,在上海地区已得到了充分应用。水文地质试验可获得水文地质参数,物探方法也可辅助查明污染水土、杂填土等分布,因此本次修订倡导积极运用综合测试手段查明工程地质条件。勘察成果文件是设计与施工的重要依据,本次修订强调提供资料的真实性和完整性,严禁弄虚作假。勘察报告除应客观反映场地的工程地质条件外,尚应结合地方经验和工程性质,对设计与施工可能涉及的岩土工程问题进行针对性评价,并提出结论与建议。

1.0.5 为适应国际技术法规与技术标准通行规则,2016年以来,住房和城乡建设部陆续印发《深化工程建设标准化工作改革的意见》等文件,提出政府制定强制性标准、社会团体制定自愿采用性标准的长远目标,明确了逐步用全文强制性工程建设规范取代现行标准中分散的强制性条文的改革任务,逐步形成由法律、行政法规、部门规章中的技术性规定与全文强制性工程建设规范构成的"技术法规"体系。

强制性工程建设规范实施后,现行相关工程建设国家标准、行业标准中的强制性条文同时废止。现行工程建设地方标准中的强制性条文应及时修订,且不得低于强制性工程建设规范的规定。现行工程建设标准(包括强制性标准和推荐性标准)中有关规定与强制性工程建设规范的规定不一致的,以强制性工程建设规范的规定为准。

　　强制性工程建设规范具有强制约束力,是保障人民生命财产安全、人身健康、工程安全、生态环境安全、公众权益和公众利益,以及促进能源资源节约利用、满足经济社会管理等方面的控制性底线要求,工程建设项目的勘察、设计、施工、验收、维修、养护、拆除等建设活动全过程中必须严格执行。与强制性工程建设规范配套的推荐性工程建设标准是经过实践检验的、保障达到强制性规范要求的成熟技术措施,一般情况下也应当执行。

3 工程地质条件

3.1 地形地貌

3.1.1 本条对上海地区的地理位置及地基土成因、地形进行概述。据"上海市地图集"记载,上海地区陆地形成和演变可分几个阶段,距今约 6500~5000 年,在今嘉定、外冈至漕泾一带以东,形成了一道条带状的滨岸贝壳砂堤,俗称"冈身"。"冈身"形成时,其西面的淀泖地区是大片湖泊,随古太湖逐渐淤浅而形成潟湖沼泽平原,地势较低,是上海低洼地的主要分布区域。"冈身"以东陆地,是公元一至三世纪以后由长江南岸边滩不断加速淤涨形成。公元八至十世纪时,海岸已在月浦、北蔡、周浦、下沙至奉城一线,形成了下沙捍海塘。公元十至十三世纪(宋代),岸线逐渐东移,南宋孝宗乾道八年(1172 年)筑起了里护塘,海岸线已位于今老宝山城和川沙、南汇县城。然后逐渐向西南转折至大团、奉城、柘林、金山卫一线。此后,上海东部海岸的成陆速度逐渐减慢,人们不断修筑塘堤,围海造田。清雍正十一年间(1733 年)里护塘东侧备塘加固,称为钦公塘。二十世纪初的圩塘,经整修加固成人民塘。这些历史演变、城市沿革,是上海成陆年代的佐证(附宋、明、清时期的上海地区图,见图 3-1~图 3-3)。

3.1.2 上海地区工程建设一般采用吴淞高程系统,从本市测绘行政主管部门定期发布的高程基准点引测,使用时需注明成果发布时间。

3.1.3 上海市《岩土工程勘察规范》1994 版及 2002 版中涉及四大地貌类型,主要包括湖沼平原、滨海平原、河口砂嘴砂岛和潮坪。

图 3-1　宋—元时期的上海地区图

图 3-2　明代时期的上海地区图

图 3-3 清代时期的上海地区图

2002 年版修订对地貌类型以及湖沼平原与滨海平原的界线作局部调整如下。

（1）增加了剥蚀残丘地貌类型

考虑上海已有多项工程建设涉及上海西部剥蚀残丘，2012 年版修订增加了"剥蚀残丘"地貌类型。剥蚀残丘地貌指松江、金山境内的北竿山、佘山、凤凰山、辰山、天马山、钟家山、横山、小昆山、秦皇山、查山、大金山等。

（2）恢复以"冈身"作为湖沼平原与滨海平原的地貌分界线

1994 年版与 2002 年版的上海市《岩土工程勘察规范》，湖沼平原与滨海平原的地貌界线划分原则是按地表下 15 m 深度范围内有无浅部暗绿色硬土层分布，改变了按"冈身"划分地貌界线的原则。

众所周知，贝壳沙堤（俗称"冈身"）是滨海后滨带滩脊的标志，滩脊面后侧即指示海岸线所在。"冈身带"形成于距今约6500～5000 年，呈北北西－南南东走向，北起嘉定，外冈等地，向南延伸到金山漕泾、奉贤柘林，宽约 2 km～8 km 不等，断续延长约 70 km。考虑地貌类型的划分首先应根据地貌特征，同一地貌类型内的地层差异可进一步划分为亚区，因此 2012 年版规范修订恢复以"冈身"作为湖沼平原与滨海平原的地貌分界线。再根据深度 15 m 以浅有无暗绿色硬土层将湖沼平原区划分为两个亚区：Ⅰ-1 区和Ⅰ-2 区。Ⅰ-1 区位于湖沼平原西部，在 30 m 深度范围内分布两层硬土层或第一硬土层埋藏较浅（小于 15 m）；Ⅰ-2 区位于湖沼平原东南部，其地层分布特征接近于滨海平原。Ⅰ-1 区和Ⅰ-2 区的分界线根据上海市已有的地质资料及规范修订配套课题"上海潟湖沼泽平原区工程地质条件研究"综合确定。

原规范中上海地貌类型划分为 5 种，分别为湖沼平原、滨海平原、河口砂嘴砂岛、潮坪和剥蚀残丘。

根据《上海地质环境演化与工程环境效应研究》（严学新、史玉金、周念清等著，科学出版社）科研成果以及上海城市建设发展和生态环境保护,本次修订在地貌单元划分上又作了如下调整。

(1) 除崇明、长兴、横沙三岛(以下简称三岛)外的河口砂嘴、砂岛地貌以及潮坪分区并入滨海平原区

原规范对位于顾路、合庆、蔡路、江镇、盐仓、大团一线以东,奉城、柘林、漕泾、金山卫一线以南的沿海陆域地区和三岛均划分为河口、砂嘴、砂岛地貌类型。根据《上海地质环境演化与工程环境效应研究》,该地区从沉积环境类型及地层结构上与滨海平原地区并没有差别。其一致性说明如下:

a) 沉积环境一致

原规范中除三岛外陆域地区的河口砂嘴、砂岛区与滨海平原区的分界线按照 1700 年前的海岸线确定,而滨海平原区大部分地区亦处在 6000 年以前海岸线以东地区。其沉积环境一致,是经潮流、波浪作用沿东海岸沉积而成,包括"冈身"以东至长江南岸之间的坦荡平原。

b) 地层结构一致

根据该地区 1∶25000 工程地质结构调查成果以及大量的工程勘察资料,该区地基土层的层序与滨海平原区基本一致。全新统与更新统分界的标志层⑥暗绿~褐黄色黏性土层大部分地区均有分布,层顶标高一般为 -18 m~ -24 m,厚度一般为 2 m~6 m;上海地区良好桩基持力层⑦层均有分布,埋深在 26 m~40 m,厚度较大;软土层亦均有分布。以上特点与滨海平原区相近,而与三岛区则差别较大,三岛区均受到晚更新世晚期古长江切割,暗绿色硬土层(⑥)均缺失,第⑦层大部分地区也因侵蚀而缺失。

此外,该区的潮坪地貌区现大部分为建成区,已不是潮间带,如奉贤的奉新镇、星火农场,南汇的五四农场、芦潮港农场、东海农场等,其成因环境与滨海平原区也一致。故本次修订也将这些区域纳入滨海平原区。

(2) 三岛的地貌类型名称调整为河口砂岛

根据《上海地质环境演化与工程环境效应研究》,三岛属于三

角洲平原,是由于受地球自转产生的科氏力作用,使挟带大量泥沙下泄的长江径流与落潮流会合偏向长江口南岸,在口门区泥沙淤落而成,因此其地貌类型的名称调整为河口砂岛。

(3)潮坪地貌单元在图上不再表示

潮坪俗称"潮间带",原规范将东南部沿江、沿海地区的潮间带划分为潮坪地带,其范围逐渐向水域伸展。随着近年人工围垦,原浦东、奉贤、金山的潮坪地带均为建成区,大堤外大部分已直接为长江水域或东海、杭州湾海域,仅局部存在小范围的潮间带(潮坪);崇明三岛大堤外的边滩(属潮坪地带)范围较大。考虑目前上海市域的长江口和沿海尚无权威部门发布海域地形图,因此本次修订地貌单元划分时仅针对陆域,大堤外的边滩(潮坪地带)和处于海域的三角洲前缘及前三角洲地貌,修订时不涉及。潮坪地貌单元在附录M"上海市地貌类型图"上不表示,但工程建设涉及时,仍应根据具体情况划分。

因此,本次修订将上海境内陆域的地貌类型分为湖沼平原、滨海平原、河口砂岛和剥蚀残丘四大类。

3.2 地基土名称

3.2.1,3.2.2 土层的定名与划分应根据具体工程场地的地基土情况经综合分析后确定:当土性比较均一时,宜按土试成果定名;当土性差异较大时,宜综合野外编录和原位测试成果定名。对第⑤$_1$层和第⑧层土定名时,应予以谨慎考虑,部分区段第⑤$_1$层以黏土夹薄层粉砂形式出现,土试成果可能定名为淤泥质粉质黏土,但当 $p_s > 1.0$ MPa 时,土层定名可不冠以"淤泥质";第⑧层为正常固结土至轻度超固结土,一般不冠以"淤泥质"。

码头、桥梁等水工构筑物建设经常涉及新近沉积的表部淤泥,现行行业标准《水运工程岩土勘察规范》JTS 133 中淤泥性土的分类包括淤泥质土、淤泥和流泥,详见本标准第 8.1 节条文说明。本条根据上海地区实际情况,未涉及"流泥",当天然含水量大于液限且天然孔隙比大于或等于 1.5 时均划分为淤泥。当港口工程勘察有明确要求时,可按《水运工程岩土勘察规范》JTS 133 规定进行分类与定名。

3.2.4 本条是人工填土的分类。

2 当填料以碎石、砂土、粉土为主时,定名时前面宜冠以主要成分,如碎石素填土、粉砂或细砂素填土、粉土素填土等。道路路基层由碎石、黏性土、砂土等间夹组成,虽涉及多种填料,但成层分布,性质较为均匀,可划分为素填土,宜定名为路基素填土。

3.3 地基土性质

3.3.1 上海地区除少数剥蚀残丘有岩石露头外,覆盖了巨厚的第四系松散沉积物,以天马山和秦皇山凸起为脊顶,分别向西南和东北倾伏,西南的枫泾凹陷最大基岩埋深达 280 m,东北的崇明凹陷最大基岩埋深达 480 m,市区基岩埋深一般为 200 m～300 m。需要说明的是,上海市区宜山路、钦州路附近基岩埋深仅 60 m～70 m,分布范围约 2 km^2～3 km^2。

需要说明的是,考虑上海地区基岩露头少,绝大多数工程仅涉及土基,本标准对勘察的要求仅适用于土基。对剥蚀残丘地区的勘察可参照国家及行业的相关技术标准。

根据《上海市城市总体规划(2017—2035 年)》提出的主城区概念,上海主城区从外环内,扩大为中心城区(外环内)+主城片区+高东桥镇、高东镇,主城片区分别为虹桥、宝山、川沙、闵行,每个主城片区中有 1 个城市副中心。本标准所指的市区为外环内的中心城区。

3.3.2 本次对湖沼平原 I-1 区的物理力学指标统计项目数由 60 项增加到 100 项,对附录 D"湖沼平原 I-1 区地基土层物理力学性质指标统计表"中的参数作了相应调整。

但应注意:湖沼平原区由于沉积环境的差异,浅层地基土的物理力学性质与滨海平原区有差异。相对于滨海平原区,湖沼平原区浅层地基土室内试验得出的物理力学指标偏高,而原位测试得到的力学指标偏低,存在不匹配,如第③层软弱黏性土含水量、孔隙比等物理指标小于滨海平原区第③层土,固结快剪 c、φ 值一般大于滨海平原区,但原位测试静探 p_s 值比滨海平原区第③层反而小。近年来工程实践也发现,湖沼平原区软土引起基桩偏位、基坑变形大,甚至坍塌等事故时有发生,因此湖沼平原区浅层地基土参数的取值应结合原位测试成果与工程经验合理确定。

勘察期间应关注Ⅰ-1区土层的分布特征:

(1)湖沼平原区表层分布的有机质土或泥炭质土,具有分布不连续、厚度薄、埋藏深度不一等特点,勘察时应注意查明其分布特征及其性质。

(2)第⑥层各亚层具有分布不连续性、土性不均等特点,局部区域缺失第一硬土层或缺失第二硬土层,第⑥₂层粉性土、砂土在不同区域土性和厚度变化大。

(3)除局部地区第⑦层粉土、粉砂层厚度大、状态佳外,大部分区域该层厚度不大,甚至局部区域缺失。

Ⅰ-1区和Ⅰ-2区交界带上,宜根据具体的地层分布特征确定地貌亚单元。

3.3.3 本次修订收集整理滨海平原区中深部土层的特殊性指标,如三轴 UU、三轴 CU 及高压固结试验指标进行统计分析,对附录 E"滨海平原区地基土层物理力学性质指标统计表"作了补充完善。

1 第①₃层江滩土距今年代较近,土质不均,含螺壳、贝壳碎屑及棕丝等杂质,以黏质粉土为主,局部夹较多淤泥质土,部分地区为砂质粉土。主要分布于黄浦江两岸及沙岛、浅滩、江底表部,上海境内一些老河道,如苏州河、蕰藻浜、漕河泾、新泾港等,沿岸也有类似的江(河)滩土分布,具有结构性差、易受扰动等特点,需要注意与第②₃层的区别。局部区域江滩土的底界深度可达20 m以上。

本次修订将浦东、奉贤、金山区沿长江、沿海的潮坪地貌纳入滨海平原Ⅱ区,原潮滩上沉积年代较新的粉性土的土层编号可仍为第①₃层;人类活动围垦的吹填土、回填土属于填土,可按其土性特征划分亚层、次亚层。

3 滨海平原部分区域浅部分布的粉性土、粉砂系受吴淞江等故河道影响,一般呈松散~稍密状,局部为中密状;滨海平原东南部的沿长江、沿海地带浅部亦普遍分布粉性土、粉砂,系经潮流、波浪作用沿海岸沉积而成,一般呈中密状,局部呈稍密或密实状。勘察时可根据其土性差异、密实度变化划分次亚层。

需要说明的是,故河道和古河道形成的地质时代不同,沉积的土性也有差异。上海地区的故河道形成于全新世晚期(Q_4^3),河道中主要沉积了粉性土、粉砂,局部夹多量黏性土,如第①₃层、第②₃层。古河道形成于13~11 ka BP的晚冰阶末期,地质时代属于晚更新世末期,古河道中通常沉积了第⑤₂层粉性土或粉砂、第⑤₃层黏性土。

4 第③层土中一般夹有薄层粉性土或粉砂,当达到一定厚度时,宜划分亚层;第④层土下部受沉积环境控制,局部地段分布灰色粉性土或粉砂层,勘察时宜根据情况细分亚层。

5 第⑤₂层灰色粉性土或粉砂,土质不均,局部夹较多黏性土,在市区南部分布范围较广,在市中心及北部地区呈零星状分布,层顶标高一般为−15 m~−20 m,厚度变化很大,其分布范围详见附录N中图N-2。古河道中沉积土层土性差异大,第⑤₃层黏性土中局部分布有粉性土、粉砂,呈"透镜体"状不连续分布或层状连续分布。

6 根据同济大学李从先教授《长江晚第四纪河口地层学研究》(李从先、汪品先,1998)和华东师范大学王张华教授《全新世中国长江口三维演化:海平面、气候和人类活动的影响》《中国长江三角洲南部早、中全新世水平变化与沿海环境响应:对新石器文化兴起的启示》等系列研究成果以及《上海沿江沿海城镇规划区1∶5万环境地质调查成果报告》,古河道中灰绿色土层形成于13～11 ka BP 的晚冰阶末期,地质时代属于晚更新世末期。由于海平面持续下降的结果,现上海陆域中东部地带分布的暗绿～褐黄色硬土受到时而变迁、时而分合的河网侵蚀切割,在河道切割形成的内叠阶地或河道内沉积的地层。因此,处于古河道底部的灰绿色硬土层虽地质时代上属于 Q_3,但由于处于河谷底部,沉积环境属于溺谷相,其厚度一般较薄、分布不连续或夹较多粉土,土性与台地上的河口～湖沼相第⑥层暗绿色硬土层有一定差异。考虑其工程特性的差异,且地质年代略晚,因此延续上海地区地层编号习惯,古河道中灰绿色硬土层的土层编号仍编为⑤₄,但地质时代调整为 Q_3。

根据大量的勘察资料,正常区与古河道区交界地带也分布有面积较大且稳定的暗绿～灰绿色硬土层,层顶埋深一般为 32 m～35 m,厚度一般在 2 m 以上,当时这些区域处于河岸边坡、地势较低的位置,海退之后,暴露于地表脱水氧化固结,与埋深一般为25 m～28 m 的暗绿色硬土层性质接近,宜定为第⑥层。

7 局部地区第⑧层土的中部或下部夹有厚度约 2 m～3 m 的灰绿～暗绿色硬土层,此土层为早大理冰期沉积标志。

3.3.4 本次地貌单元调整后河口砂岛地貌单元仅涉及崇明、长兴、横沙等长江口岛屿。本次修订收集整理了崇明、长兴、横沙三岛大量建设工程的勘察成果、地质调查研究成果,对地层分布特征进行整理,对附录C"河口砂岛区地基土的层次表"进行了调整。

1 河口砂岛区浅部地基土以粉性土、粉砂为主,易产生液化和流砂现象。因随长江不断冲淤形成,具有明显的沉积韵律,不同深度其间夹黏性土薄层程度不同,勘察时应加强使用原位测试手段,宜根据土性和夹黏性土情况细分亚层。勘察时,应正确评价其工程特性。

2 河口砂岛区第⑤层分布复杂,有些区域(如崇明东滩)第④层淤泥质黏土下均为软弱黏性土层,层底深度达 60 m 以上;但较大范围约 30 m 以深以粉性土、粉砂以及黏砂互层土为主,该类土具有较明显的沉积韵律特征。勘察时,宜根据土性及其韵律特征细分亚层、次亚层。崇明岛局部地区具有此类韵律特征的粉土与黏性土互层土最大深度可达 70 m 以上。

3 本次在梳理河口砂岛地层分布特征时,对埋藏深度在 60 m 以浅、静探 p_s 值 10 MPa 以上的密实粉砂按第⑦层考虑。第⑦层在本区仅局部分布,最浅层顶埋深约 45 m。

4 本次修订梳理了崇明三岛的深孔资料,大部分区域第⑦层与第⑨层直接相连,第⑧层纯黏性土很少揭遇;部分地区第⑦层和第⑨层间分布的黏性土与粉砂互层土可划分为⑧₂层。

3.3.5 上海境内剥蚀残丘坡度均较平缓,山体浑圆。基岩的岩性主要为火成岩类,有中性、中酸性、酸性熔岩及火山碎屑岩。熔岩主要为安山岩、英安岩、流纹岩,碎屑岩主要为熔结凝灰岩和凝灰岩。基岩浅埋区域,浅部土层与周边湖沼平原地层基本一致,但可见残积土覆盖于基岩之上,残积土主要为砾质黏土或含砾黏土。

本节条文说明增加第四纪地质时代符号对比表(表 3-1),表中分别列出了本标准采用的地质时代符号和国际通用地质时代符号,以方便国际学术交流。

表 3-1　第四纪地质时代符号对比表

本标准采用的地质时代符号		国际通用地质时代符号	
全新世 Q_4	Q_4^3	全新世 Q_h	Q_{h3}
	Q_4^2		Q_{h2}
	Q_4^1		Q_{h1}

本标准采用的地质时代符号		国际通用地质时代符号	
晚更新世 Q_3	Q_3^2	晚更新世 Q_{p3}	Q_{p3}^2
	Q_3^1		Q_{p3}^1
中更新世 Q_2	Q_2^2	中更新世 Q_{p2}	Q_{p2}^2
	Q_2^1		Q_{p2}^1
早更新世 Q_1	Q_1^3	早更新世 Q_{p1}	Q_{p1}^3
	Q_1^2		Q_{p1}^2
	Q_1^1		Q_{p1}^1

3.4 各类地基土层分布图

3.4.1 原规范提供的《上海市区浅层粉性土及砂土分布图》《上海市区第⑤₂层粉性土、砂土层分布图》《上海市区第⑥层(暗绿色硬土层)分布图》《上海市区第⑦层(粉性土、砂土层)分布图》《上海市区第⑧层黏性土层分布图》《上海市区第⑨层砂土层分布图》对勘察方案编制、工程建设可行性研究及初步设计具有重要工程意义。本次附图修订内容包括：

1) 充分利用了本市 2012 年以来完成的勘察资料,对原有图件进行了局部调整。

2) 根据城市建设与发展的需要,增加了第⑩、⑪、⑫层分布图,深度达 150 m。该成果主要依据上海市科委项目"深层地下空间地质安全评估利用技术"科研成果。

3.4.2 上海"十四五"规划将嘉定、青浦、松江、奉贤、南汇五个新城打造为"独立的综合性节点城市"。工程地质条件是进行新城规划、建设的地质依据。

这五个新城原属于上海郊区,工程建设相对较少,对工程地质条件的研究程度较低,本次规范修编配套课题将"五个新城地质结构及参数构建研究"作为主要研究内容。基于参编单位企业数据平台、数据库以及上海地质资料信息共享平台,对各新城地层进行了梳理和统一,绘制工程地质剖面,构建各新城地质结构和地质参数体系。最后选择典型工程地质剖面作为五个新城的地质图,供工程建设可行性研究及规划设计参考使用。

4 勘察阶段、勘察等级与勘察纲要

4.1 勘察阶段

4.1.1 本标准适用范围包括建筑工程、市政工程、轨道交通工程、港口和水利工程、环境工程。各类勘察标准对勘察阶段的划分或名称有所不同,见表4-1。

表4-1 不同标准勘察阶段划分对比

标准名称	勘察阶段划分			
《岩土工程勘察标准》 DGJ 08—37	可行性研究	初步勘察	详细勘察	施工勘察
《水运工程岩土勘察规范》 JTS 133	可行性研究阶段	初步设计阶段	施工图设计阶段	施工期勘察
《堤防工程地质勘察规程》 SL 188	规划阶段	可行性研究阶段	初步设计阶段	施工地质

4.1.2 可行性研究勘察阶段可参考本标准、上海市地质平台以及邻近场地的既有勘察资料。如既有资料不能满足要求,对大型项目或特殊项目在可行性论证阶段开展可行性研究勘察时,可布置少量勘探工作量。

4.1.4 详细勘察是工程勘察四个阶段中必须进行的勘察阶段。对工程规模中小型或拟建建构筑物平面位置已确定的项目,可简化勘察阶段,直接进行详细勘察。

4.1.5 施工勘察是针对施工阶段需要解决的具体问题,由建设单位委托进行的勘察。本条规定了应进行施工勘察的几种情况。因设计变更需补充的勘察资料,属于详细勘察阶段的范畴。

4.1.6 专项勘察是根据委托方的要求针对某一专项问题进行的

勘察工作。目前工程建设下列情况(但不局限于)可能需要进行专项调查或专项勘察工作:

1) 对工程建设有重要影响的地下设施、障碍物进行专项调查;

2) 对工程周边重要的建构筑物进行工程环境专项调查;

3) 对工程降水分析有重大影响时,进行专门水文地质勘察;

4) 岸带变迁、河流冲淤及流速专项调查(穿越河流的顶管、堤岸或桥梁工程);

5) 既有道路、桥梁、堤岸加固或改扩建前的使用现状及病害调查;

6) 隧道与轨道交通工程冻结法专项试验;

7) 污染场地的专项勘察(污染严重且需进行处置与修复的工程);

8) 当拟建建构筑物对环境振动有特殊要求时,对环境振动的专项调查等。

2 当地下工程施工影响范围内存在可生储气地层时,如果不事先查明浅层天然气分布特征,未采取有效的预防措施,则易引发工程事故,造成人员伤亡。因此,本款规定应调查浅层天然气的分布与特性。上海地区与工程建设密切相关的天然气主要分布于全新世土层中,为与深层天然气区分,习惯上称为"浅层天然气"。

4.2 勘察等级

4.2.1 对于建构筑物的等级划分,主要考虑工程重要性、规模大小以及由于岩土工程问题造成破坏或影响正常使用的后果。由于涉及各行各业,很难做出全面具体的划分标准,条文中表4.2.1仅列出主要建构筑物类型。

给排水工程等级按照《工程设计资质标准》(2019年修订版)附件3-17市政行业建筑项目设计规模划分为大、中、小三种类型,见表4-2。

表4-2 给排水工程等级

建设项目	工程等级	大型	中型	小型
给水工程	净水厂	≥10	5～10	＜5
	泵站	≥20	5～20	＜5
排水工程	处理厂	≥8	4～8	＜4
	泵站	≥10	5～10	＜5

注:单位为万立方米/日。

管道工程的工程等级可按照现行行业标准《市政工程勘察规范》CJJ 56划分,见表4-3。

表4-3 管道工程等级

管道施工工法	一级	二级	三级
顶管或定向钻法	均按一级	—	—
明挖法	埋深大于8 m	埋深5 m～8 m	埋深小于5 m

根据船坞设计规范,大于或等于50000吨级船坞工程的等级为一级;5000吨～50000吨级船坞工程的等级为二级;小于或等于5000吨级船坞工程的等级为三级。考虑上海地区船坞工程一般涉及基坑开挖,其涉及的岩土工程问题同基坑工程,故表4.2.1未列入船坞工程,船坞工程的等级可根据其基坑开挖深度确定。

4.2.2 上海为软土地区,属特殊性土,建筑场地地基复杂程度仅分为复杂场地和中等复杂场地两类。线路工程或大型项目建设场地的复杂程度可根据具体情况分段或分区划分。本条根据上海地区的实际情况列出判定为复杂场地的几种情况。

3 原规范尚包括地质灾害,根据现行上海市工程建设规范

《地质灾害危险性评估技术规程》DGJ 08—2007,上海地区的灾种主要有地面沉降、地基变形、边坡失稳、砂土液化、水土突涌、水土污染、岸带冲淤和浅层天然气害。地面沉降属于区域性的灾种,对一般建设项目危害性较小,地基变形、砂土液化、水土突涌等灾种在其他条款中已有涉及,故本次删除了地质灾害。

5 上海地区微承压水通常指古河道溺谷相沉积的粉土、粉砂层(往往夹较多黏性土)中赋存的地下水,具承压性。从目前工程实践来看,微承压含水层(主要是第⑤层中粉土、粉砂)埋深较浅,具有土性不均、层位起伏较大、水文地质参数变化大等特点,如勘察时不重视,更具危险性。需要加强对微承压水分布特征(含水层顶板埋深、水位及变化、水理特性等)的查明,避免引发水土突涌等险情。

6 原规范考虑邻岸及近岸工程场地的稳定性、地下水与地表水的水力联系等问题较为特殊,增加了本款。执行以来争议比较大,如与河岸距离多远算邻岸或近岸工程。由于具体工程项目情况不一,需要从设置本款的初衷加以判断,即河道岸坡的失稳对建设项目的地基基础稳定的影响,地表水和地下水的水力联系对工程建设期和运行期安全的影响。如这两个问题对建设工程基本无影响,可不必考虑以此作为判别复杂场地的因素。

根据工程经验,需要划分为复杂场地的邻岸及近岸场地一般指邻近苏州河、黄浦江、长江、东海、杭州湾等具有潮汐变化的江(河、海)堤岸。具体应根据拟建建构筑物与江(河、海)堤岸的距离、河岸稳定性、地表水与地下水的水力联系等因素综合考虑确定。

4.2.3 与国家和行业同类的勘察规范、标准协调,中等复杂场地、三级工程的勘察等级调整为乙级。建构筑物等级应按项目中主要建构筑物确定。

4.3 勘察纲要

4.3.1 本条与现行国家标准《工程勘察通用规范》GB 55017 的规定一致。

4.3.2 本条文按详细勘察要求列出所需搜集的资料,其他勘察阶段编制纲要的资料依据可有增减。

2 纲要编制时搜集周边环境资料,目的是保障勘察作业安全和实施的可行性。因此,应重点收集拟建场地及其邻近区域地下管线、地下构筑物或障碍物的分布范围、深度等,工作量布置时尽量予以避让,方案策划阶段考虑好相应的安全保障措施。场地内及邻近的地面建构筑物、道路、河流、堆土等情况可通过踏勘了解。

3 勘察任务委托书中应强调搜集建构筑物性质(荷重、基础形式等),以使得详细勘察工作量的布置具有针对性。

4.3.3 原规范勘察纲要包括的内容规定较为原则。本次修订根据国家标准《工程勘察通用规范》GB 55017—2021 第 3.1.1 条、3.1.2 条的规定,对勘察纲要应包括的内容进行了细化。

5 建筑工程勘察

5.1 一般规定

5.1.1 本条规定了建筑工程勘察的适用范围。本次修订适用范围增加了地基处理，并增设了第5.5节"地基处理"的相关内容。

5.1.2 本条是建筑工程勘察的总体要求，强调应根据不同勘察阶段、工程性质、地基土的特点确定勘察工作量。变形控制严格的建构筑物或有其他特殊工艺和使用要求的工业厂房，应根据具体的设计要求开展勘察工作。

5.1.3 本条是选择勘察手段和确定勘察工作量的基本原则。

1 本款规定了勘探孔的平面控制范围和孔深确定的原则。各类工程采用的地基基础形式、施工工法差异大，孔深不仅要满足不同地基基础设计的要求，尚需考虑不同施工工法对勘探孔深度的要求。因此，强调勘探孔深度确定需要同时满足地基基础设计及施工工法的要求。

2 "控制性勘探孔数量不应少于勘探孔总数的1/3"是现行国家标准《工程勘察通用规范》GB 55017 的规定，该规范的条文说明也明确了"勘探孔数要求不包括为查明地层起伏而布置的钻孔"。因此，勘察过程中因土层变化大而加密的勘探孔，计算场地控制性孔比例时不计入勘探孔总数。

3 本标准所指的勘探孔不包括小螺纹钻孔、浅层勘探孔。根据上海软土地基的特点和勘察经验，鉴别孔不宜采用。轻型动力触探、静力触探试验可评价填土的均匀性，确定填土承载力。静力触探试验在上海地区应用广泛，静探曲线由于其直观性，对鉴别吹填土的土性、划分吹填土与原状土分层界线、确定吹填土的密实度等具有优势,故本次修订浅层勘探方法中增加了静力触探孔。当浅部杂填土厚度较大、填料杂,无法进行小螺纹钻具施工时,也可通过开挖探槽或浅层物探等手段查明浅部填土的分布特征。

4 静力触探和标准贯入等原位测试不但能有效鉴别土性、划分土层,而且能获得土层力学性质参数,故在勘探孔数量较多的情况下,可提高原位测试孔的比例。原规范规定原位测试孔的最高比例为 2/3,本次修订提高至 3/4。需要说明的是,勘察过程中发现局部范围基础持力层分布不稳定,为查明地层起伏而增补的原位测试孔,不属于此规定的范畴,即不计入勘探孔总数。

当场地内存在粉性土或砂土时,宜选择部分钻孔进行标准贯入试验。用于液化判别的测试孔,其测试要求应符合本标准第 10 章的相关要求。

5.1.4 详细勘察阶段每一主要土层取土或原位测试数据不少于 6 组是最低要求,大型工程勘探孔数量较多时,取土与原位测试的数量应根据具体情况适当增加。详细勘察阶段每一主要土层的 6 组原状土试样或 6 组原位测试数据、或 3 个静力触探孔测试数据(分层 p_s 值或 q_c、f_s 值),至少满足其中之一,不同测试方法的数量不可相加。本处所指原位测试主要指标准贯入试验、十字板剪切试验、扁铲侧胀试验等,不包括静力触探试验、动力触探试验。实际工程中除了关注取土与原位测试数据的数量外,还需注意土性指标的代表性。

天然地基、桩基及沉降复合桩基的主要土层指基础持力层、软弱下卧层、主要压缩层(厚度大于 5 m 的土层)。地基处理工程的主要土层指拟处理的土层和主要影响范围内的土层。基坑工程的主要土层指基坑开挖 2 倍深度范围内对基坑稳定性有重要影响的土层,一般的薄层或夹层不作为主要土层。

5.2 天然地基

5.2.2 本条为采用天然地基时勘探孔间距一般规定,实际工程中可根据建筑物规模、场地条件等调整。天然地基浅部土层变化可通过小螺纹钻孔、浅层勘探进一步查明。当场地地基土分布较复杂,且超过浅层勘探深度,又对天然地基的持力层和主要压缩层有影响时,需要加密勘探孔。

5.2.3 单项工程指只有一栋建筑物。

建构筑物不需要验算地基变形及进行场地液化判别时,勘察工作的重点是查明浅部主要受力层的分布特性。因此,可利用附近的勘探资料,仅布置小螺纹钻孔或静力触探、轻型动探即可。勘察成果报告中应提供所收集并利用的勘探资料。

5.2.4 地基压缩层厚度算至附加应力等于土层有效自重压力10%处,计算附加压力时应考虑相邻基础的影响,这一规定与现行上海市工程建设标准《地基基础设计标准》DGJ 08—11 相协调。原规范表 5.2.4 提供了不同基础尺寸和附加压力下天然地基压缩层计算厚度供查阅,考虑目前上海地区采用天然地基的多为轻型辅助建筑,基础尺寸和附加压力较小,压缩层厚度可编制程序计算或采用勘察软件估算,故本次修编取消原规范表 5.2.4。

5.2.5 当遇暗浜等不良地质条件时,应查明其分布范围及断面形态,主要考虑天然地基勘察如果仅控制暗浜的边界,未查明暗浜的最大深度,易造成地基处理方案选择不合理、地基处理的工程量预估不足。另外,需要注意的是,许多明浜边界发生变化,局部填埋后变成暗浜,勘察时应重视明浜岸线边界的变化。

当地表或地下存在障碍物,小螺纹钻孔无法按要求完成浅层勘探时,宜选择其他有效的勘探手段。对于尚未完成的浅层勘探工作量报告应说明理由,并进行施工期补充勘察。

5.2.6 天然地基持力层和软弱下卧层的剪切试验指标、各主要土层的压缩试验指标,是确定天然地基承载力,估算地基沉降量的依据。考虑三级工程一般规模小,取土数量少,主要土层的各类试验数据数量有限,故条文仅规定了一、二级工程试验数据的数量要求。

5.2.7 根据工程经验,当填土填筑时间长(自重固结已完成或基本完成)且厚度大于 2 m 时,填土作为轻型建筑物天然地基持力层的可能性存在。遇到填筑时间长的厚层素填土或吹填土,不仔细查明其均匀性与强度,轻率否定其作为轻型建筑物的基础持力层,直接建议采用桩基或进行地基处理,易造成不必要的浪费。故本条规定对厚度较大、填筑时间长的填土应评价其作天然地基持力层的可能性。

上海地区可以充分利用的填土包括素填土和吹填土。素填土具有状态松散、土质不均等特点;吹填土受土源、吹填工艺的影响,其组成和性质在水平向和垂直向均有较大的区别,室内试验指标可能失真,故规定宜采用原位测试手段进行勘察。

5.3 桩 基

5.3.1 本条是桩基工程勘探孔平面布置的规定。

1 本款增加了对排列比较密集的建筑群可按网格状布孔的规定,勘探孔宜布置在建筑物的周边或角点处是本款的首要原则,这样可使勘探孔揭示的地层更具有针对性。若遇地层变化,按具体建筑物基础尺寸、基础形式有针对性地加密勘探孔,勘察工作量更为经济,且对查清地层分布、便于地基基础设计更为有利。

3 上海地区对宽度小于等于 20 m 的建构筑群,可采用"之"字形布置勘探孔,主要考虑上海地区地层分布相对稳定的缘故。目前板式建筑的宽度大多为 15 m 左右,采用"之"字形布置勘探孔,可节省勘察工作量。遇到地层变化大时,可按本条第 1 款的要求,沿周边、角点增加勘探孔,再按要求加密勘探孔。

5.3.2 本条为采用桩基时详细勘察勘探孔间距一般规定,实际工程中可根据建筑物平面形态、柱列线、预测的地层分布情况、可能采用的桩型等确定勘探孔的间距。

上海地区目前常用的桩型主要为预制桩和钻孔灌注桩。一般以中~低压缩性黏性土、粉性土、中密或密实的砂土作为桩基持力层,需详细查明桩基持力层的层面起伏和埋深。采用预制桩时,易产生进入持力层深度过大沉桩不能达到预定深度,或进入持力层深度过小承载力难以保证等问题。当相邻勘探孔揭露的土层变化较大,并对桩基设计或施工方案选择产生影响时,宜根据需要适当加密勘探孔。

当地下车库桩基存在抗浮为主、部分工况可能为抗压且抗压荷载较小、按天然地基复核承载力和变形时,基于抗拔桩布置工作量的详细勘察成果一般可满足孔距和孔深要求,无需进一步加密勘探孔。

5.3.3 本条对高层建筑勘探孔布置进行了规定。

30 层(含 30 层)以上或高于 100 m(含 100 m)的超高层建筑,中心部位一般设核心筒,荷载最大,该部位的沉降量亦最大,若桩端下土性不均会导致不均匀沉降,对超高层建筑影响大,故规定当基础宽度大于 30 m 时,宜在建筑物中部布置勘探孔。

5.3.4 桩基工程的地基压缩层厚度算至附加应力等于土层有效自重压力 20% 处,附加应力计算应考虑相邻基础的影响,与现行上海市工程建设标准《地基基础设计标准》DGJ 08—11 的规定相一致。由于勘察时桩基方案未确定,故确定孔深时应留有余地。

原规范表 5.3.4 提供了不同基础尺寸和附加压力下桩基压缩层计算厚度供查阅,需要插值,使用并不方便。考虑目前大部分单位都是通过自编程序或采用勘察软件估算压缩层厚度,故本次修编取消原规范表 5.3.4。

5.3.5 一般性勘探孔孔深要求与国家标准《工程勘察通用规范》

GB 55017—2021第3.2.5条相一致,本次修订将原规范用词"宜"改为"应"。

位于地铁、城市桥梁隧道区和原水管线等安全保护区,对环境保护有特殊要求区域的桩基工程,勘探孔深度确定时尚需了解相关管理部门的规定。

5.3.6 因地下障碍物分布范围未调查清楚,会影响桩基的顺利施工。杂填土中的大块石,对小截面预制桩的沉桩影响大;遇厚层杂填土时,钻孔灌注桩的孔壁易坍塌,影响桩身质量。因此,桩基勘察时强调地下障碍物与厚层杂填土的调查。

需要说明的是,桩基工程的浅层勘察与天然地基有显著区别,前者主要针对影响桩基沉(成)桩施工的地下障碍物和厚层杂填土,勘察方法以调查为主,在调查基础上进行针对性探摸。因此,勘探手段与勘探点间距应根据具体工程情况确定,本标准不宜作硬性规定。

5.3.7 根据上海地区经验,进行桩基沉降估算时,黏性土的室内试验值较为可靠,粉性土与砂土由于在取样、运输、制备试样时受到扰动,室内试验值不能完全反映真实情况,提倡采用原位测试数据换算压缩模量的方法。故本条仅对压缩层范围内的黏性土规定试验指标的数量。

5.3.8 静力触探与标准贯入的测试成果,对选择桩基持力层、确定桩基设计参数、判断沉桩可行性具有重要的作用,故规定应布置一定数量的静力触探试验孔,在粉性土和砂土中应进行标准贯入试验。当施工条件限制,无法进行静力触探试验时,则须加强标准贯入试验。当重大工程或有特殊要求的工程,需要采用旁压试验或波速试验成果估算桩基设计参数时,宜进行相关原位测试。

5.4 沉降控制复合桩基

5.4.1 沉降控制复合桩基是上海地区多层住宅经常采用的一种

基础形式,桩与承台下的地基土共同承担外荷载。对浅基础承台,需要按照天然地基的要求进行勘察,对桩基勘察的要求与常规桩基有一定差异,故单列一节进行阐述。

5.4.2 本条为采用沉降控制复合桩基时勘探孔间距一般规定。沉降控制复合桩基的桩端通常进入第⑤层黏性土或第⑥层表部即可,属摩擦桩,故勘探孔间距定为 30 m～45 m,介于天然地基与桩基之间。当建筑物范围内涉及大面积明(暗)浜或厚层填土时,应查明其分布范围及断面形态。

5.4.3 大多数沉降控制复合桩基的多层住宅沉降计算实例表明:桩端下压缩层厚度为 10 m 左右,故控制性勘探孔深度定为桩端下 10 m～15 m,体型较小的 5 层及 5 层以下住宅宜取小值,体型较大的 5 层或 6 层～7 层住宅宜取大值。对 8 层及 8 层以上住宅或特殊情况采用沉降复合桩基时,宜按地基变形计算要求确定孔深。

5.5 地基处理

5.5.1 本节适用于为地基处理而进行的勘察。场地形成通常包括场地平整以及施工场地的"三通一平",需清除表层植物根茎、有机质以及松软土,并对明、暗浜进行适当处理,满足施工对场地的需要。场地形成虽不属于地基处理的范畴,但勘察项目一般已查明地基或地基处理范围内浅部土层的分布特征,如填土的厚度及其土性,明、暗浜等不良地质条件。因此,场地形成施工时可参考勘察报告查明的浅部土层;若不满足,可提出专项勘察的要求。

5.5.2 勘探孔间距宜根据拟处理场地大小、地基土条件和拟选择的地基处理方案综合确定,不同处理方法对勘察要求不同,第 2 款和第 3 款针对不同的地基处理方法规定了勘探孔的孔距。当拟处理场地较小或地基土分布复杂时,孔距按下限控制;当拟处理场地较大或地基土分布稳定时,孔距按上限控制。

5.5.4 上海地区明浜、暗浜和浅部填土对地基处理方法选用以及处理效果影响很大,故需要重视浅部土层的勘探工作。明(暗)浜的查明可参照条文第 5.2.5 条的要求。填土的查明可通过钻探、原位测试以及小螺纹钻孔等多种手段,需查明填土的类型、成分、分布、厚度等,并调查填土的回填时间。若涉及多种填料、不同性质的填土,需要细分层次。如地基处理的主要土层为填土层或填土层对地基处理影响大时,需要提供填土的物理力学指标,根据勘察成果评价填土的均匀性、压缩性和密实度等。

5.5.5 换填垫层法适用于处理各类浅层软弱地基、不良地质条件,将基础底面下处理范围内的软弱土层部分或全部挖除,然后分层换填强度高、性能稳定、无腐蚀的材料,并压实到设计要求的密实度为止。换填法勘察时应主要查明拟换填的软弱土层的厚度和分布范围,并测定软弱下卧层的强度指标与变形参数指标。

对于确定的换填材料,应测定最优含水量、最大干密度。勘察阶段一般尚未确定换填材料,也可能是外运材料,故一般在设计和施工阶段根据委托要求进行换填材料的相关试验。

5.5.6 预压法的关键是使荷载的增加与地基承载力的增长相适应。为加速地基固结速率,一般需设置砂井或排水板以增加地基的排水通道。查明土层的分布规律、透水层的位置、厚度及水源补给等,对预压法地基处理设计及施工至关重要。堆载预压工程,涉及是否需要设置竖向排水体;真空预压工程,涉及是否需要采取相应措施和实施后的加固效果和处理费用。

3 根据上海市工程建设规范《地基处理技术规范》DG/TJ 08—40—2010 第 5.2.11 条,评价预压荷载下地基土强度增长的计算,地基土的天然抗剪强度要求由十字板剪切试验测定,还需用到三轴固结不排水试验指标。故本款对需评价软土在预压法过程中强度增长规律的,明确了室内试验和原位测试提供的指标。

5.5.7 压实或夯实法适用于碎石土到黏性土的各种土类,但对饱和软黏土应慎重使用。振动和噪声对周围环境影响较大,在城镇使用有一定的局限性。勘察时应调查强夯影响范围邻近设施的基本情况,提示强夯施工的可行性。若需要详细的周边环境资料,建设单位需要委托进行专项物探工作。

5.5.8 桩土复合地基适用于松砂、软土和填土等,除可提高地基承载力、减少变形外,还有减轻或消除液化的作用。上海地区常用的桩土复合地基主要有水泥搅拌桩、碎(砂)石桩、树根桩、预制桩、微型注浆钢管桩等。

　　1 明(暗)浜、厚层填土等不良地质条件对桩土复合地基的影响大,故强调应查明不良地质条件。

　　2 水泥搅拌桩等水泥土类应查明软土中有机质含量,必要时通过试验检验成桩的可能性。

　　3 复合地基承载力计算需要桩间土承载力,故要求勘察报告提供各土层的地基承载力特征值。估算复合地基沉降量需要桩间土、桩身、复合地基、桩端以下变形计算深度范围内土层的压缩模量,故要求勘察报告提供各土层的压缩模量。压缩模量的取值应根据各土层压缩曲线上所处的压力段确定。

　　4 树根桩、锚杆静压桩属于劲性桩,勘察报告宜提供各土层的桩基设计参数。

　　5 最终复合地基承载力应通过现场平板载荷试验确定。

5.5.9 注浆法有强化地基和防水止渗的作用,可用于地基处理、深基坑支挡和护底、建造地下防渗帷幕、防止砂土液化、防止基础冲刷等方面,勘察应重点查明土层的渗透性。

5.6　基坑工程

5.6.1 基坑工程勘察是为基坑支护设计和施工方案确定提供地质依据。上海地区开挖深度小于或等于 3 m 的基坑,一般采用放坡开挖或简单支护,故本节所规定的勘察要求适用于开挖深度大于 3 m 的基坑。

5.6.2 本条为基坑工程勘探孔间距一般规定,实际工程中可根据基坑等级、场地条件、周边环境等综合确定。上海市工程建设规范《基坑工程技术标准》DG/TJ 08—61—2018 第 3 章规定,根据基坑开挖深度将基坑工程安全等级划分为三级;同时根据基坑周边环境的重要性程度及其与基坑的距离,将基坑工程的环境保护等级划分为三级。

考虑大多数情况下勘察任务委托书中对基坑工程的环境保护等级不明确,勘察工作量确定时周边环境的保护对象,特别是保护对象与基坑的距离关系尚不完全清楚,有些周边环境专项调查也是在勘察之后进行。因此,勘察阶段工作量确定时,主要考虑基坑工程的安全等级,未考虑环境保护等级的因素。

本条所规定的勘探孔间距是指沿基坑周边布设的勘探孔间距。大面积基坑内部也需要布置勘探孔时,孔距宜按基础类型确定。

5.6.3 原规范规定对 2.5 倍基坑开挖深度范围内遇第⑨层密实砂土层的深基坑,勘探孔深可适当减浅,主要从基坑围护结构的插入比考虑。近年来,上海地区基坑开挖深度不断加大,出现了大量开挖深度 30 m 以上的超深基坑工程。基坑 2.5 倍开挖深度内揭露第⑨层时,可能存在第⑨层突涌风险,需采取降水等地下水控制措施,围护墙或止水帷幕的深度也要根据降水需求设置,故基坑工程勘探孔深度的确定除需满足围护结构稳定性验算外,还需满足施工工艺和地下水控制的要求。因此,本次修订取消了"当 2.5 倍基坑开挖深度范围内遇第⑨层砂层时,勘探孔深度可适当减浅"的规定。

采用逆作法或盖挖法施工的基坑,对立柱桩单桩承载力的要求较高,勘探孔深度需满足施工工艺的要求。

5.6.4 基坑周边如果存在暗浜、厚层填土等,既影响基坑围护结构的施工质量,又易引发基坑的局部坍塌,因此基坑周边的浅层勘探十分重要,故本条规定沿基坑周边布置小螺纹钻孔。基坑范围内一般可不布置小螺纹钻孔,仅当存在对基坑安全有影响的暗浜时,要求布置小螺纹钻孔。当小螺纹钻孔无法按要求完成浅层勘探时,宜选择其他有效的勘探手段查明浅部地层和不良地质条件的分布状况。由于障碍物的存在导致无法完成浅层勘探的情况经常发生,本条规定遇此类情况时应提出施工期补充勘察的建议。

5.6.5 基坑设计时应根据基坑围护方案、施工速度、施工方法选择合适的强度指标,对基坑安全等级为一、二级的基坑工程应进行三轴固结不排水(CU)压缩试验。对于砂土、粉性土,由于土性的原因难以切取原状样进行三轴试验,可以用直剪慢剪试验代替。对于管道沟槽开挖工程,由于其施工速度较快,此类工程进行稳定性验算时,可采用三轴不固结不排水(UU)压缩试验获得的强度指标。对于三轴、慢剪等特殊试验,其数量应满足设计要求。

回弹模量和回弹再压缩模量室内试验采用标准固结试验,分级加荷至取样深度的有效自重压力后,开始分级卸荷,卸荷压力为基础埋置深度以上土层有效自重压力。实际操作中,加荷压力和卸荷压力可分段取整。计算回弹曲线的割线斜率即为回弹模量,回弹再压缩割线斜率为回弹再压缩模量。

5.6.6 现场简易抽(注)水试验宜针对基坑影响深度范围内的弱~中渗透性土层进行。土性较纯的黏性土层属不透水或微透水层,可不进行现场简易抽(注)水试验,其渗透系数建议值可根据室内试验结合工程经验确定,也可根据本标准表 5.6.9 确定。含水层的透水性见表 5-1,系引用了国家标准《城市轨道交通岩土工程勘察规程》GB 50307—2012 第 10.3.5 条。

表 5-1 含水层的透水性

类别	特强透水	强透水	中等透水	弱透水	微透水	不透水
k(m/d)	$k > 200$	$10 \leqslant k \leqslant 200$	$1 \leqslant k < 10$	$0.01 \leqslant k < 1$	$0.001 \leqslant k < 0.01$	$k < 0.001$

根据上海市目前的相关管理规定，当基坑安全等级和环境保护等级均为一级，如果隔水帷幕不能将目的含水层完全隔断，且需要抽降承压水时，应进行专项的水文地质勘察。

5.6.9 上海地区地基土层状结构明显，室内试验获取的渗透系数往往不能反映实际情况。对安全等级为一、二级基坑，弱～中渗透性土层宜采用现场注水或抽水试验测定渗透系数；对安全等级为三级的基坑工程，则可按本标准表5.6.9中数值选用。表5.6.9中提供的范围值是根据大量现场试验获得的经验值，可根据土性特点在范围值内选取。

5.7 动力基础与环境振动

5.7.7 常见振源包括大地脉动及轨道交通、地面交通、动力基础、工程施工等车辆、设备、机械振动，应重点调查附近低频强振源。

5.7.8 数值模拟计算时，宜建立地基与结构共同作用的分析模型。一般情况下，可按线弹性问题进行分析。地基土特性参数应通过现场试验或室内土工试验确定，轨道交通、动力基础等激励荷载应采用现场实测的振动时程。

5.8 既有建筑物的加层、加固和改造

5.8.1 本条强调当已有的勘察资料不能满足既有建筑物的加层、加固和改造工程设计要求时，应根据规范和设计要求布置勘探工作量。采用的勘探手段应根据勘察目的、地基土特点以及场地施工条件综合确定。对搜集到的原有资料应进行复核，包括按照现行标准对场地地震效应进行判别、原勘察手段与现行标准的符合性，对浅部土层在建设过程的变化需予以重点关注。当地面以下20 m深度范围内存在饱和砂土或砂质粉土时，可采用原有

成果根据本标准第 10.3 节的相关要求进行液化判别;当原有成果不能满足要求时,应补充工作量。

5.8.2 建筑物加层、加固的岩土工程勘察重点是查明在既有荷载作用下地基土的强度和地基承载力;如有原详细勘察报告或对比资料,宜判别地基土强度和承载力的增长情况。本次修订配套课题针对既有建筑荷载对地基土物理力学性质影响进行研究,共搜集 17 个工程案例,其中采用天然地基的既有建筑工程案例 10 个,采用桩基的既有建筑工程案例 4 个,堆载案例 3 个。

通过对采用天然地基的低层和多层建筑在其建筑内(或建筑外,但靠近基础)获得的地基土的常规物理力学指标和静力触探成果,与原勘察报告相应指标对比,得出以下一些结论:

1) 采用条形基础或独立基础的 2 层~3 层建筑,一般仅 5 m 深度内的地基土强度指标有提高,幅度仅约 3%~5%;地基土为粉土或黏性土夹粉土,提高幅度较地基土为黏性土要高些。当有均衡的室内地面荷载(约 30 kPa)时,影响范围可达 10 m 深度,此深度范围若以粉土为主,强度指标的提高幅度可达 15%~20%;建筑内部的地基土提高幅度高于角点附近。说明对于低层建筑,采用条形基础或独立基础,可不考虑既有建筑对地基土的影响。若有长期室内地坪堆载,则既有荷载对地基土的影响宜考虑。

2) 采用筏板基础的 4 层~6 层建筑,对地基土的影响范围达 15 m~20 m,第③层淤泥质粉质黏土的强度指标增长 10%~15%,第④层淤泥质黏土的强度指标增长约 3%~5%,压缩指标增长约 5%~10%。说明筏板基础当附加压力接近于地基土承载力特征值时,影响深度以及既有荷载对地基土强度和压缩模量的影响较大,在既有建筑加层、加固设计时可考虑地基土的性状变化。

3) 随着建筑年限的增加,地基土指标有所提高,但建筑年

限超过 20 年后,附加压力影响范围内各土层固结完成,
指标变化不大。

现行上海市工程建设规范《现有建筑抗震鉴定与加固标准》
DGJ 08—81 根据压密时间和地基压密所受到的应力大小,给出
了长期压密地基土承载力提高系数,与本次修订配套课题的研究
成果基本吻合。按该规范,地基土长期压密承载力的提高系数见
表 5-2,供参考。

表 5-2　地基土因长期压密承载力的提高系数

地基土的状况	基础底面实际平均压应力与地基承载力的比值 p_0/f_a			
	1.0	0.8	0.4	<0.4
长期压密达 8 年的地基土	1.1	1.05	1.0	1.0
长期压密超过 20 年的地基土	1.2	1.1	1.05	1.0

随着城市更新,越来越多的高层建筑或采用桩基的多层建筑
开始进行加层、加固和改造。采用桩基的既有建筑加层、加固和
改造勘察时,桩侧和桩基压缩层范围内各土层的性质变化可以通
过勘察加以查明,并可通过原报告中静探曲线和靠近基础的静探
曲线对比,分别估算单桩承载力,在有一定保证率的基础上,对单
桩承载力的提高幅度提出建议;通过原位测试确定压缩模量建议
值,对黏性土还宜进行高压固结,确定前期固结压力 p_c 和超固结
比 OCR,根据应力历史估算沉降量;通过三轴不固结不排水 UU
试验确定软弱下卧层的地基承载力,进行下卧层强度验算。

因此,既有建筑加层、加固和改造项目勘察时,首先应调查既
有建筑的基础形式、荷载条件等,无论原基础是天然地基还是桩
基,都应根据具体的地基持力层、主要受力层、压缩层等有针对性
地布置原位测试和室内试验,以获得评价地基土在既有荷载作用
下的性状改变,为设计提供准确的岩土设计参数。

1　在建筑物的附加荷载作用下,地基土强度会有一定增长,
如果勘探孔未紧邻建筑物布置,则勘察成果不能真实反映地基土

的强度增长情况。

3 原规范规定在1倍基础宽度的深度范围内采取原状土样的间距宜为0.5m,以下宜为1m,考虑施工可行性,本次修订分别调整为1m和2m。采用锚杆静压桩、树根桩等作为加固方案时,应按桩基要求勘察。

5.8.3 建筑物的接建、邻建的主要岩土工程问题,是新建建筑物的荷载引起在既有建筑物紧邻部位的地基中的应力叠加。这种应力叠加会导致既有建筑物地基土的不均匀附加压缩和新建建筑物区地基土的不均匀,造成相对变形或扰曲。针对这一主要问题,需要在接建、邻近部位专门布置勘探点。根据上海地区经验,静力触探试验成果直观、连续,对于判定历史荷载对地基土的压缩变形、土的物理力学指标变化方面具有优势,故强调布置静探孔。可以通过邻近既有建筑物的静探成果与新建场地静探成果的对比分析,判定既有建筑荷载对邻近地基土的影响。

5.8.4 为既有多层住宅加装电梯,是近年上海市重要"民心工程"之一。受施工场地限制,既有多层住宅加装电梯的岩土工程勘察宜充分收集已有勘察资料。

1 当能收集建筑物原有勘察成果且满足要求时,现阶段勘察以查明浅部土层为主,在电梯基础布置小螺纹钻孔。

2 加装的电梯基础平面尺寸较小,对单个单元加装电梯布置1个勘探孔已能控制该处地层分布;对排列比较密集的多个单元,勘探孔在满足相应地基基础勘察要求的前提下,宜相互利用。勘探手段可以静探为主,结合采用小螺纹孔探明浅部土层情况。

6 市政工程勘察

6.1 一般规定

6.1.1 本条规定了市政工程勘察的适用范围。本次修订隧道工程与轨道交通工程、大面积堆土工程、废弃物处理工程和污染土处置工程等单独成章,故本章不再包含上述内容。

6.1.2 市政工程勘察勘探孔平面控制范围、孔深确定、控制性孔和原位测试孔比例等原则与建筑工程勘察是一致的,故应符合本标准第 5.1.3 条的规定。

6.1.3 市政工程中道路工程、桥梁工程、管道工程及堤岸工程等为线状工程,其延伸很长,往往需跨越不同工程地质单元。为确保土性指标的代表性及可靠性,规定在同一工程地质单元中各主要土层物理力学指标或原位测试数据不应少于 6 个,或静力触探孔的测试数据不应少于 3 个。物理力学指标主要是指常规项目,包括含水率、比重、密度、液塑限、颗粒分析、直剪试验强度、压缩系数和压缩模量。

6.1.4 基坑、堤岸以及采用顶管、定向钻施工的管道工程的钻孔列为封孔重点。若封孔质量不好,将成为地下水涌入基坑或顶管、定向钻作业面的通道,可能会对施工造成严重影响,或者对堤岸工程留下隐患。因此,钻孔(包括注水试验孔、观测孔等)应按要求进行封孔。

6.2 给排水工程

6.2.1 给排水工程主要包括管道、水处理构筑物、泵站(由泵房、管道及附属设施组成)、建筑物(指厂区、泵站中的建筑物)及取排水构筑物(由取水头部或排放口及管道组成)。本节是针对厂区水处理构筑物、泵房以及取水头部(排放口)等主要构筑物的勘察要求。

6.2.2 考虑目前给排水项目规模逐渐增加,本次修订增加可行性研究勘察阶段。

6.2.3 初步勘察阶段一般设计方案尚未确定,因此初步勘察勘探孔孔深应根据拟建建构筑物性质及场地工程地质条件、可能采用的基础形式、施工工法等综合确定,以满足设计方案比选的要求为原则。

对于中小型给排水工程,其规模相对较小,尤其伸入江心的取排水构筑物勘探工作量不大,水域部分还需要动用船只进行勘探,可将初步勘察与详细勘察工作合并进行。

6.2.4

1 水处理构筑物包括生物反应池、沉淀池、粗格栅和细格栅等构筑物,多为基坑工程,采用天然地基或桩基,勘探孔布置需同时满足本标准第 5 章的要求。

2 取水头部(排放口)有可能布设在岸边或者伸入江中,勘探孔布置应根据其工程规模、特点以及采用的基础形式综合确定。

6.2.5

1 根据经验,水处理构筑物承受往复荷载,排空时存在抗浮问题,充满水时则要考虑抗压荷载。另外,此类构筑物由于建筑面积大,需要考虑不均匀沉降的影响。

2 取水头部(排放口),此类构筑物虽竖向荷载不大,但应注意布设在岸边或伸向江中的取水头部,承受一定的水平荷载,地基稳定性要求较高,在孔深确定时应综合考虑工程特点和采用的基础形式、施工工法等因素。

3 随着泵房建设规模越来越大,基坑的开挖深度越来越深,根据工程经验,围护体的插入深度通常为基坑开挖深度的 1 倍左右,因而确定勘探孔深度为 2.5 倍开挖深度可满足设计要求。

对沉井基础泵房,勘探孔深度宜达到沉井底下 0.5 倍~1.0 倍基础宽度或井径,宽大沉井基础,可取小值,但孔深尚需满足地下水控制需求。

考虑部分泵房上部可能会与主体建筑共建或基础可能采用桩基等形式,因此规定勘探孔深度的确定要同时满足不同基础类型及施工工法对孔深的要求。

6.3 道路工程

6.3.1 填土高度超过 2.5 m 的为高填土道路,其余属于一般道路。高速公路的岩土工程勘察可参照高填土道路执行。

6.3.3 考虑目前上海地区高填土道路的填土高度一般小于或等于 3.0 m(桥梁接坡段除外),正常沉积区域勘探孔进入第⑥层硬土层时,孔深可满足路基变形的验算要求,古河道区域孔深可适当加大。湖沼平原 I-1 区第一硬土层埋藏相对浅,勘探孔深度宜根据地层分布情况确定。对桥梁接坡段位置,一般宜利用桥梁勘探孔。

6.3.4

2 广场及停车场一般不涉及高填土,属于一般道路,故孔距可按一般道路确定。若涉及高填土,则可按本款高填土道路的要求确定勘探孔孔距。道路与桥梁接坡段一般填土高度较大,为控制差异沉降,目前一般采用复合地基进行处理,对查明地层分布的要求较严,故桥梁接坡段地基处理范围的勘探孔间距要求控制在 50 m 范围内。

3 道路为线状工程,采用建筑工程的不良地质条件调查和探摸方法,勘探工作量偏大。宜采用搜集资料、现场踏勘等方法初步调查沿线是否存在暗浜、厚层填土等不良地质条件,并在不良地质条件可能分布的区段有针对性地布置小螺纹钻孔进行探查。对于厚填土地区,涉及挖填方量较大,布置静力触探、轻便动力触探等原位测试孔可查明填土的性质,以判断填土是否可利用。

6.3.5

1 原规范一般道路勘探孔深度为地面以下 5 m;研究分析表明,软土地基中行车荷载引起的动响应深度一般在 6 m~10 m,同时由于现状重车超载现象严重,影响深度增加,故本次修订统一至地面以下 10 m。

2 高填土道路勘探孔深度应达到预估的地基附加应力与地基土自重(浮重度)应力比为 0.10 时所对应的深度。如勘探孔进入滨海平原相第⑥层硬土层或湖沼平原相Ⅰ-1 区第一硬土层,勘探孔深度可适当减浅。上海地区高填土道路存在地基处理可能,故勘探孔深度确定时尚需满足地基处理的需求。

6.3.6 根据上海软土地区高填土道路的设计经验,当填土高度小于或等于 3.0 m 时,路基一般处于稳定状态,设计重点关注路基的压缩性指标及固结速率。当填土高度大于 3.0 m 时,可能涉及路基稳定性问题,此时宜对饱和软黏性土进行现场十字板剪切试验或室内三轴不固结不排水压缩试验等,以提供路基稳定性验算的指标。

原规范本条第 1 款要求"地表下 3.0 m 深度范围内取土间距宜为 0.5 m",考虑表层基本以填土为主,采取原状样较为困难,同时采用静力触探试验时,测试数据间距为 0.1 m,已能反映浅部土层均匀性问题,故取消该款。

原规范本条第 3 款要求"高填土路基工程,应对填筑土料进行击实试验,测定其最优含水量和最佳干重度",考虑击实试验需采取土源地土样,而勘察期间土源地一般尚未确定,故取消该款。

6.3.7 原有道路的拓宽加固工程,其勘察方法、分析评价内容与新建道路工程有所不同。要注重收集前期勘探和设计资料,现场踏勘了解目前道路的使用情况等。工程需要时,勘察报告宜分析路基沉降、路面开裂的原因,提出新旧路基衔接处不均匀沉降控制的建议等。

6.4 桥涵工程

6.4.2 现行行业标准《公路桥涵设计通用规范》JTG D60 对桥梁涵洞分类系根据多孔跨径总长、单孔跨径,由于根据"多孔跨径总长"与"单孔跨径"确定的桥涵类型往往不一致,易产生歧义。考虑到桥梁桩基持力层的选择、变形估算等与单孔跨径相关性大,本次修订删除了按多孔跨径总长的桥涵分类。

6.4.4 原规范规定"特大桥和大桥控制性勘探孔深度分别不宜小于 90 m 和 70 m",根据目前类似工程经验,孔深往往不满足要求,本次修订调整为特大桥和大桥控制性勘探孔分别不宜小于 100 m 和 80 m。

6.4.5

1 桥宽小于 15 m 的特大桥和大桥,其桥梁宽度和桩基承台宽度较小,故规定主要墩台的勘探孔数量可适当减少。

特大桥和大桥的桥梁墩台的承台尺寸大、宽度大,当按条文中表 6.4.5 尚不能有效控制墩台下承台范围的地层分布时,勘探孔的间距应满足条文中表 6.4.5 注的规定。

原规范人行天桥参考小桥,实际人行天桥采用梁柱结构且含有梯道等部分,与一般小型跨河桥梁的排桩结构有较大区别,故本次修订予以单列。

原规范中涵洞勘探孔为"不宜少于 1 个",考虑涵洞一般横穿道路,有一定长度,且对沉降控制有一定要求,故本次修订改为"不宜少于 2 个"。

2 "墩"是指联系梁与梁之间的支撑体,其下部由 1 个或 2 个以上承台组成。勘察时宜根据承台尺寸、数量及平面位置布置勘探孔。

1) 高架桥、引桥由一系列墩台呈条状分布,原规范考虑简支梁和连续梁的沉降控制标准不同,分别规定了当跨径分别小于 25 m 和 18 m 时可隔墩布孔。鉴于目前设计对桥梁工程的沉降控制要求均较严格,一般选择工程地质性质较好土层作为桩基持力层,承载力要求也较高,采用长桩设计理念,以充分发挥下部土层性质较好、侧摩阻力较大,提供的单桩承载力较高,同时能充分发挥桩身强度。故不再区分连续梁和简支梁,统一规定当跨径小于 18 m 且桥梁宽度小于 35 m 时,可隔墩布孔。

2) 当桥梁宽度越来越大,尤其是在主线和上下匝道共线处或立交交汇处,一个墩台可由 2 个以上承台组成,承台数量较多时,宜以承台外边线距离为依据,确定合适的勘探孔数量。

3) 立交匝道交汇处承台数量较多,分布不规则,若按承台布孔,往往勘探孔数量偏多,高于主线勘探孔布置密度,且勘探孔平面布置显得很零乱。勘探孔布置时,以场地控制为主,兼顾承台位置,孔距按桩基工程要求。

6.4.7 根据现行行业标准《公路桥梁抗震设计规范》JTG/T 2231—01 要求,特大桥、大桥应通过现场实测确定土层的动力参数。根据上海类似工程经验,对特大桥和结构复杂、单孔跨径大于或等于 100 m 的大桥,宜布置波速试验或共振柱试验。

6.5 管道工程

6.5.1 综合管廊在现代城市建设中应用越来越多,是将各类公用类管线集中容纳于一体并留有供检修人员行走通道的箱涵或隧道结构。故本次修订将综合管廊纳入管道工程勘察范围。

6.5.2 原规范管道分为Ⅰ、Ⅱ、Ⅲ、Ⅳ类,分别用罗马数字表示。

考虑此表示法仅在本标准内使用,意义不大,故本次修订调整为根据施工方式进行分类。

综合管廊采用现浇或预制钢筋混凝土箱涵,开槽埋设,故综合管廊可纳入开槽埋设的管道。本节针对综合管廊的勘察要求按明挖法施工考虑;若特殊情况下涉及采用顶管法或盾构法等施工工法时,可按相应的施工工法进行勘察。

6.5.3 顶管及定向钻施工的管道工程勘探孔不宜布置在顶进(或钻进)范围内。原规范考虑顶管及定向钻施工管道直径一般较小,故规定在管道中心线两侧 5 m～8 m(水域 8 m～10 m)布置勘探孔。随着施工工艺的改进,顶管管道直径逐渐加大,工程中已有管径 3 m～4 m 的顶管管道,按管道中心线作为基准不符合城市建设发展的需要,故规定勘探孔应布置于管边线外侧 3 m～5 m(水域 5 m～8 m)。

取水头部和排放口的管道应根据具体的基础形式布置勘探孔。

6.5.4 为满足长大干线管道工程建设,需要提供可行性研究勘察资料,故增加本条内容。

6.5.5 综合管廊多为 2 箱或 3 箱结构,宽度为 8 m～12 m,埋深一般大于 7 m,对勘察要求较高,故初步勘察阶段综合管廊的孔距规定为 100 m～200 m。

6.5.6 本条是不同类型管道工程详细勘察阶段勘探孔间距的规定。

2 根据目前工程经验,城市综合管廊截面尺寸一般较大,埋深一般大于 7 m,多采用现浇钢筋混凝土结构,或采用预制箱涵拼接,设计施工难度较常规开槽埋管大,对勘察要求较高,可参考明挖条形基坑布置工作量。

3 顶管井(包括工作井和接收井)平面尺寸不同,需要布置的勘探孔数量不同。本条规定边长或直径大于或等于 10 m 的顶管井,勘探孔的数量不宜少于 2 个是基本要求。边长或直径小于

10 m 的顶管井,可布置 1 个勘探孔。

6.5.7 本条是不同类型管道工程详细勘察阶段勘探孔深度的规定。

1 开槽埋设的管道埋深往往深浅不一,宜按一般地段最大埋深考虑。当管道埋深较浅时,勘探孔深度不应小于管道底以下3 m。

2 综合管廊类似于长条形基坑,其孔深应满足基坑工程的勘察要求。当综合管廊基底土不能满足设计要求时,可能会进行地基处理;若抗浮不满足设计要求,需要设置抗拔桩时,应满足抗拔桩设计要求。故综合管廊确定孔深时应同时满足基坑工程、地基处理和桩基设计三方面的要求。

3 近年来,上海地区采用顶管施工的管道最大直径已达4 m。考虑大直径顶管施工对管道周边土体影响较大,参考盾构隧道勘察要求,勘探孔深度按钻至管道底 1.5 倍管径确定,且不应小于管道底以下 5 m。

4 倒虹管可能采用开槽埋设,也可能通过顶管或定向钻施工,故孔深可按本条文的第 1、第 3 款根据具体的施工方法确定。由于倒虹管一般在中部深度最大,而勘探孔一般布置在两端,故孔深应按管道最大深度确定。

5 管道应避免置于可液化土层中,当管道处于可能产生流砂或震动液化的土层时,孔深宜适当加深或予以钻穿,主要是考虑对可液化土层进行处理或采用桩基等抗震措施的需要。

6.6 堤岸工程

6.6.1 本节堤岸工程包括市政工程范畴的堤岸及水利工程范畴的堤防。考虑水利工程堤防涉及的岩土工程问题(堤岸稳定性、抗渗性及地基变形控制等)与市政工程堤岸类似,勘探工作量的布置原则也基本一致,因此将水利工程堤防勘察的相关内容纳入本节。

6.6.3 现行国家标准《堤防工程设计规范》GB 50286 把护岸工程形式分为坡式护岸、坝式护岸、墙式护岸和其他形式护岸(包含坡式与墙式混合、桩式护岸)。上海市护岸形式一般有斜坡式(坡式)、重力式(墙式)及桩式,还有混合式。斜坡式包括浆砌或干砌块石勾缝的护坡堤岸,在坡脚或平台上设置短桩,主要用于保护坡面不发生小的滑塌,短桩对整个堤岸的稳定性贡献不大时,亦属于斜坡式。重力式指采用圬工结构或钢筋混凝土结构的天然基础,包括重力式、半重力式、衡重式、悬壁式等;桩式包括高桩承台式、低桩承台式、拉锚板桩式以及桩基加固的组合式等。勘察工作量布置与堤岸的基础形式密切相关,勘察工作开始前要与设计人员加强交流,了解护岸的形式及作用。

1 横断面布置原则是参照现行行业标准《堤防工程地质勘察规程》SL 188 和现行上海市工程建设规范《地基基础设计标准》DGJ 08—11 等综合确定。条文中表 6.6.3-1 是详细勘察阶段不同类型的堤岸勘探孔的间距要求,表下面的注译"当长距离的堤岸位于空旷区域,且环境保护要求不高时,勘探孔间距可适当放大",是考虑水利工程的堤防总长度很大,且大部分位于环境条件简单的空旷区域(如农田),勘探孔的间距适当放宽符合水利行业堤防的勘察经验。

2 当存在粉(砂)性土层或软土层较厚时,孔深应适当加深以满足渗流与稳定分析的要求。

6.6.4 本条是堤岸工程原位测试和土工试验的规定。

1 当位于黏性土地基,排水条件差且施工周期短时,宜提供三轴不固结不排水剪强度;当施工周期长或采取了排水措施时,宜提供三轴固结不排水剪强度。水利工程中的堤防工程,当位于排水条件差的黏性土地基时,也可根据设计要求同时提供直剪快剪指标。

2 为满足堤岸地基的渗透稳定分析,应提供粉土、砂土的 d_{60}/d_{10} 及 d_{70} 等指标。

7 隧道工程与轨道交通工程勘察

7.1 一般规定

7.1.1 隧道工程包括道路隧道、过街通道、输排水隧道、电力隧道等功能的建构筑物及附属工程;城市轨道交通包含地铁、轻轨、单轨、有轨电车、中低速磁浮;市域铁路是指采用铁路制式的快速度、大运量的轨道交通系统。

7.1.3 隧道工程和轨道交通工程主要涉及地下工程,采用盾构法、明挖法等施工工法,相应工况的强度参数指标是设计必需的参数,故本次修订对明挖法的三轴试验指标和地下工程的常规强度指标作出具体规定。隧道工程与轨道交通工程作为大型线状工程,其横向宽度不大,但纵向延伸较长,通常跨越不同的工程地质单元,为确保土试样的代表性及土性指标的可靠性,故作出本条规定。

7.1.4 隧道工程和轨道交通工程均会涉及深基坑,目前此类工程基坑开挖最大深度已达 40 m 以上,已涉及对深部第⑨层承压水的控制。当周边环境复杂时,止水帷幕的插入深度可能较常规情况要深,当需要控制厚层第⑦层和第⑨层中的承压水时,仅按 2.5 倍开挖深度确定孔深,可能不满足设计要求,故本条规定控制性孔的深度应满足工程建设地下水控制的需要。

7.1.6 穿越河床的地下工程,设计需要了解河床的断面形态,根据前期河床的变化规律及未来水动力条件的改变,预测设计使用周期内河床的冲淤变化,以合理确定隧道的砌置标高,确保最小覆盖层厚度满足规范要求。采用沉管法进行隧道施工时,水流的速度、河床底部冲淤情况与隧道适宜采用的基础形式、施工措施及后期沉降控制密切相关。上述资料的获取是常规勘察无法完成的,通常由建设单位委托专业单位进行专项调查。

7.2 隧道工程

7.2.2 本条是隧道工程可行性研究阶段勘察工作的要求。

1 可行性研究勘察应尽可能利用工程沿线已有勘察资料,但距离拟建线路很远的勘探孔利用价值不大,故对利用孔的范围作出了规定。对地层分布稳定且有区域地质图参考的地区,利用孔与拟建隧道的距离可适当放宽要求。

2 考虑可行性勘察成果应能宏观反映沿线地层的基本特点,本次修订强调在每一地貌单元或工程地质单元不应少于1个勘探孔。

7.2.3 考虑初步设计阶段线路存在调整的可能性,为尽量避免勘察期间施工的钻孔侵入隧道结构边线内,初步勘察阶段孔位在隧道边线外侧布置的范围较详细勘察阶段适当放宽。

盾构法双圆隧道孔深可参考单圆隧道规定执行,断面基本接近方形的矩形隧道可按隧道宽度等同圆形隧道直径考虑,其他形状的盾构法隧道孔深布置宜与设计协商后确定。

顶管法或顶进式矩形隧道、箱涵因使用功能不同,宽高比往往差异较大,一般基底下0.6倍~1.0倍宽度可满足设计要求。考虑初步勘察阶段适当留有余地,规定孔深不宜小于1.5倍隧道宽;对于结构宽度超过30 m的管涵,勘探孔深度可结合地层条件适当减少,但不应小于1倍的隧道宽度。

7.2.4 本条是盾构法隧道详细勘察阶段工作量布置的规定。

2 上海地区隧道埋藏段的地层总体是稳定的,隧道工程勘探孔一般于隧道边线外侧交错布置,孔距按投影距。但上、下行隧道距离较远或总宽度较大时,采用隧道边线外交错布孔、孔距按投影距,对隧道范围内的地层控制不足,故在确定勘探孔布置时尚需考虑上、下行隧道内净距和上、下行隧道外边线总宽度的因素。

4 联络通道目前一般采用冷冻法施工,局部地层变化大或存在砂层透镜体时会带来较大的风险,但由于现场勘察实施难度影响,孔间距宜按 30 m～50 m 控制。当地质条件复杂影响设计施工方案时,应适当加密勘探孔。

地下水流速对联络通道的施工工法选择及实施有影响,上海地区一般情况下地下水的流速小,对联络通道冻结法施工影响小。当联络通道附近含水层受邻近工程影响,地下水活动频繁或地下水流速超过 2 m/d 时,对联络通道的冻结法施工有影响,故应加强施工阶段周边工程活动的调查,必要时测量与联络通道施工相关含水层的地下水流向、流速等数据。

5 随着隧道直径越来越大,按照隧道直径确定的控制性孔深可能进入第⑨层以下,导致勘探孔深度偏深,遇此类情况时,孔深可适当减浅。

7.2.5 本条是顶管法或顶进式矩形隧道、箱涵详细勘察阶段工作量布置的规定。

1 顶管法或顶进式矩形隧道、箱涵宽度小于或等于 20 m 时,按照工程勘察经验,可采用"之"字形布孔,孔距可按轴线投影距。当矩形隧道及箱涵宽度大于 35 m 时,为保证勘察精度,宜沿两侧边线及中心线分别布置勘探孔,但结构轮廓范围内的钻孔给后续施工带来了风险,故要求勘探孔须采取有效可靠的封孔措施。

7.2.6 本条是明挖法隧道详细勘察阶段工作量布置的规定。

1 明挖法隧道为狭长形基坑工程,勘探工作量的布置可根据宽度适当调整要求。考虑上海地层分布总体较稳定,当隧道总宽度小于或等于 20 m 时,按照工程勘察经验,可采用"之"字形布孔,孔距 20 m～35 m 是指轴线投影;当隧道总宽度大于 20 m 时,宜沿基坑两侧边线分别布置勘探孔,孔距不宜大于 35 m 是指实际孔距。

3 本节规定的水域段围堰是配合明挖法隧道的临时工程，参考隧道主线基坑的深度，考虑到临时结构的稳定性验算要求及围堰的可能影响深度作出本规定。

7.2.7 本条是沉管法隧道详细勘察阶段工作量布置的规定。

1 沉管法隧道施工成槽浚挖范围内勘察工作量布置可根据工艺及水下边坡要求确定，参考本标准第 8.4 节疏浚工程。

7.2.8 当干坞场地为一次性利用时，坞口段一般不需要特殊设计，可按干坞围堰要求布置工作量。当需要重复利用时，坞口段需要专门设计坞口结构，可根据结构形式和设计要求确定布孔位置及孔深。

7.2.9 隧道工作井勘探点应控制角点，若为 2 个勘探点，宜对角布置。

7.2.11 勘察工作需要为隧道工程设计提供各类岩土参数，除了常规物理力学指标外，本条规定了根据工程需要布置的室内特殊性试验和原位测试项目。

4 随着盾构设备技术能力的提升，其对土层的适应性和应对风险的能力也大幅提高。盾构开挖断面范围内土层的性质直接影响盾构选型，特别是土颗粒的构成和渗透性指标。上海地区的盾构施工经验比较成熟，相关黏性土的性质及改良技术经验也比较丰富，目前一般不需要提供黏性土的颗粒分析参数，但当设计、施工需要时尚应进行相关试验。

5 对采用冻结法施工的工程，相关土层的热物理指标是冻结加固设计与施工的重要依据。由于冻土试验的特殊性，当需要提供各工况下的冻土强度、冻胀、融沉等参数时，宜根据具体工艺要求进行专项工作。人工冻土的冻胀率、融沉系数应按现行国家标准《土工试验方法标准》GB/T 50123 通过冻胀率试验、冻土融化压缩试验获得。

7.3 轨道交通工程

7.3.1 有轨电车的荷载小于其他制式的城市轨道交通荷载,因此各勘察阶段勘察孔间距及勘探孔深度的要求可结合地层条件适当降低,但最低应满足相应地基基础设计及地基处理的勘察要求。

7.3.2 可研阶段受各种条件影响,线站位方案存在一定的不确定性,当局部线路存在比选方案时,各比选线路均应布置相应勘察工作量。

7.3.3 轨道交通区间正线线路设计采用的最大坡度一般不超过30‰,最常用的最大设计坡度一般为28‰,正常 1 km 的区间均采用最大坡度30‰设计,隧道底距离车站基底的连线垂直距离不超过 15 m,初步勘察阶段勘探孔在隧道底以下再增加 2.5 倍直径(约 15.5～16.0 m)可满足断面调整及相关设计要求。

根据现行行业标准《城市桥梁设计规范》CJJ 11 对桥梁的定义分类,轨道交通的标准跨径一般为 30 m～35 m。对于标准跨径段,初步勘察阶段孔距 100 m～200 m,可基本满足初步设计要求。跨越路口或河流的较大跨径的桥梁一般需要特殊设计,对地基土情况要求的精度也有所提高,故对大于标准跨径 3 倍及以上的桥梁墩位,即跨径≥100 m 墩位,初步勘察阶段要求单独布置勘探孔。

城市轨道交通车辆基地包括车辆段(停车场)、综合维修中心、物资总库、培训中心和其他生产、生活、办公等配套设施。

车辆段指停放车辆,以及承担车辆的运用管理、整备保养、检查工作和承担定修或架修车辆检修任务的基本生产单位。车辆段一般包含检修库、运用库、洗车库、物资总库、工程车库、特种物品库、综合楼、变电所、污水处理站、场内道路等建构筑物及路基工程等。

停车场指停放配属车辆,以及承担车辆的运营管理、整备保养、检查工作的基本生产单位。停车场一般包含运用库、综合楼、洗车库、变电所、污水处理站、场内道路等建构筑物及路基工程等。

7.3.4 本条是地下车站、工作井(或风井)及地下主变电站详细勘察阶段工作量布置的规定。

2 上海地区地下车站、工作井(或风井)及地下主变电站大多采用明挖法施工,故孔深的确定与基坑工程一致。勘探孔深度需同时满足不宜小于基坑开挖深度的 2.5 倍、围护结构稳定性验算、施工工艺和地下水控制的要求。

3 原规范规定在车站端头部位、工作井、区间风井盾构进出洞端宜选取 2 个钻探孔在隧道开挖面的上下 2 m 范围内连续取土,目的是详细查明土层性质,特别是含水砂层分布、软硬地层的交界面等,以防止引起开挖面坍塌、涌水、盾构进出洞偏离线路方向等现象发生。上海地区由于地层沉积一般较稳定且端头部位均会布置静力触探试验孔,可以较清楚判别土层的变化,故本次修订改为宜选取 1 个钻探孔在隧道开挖面的上下 2 m 范围内加密取土,取土样间距宜为 1.0 m～1.5 m。

4 地下车站、工作井等基坑工程的浅层勘察十分重要,但许多工程位于城市中心,小螺纹钻孔难以实施,故建议采用小螺纹钻孔、浅层物探或搜集历史河流资料等综合勘探方法探明暗浜的分布。

7.3.5 轨道交通车站出入口、明挖联络线基坑宽度一般小于 15 m,且基坑的平面形状有变化,与隧道工程中明挖法匝道的基坑相比建设环境要复杂。因此,交错布置勘探孔的宽度限制从 20 m 调整到 15 m。

7.3.6 出入线盾构法隧道、盾构法施工联络线均按照盾构法隧道执行。

7.3.7 本条是高架车站、区间及车站附属设施详细勘察阶段工作量布置的规定。

2 出入线高架段可按高架区间规定执行。

3 由于大跨度的轨道交通桥梁宽度与道路桥梁相比要小,墩台的面积一般也远小于道路桥梁,基础宽度一般都在 20 m 以内。如:上海市轨道交通 17 号线西延线 180 m 跨径特大桥主墩承台尺寸为 18.5 m×14.5 m,111 m 跨径特大桥主墩承台尺寸为 13.8 m×10 m,11 号线 170 m 跨径特大桥主墩承台尺寸为 15.4 m×10.3 m。鉴于大跨度桥梁对基础沉降的要求较高,地基土分布较稳定时,每墩布置 2 个勘探点可以满足设计要求;当地基土层特别是桩基持力层有变化时可适当增加勘察工作量予以查明。当承台宽度大于 20 m 时可适当增加工作量按角点控制。

7.3.8

2 上海属于平原区,除局部剥蚀残丘外,一般地势地坪,地层基本呈水平分布,轨道交通路基工程按线路布置勘探线能满足要求。当涉及高路堤、深路堑时,可按现行国家标准《城市轨道交通岩土工程勘察规范》GB 50307,根据基底和边坡的特征,结合工程处理措施,确定代表性工程地质断面的位置和数量。

7.3.9 本条是有轨电车地面线路详细勘察阶段勘察工作量布置的规定。

1 有轨电车的车站结构简单,荷载较小,可不单独布孔,结合线路综合考虑布置工作量。

本标准规定:一般道路孔间距为 200 m～400 m,高速公路(高填土)孔间距为 100 m～200 m,建筑工程天然地基孔间距宜为 30 m～50 m。现行上海市工程建设规范《城市轨道交通设计规范》DGJ 08—109 规定:地面线孔间距不宜大于 45 m。现代有轨电车一般建在现有道路上(或道路旁侧),设计路面标高与既有道路一致,附加压力较小,时速相对不快(小于 70 km/h),一般地面线采用钢筋混凝土板基础形式,综合考虑孔距确定为 50 m～70 m。

有轨电车的桩基工程参考现行上海市工程建设规范《有轨电车设计规范》DG/TJ 08—2213(勘探孔的间距宜为 30 m～40 m)及本标准沉降控制复合桩基章节相关内容(勘探孔的间距宜为 30 m～45 m),有轨电车桩基主要以控制沉降为主,综合考虑勘探孔的间距定为 30 m～40 m。

2 线路位于现状道路时,道路经过多年车辆碾压,其填土及路床土性质较好,采用天然地基时可能直接利用。

3 上海地区有轨电车有采用天然地基的可能性,需对填土进行原位测试,以判断利用可能性。常用的测试手段有静力触探、轻型动力触探试验及 K_{30} 检测。

K_{30} 可采用 0.305 m×0.305 m 承压板进行测定,对应地基土变形为 1.25 mm 的基床系数。K_{30} 试验除应符合本标准第 12.6.3 条的要求外,还应符合下列要求:

1) 试验前预加 0.04 MPa 荷载,30 s 后卸除荷载,作为位移测读起始基准。

2) 荷载分级增量为 0.04 MPa,应逐级加载。沉降稳定标准为,每级荷载下,1 min 的沉降量不大于该级荷载产生的沉降量的 1%,每级荷载稳定时间不少于 3 min。

3) 达到下列条件之一时,试验即可终止:

 a) 总沉降量超过规定的基准值(1.25 mm),且加载级数至少 5 级;

 b) 加载荷载强度大于设计标准对应荷载的 1.3 倍,且加载级数至少 5 级;

 c) 加载荷载强度达到地基屈服点。

4 有轨电车荷载较小,采用天然地基时附加压力影响深度一般不超过 20 m。

7.3.10 车辆基地的详细勘察包括车场线路基、场内道路及管线、检修库、运用库、综合楼、洗车库、变电所、污水处理站等各类功能建构筑物及其附属设施的勘察。

1 有上盖开发或其他上盖要求的车辆基地,目前一般采用转换层结构、局部建构筑物配合落地的方式,盖下功能性建构筑物基础单独布设或结合盖体基础共同布设。

虽然是通过转换层把上部结构荷载传递到基础,但如果上盖开发有高层建筑的,尚应满足高层建筑岩土工程勘察的相关技术要求。场地地震效应分析和评价应同时满足盖上建构筑物和车辆段功能建构筑物的要求。

2 路基一般需要地基处理或沉降复合桩基处理,孔间距需综合各要求确定。

8 港口和水利工程勘察

8.1 一般规定

8.1.1 港口工程和水利工程的岩土工程勘察除应符合本章规定外,尚需符合相关国家与行业标准的规定。水利工程堤岸勘察与市政工程堤岸勘察要求基本相同,已将相关内容纳入本标准第 6.6 节。

8.1.2 港口工程勘察时,常涉及新近沉积的表部淤泥,本标准第 3.2.2 条规定"……天然含水量大于液限且天然孔隙比大于或等于 1.5 的新近沉积黏性土,应定名为淤泥"。而行业标准《水运工程岩土勘察规范》JTS 133—2013 中第 4.2.4 条淤泥性土的定名和分类与本标准第 3.2.2 条不同(表 8-1),工程需要时可按行业标准进行土层定名。

表 8-1 淤泥性土的分类

指标 \ 土的名称	淤泥质土	淤泥	流泥
孔隙比 e	$1.0 \leqslant e < 1.5$	$1.5 \leqslant e < 2.4$	$e \geqslant 2.4$
含水率 $w(\%)$	$36 \leqslant w < 55$	$55 \leqslant w < 85$	$w \geqslant 85$

注:淤泥质土可根据塑性指数进一步划分为淤泥质黏土($I_p > 17$)和淤泥质粉质黏土($10 < I_p \leqslant 17$)。

本条所指的附着力指标一般应用在航道疏浚工程中。

8.1.3 由于适用于水域的静力触探试验设备较少,考虑水域地形、波浪等因素,现场试验难度大,且费用高,目前港口和水利工程水域区的原位测试主要以标准贯入试验为主,故规定水域部分原位测试孔可以标准贯入试验孔为主。

8.1.4 原规范对港口工程采用桩基时规定控制性勘探孔数量不宜少于勘探孔总数的 1/4;水利工程未作规定。本次根据新颁布的国家标准《工程勘察通用规范》GB 55017—2021 的规定,控制性孔的比例均按不少于 1/3 采用。

考虑港口和水利工程对取样数量的要求更高,如现行行业标准《水利水电工程地质勘察规范》GB 50487 规定"每一主要土层室内试验累计有效组数不宜少于 12 组";现行行业标准《堤防工程地质勘察规程》SL 188 要求"每一工程地质单元每一层累计有效试验组数不少于 10 组";现行行业标准《水闸与泵站工程地质勘察规范》SL 704 规定"每一主要土层室内试验累计有效组数不应少于 12 组"。因此,港口和水利工程的原状土试样或原位测试的数量除应符合本标准第 5.1.4 条的规定外,尚应符合相关行业标准的规定。

8.2 港口工程

8.2.1 上海地区港口工程主要以苏州河、黄浦江、长江沿岸的码头工程和修造船厂的船坞、船台和滑道为主。

港池、锚地勘察主要为达到疏浚深度要求,可参考本标准第 8.4 节的疏浚工程执行;上海地区的进港航道基本为外海进港航道工程,可参考相关行业标准。

8.2.2 《港口建设项目预可行性研究报告和工程可行性报告编制办法》(2009)要求可行性研究阶段的主体工程应达到初步设计阶段的深度,因此本条规定勘探工作量的布置应结合主体建构筑物的初步位置。

考虑可行性研究阶段具体设计方案未确定,故规定勘探孔宜以控制性勘探孔为主。

8.2.3 勘探孔的孔深与拟建构筑物的基础形式、荷载要求等有关,考虑初步勘察阶段拟建构筑物的平面布置、荷载情况等尚未最终确定,设计方案有调整的可能性,故勘探孔的深度宜留有余地,以满足设计方案比选的要求。

8.2.4

2 稳定性验算横断面间距的确定主要参考了现行行业标准《水运工程岩土勘察规范》JTS 133 中护岸工程地质勘察的有关内容,实际工作中可根据拟建场区地层分布的复杂程度与工程的重要程度选取大值或小值。

8.2.5 本条规定了港口工程有关室内特殊试验与原位测试的要求。

2 原规范对深基坑仅规定了进行承压水位观测,故对本款进行修订。要求对基坑工程应按本标准第 5.6 节布置室内特殊试验和原位测试。

3 稳定性验算应提供满足设计要求的不同工况条件下的强度指标。

8.3　水闸工程

8.3.1 水闸工程包括水闸、泵站以及涵闸等。

8.3.2 根据现行行业标准《水利水电工程等级划分及洪水标准》SL 252,拦河水闸、排水泵站一般属于某个工程系统中的一部分,与其他构筑物一起发挥作用,其工程等级、工程规模应根据其所属工程的等级、规模确定。当拦河水闸作为独立项目立项建设时,其工程等级需按其承担的工程任务、规模确定。

8.3.4 水闸翼(导)墙为导水或挡土构筑物,通常采用悬臂或扶壁结构,侧向土(水)压力大,对地基条件要求较高。对于软土地基上的水闸,为满足翼(导)墙地基抗滑稳定和抗倾覆稳定要求,一般需采用桩基础或采取其他地基加固措施。因此,勘察时对翼(导)墙应予重视。

8.3.5 根据水闸工程建设经验,当水闸地基浅部存在较厚的不液化粉性土或粉砂时,可采用天然地基,但需进行防渗处理,控制性勘探孔深度宜进入第⑥层硬土层(第⑥层硬土层缺失时宜进入第⑤₃层黏性土);当水闸地基土为液化土层或软土时,一般采用桩基础或采取其他地基加固措施,控制性孔深度宜进入第⑦层粉性土、砂土或中压缩性土层一定深度。

8.3.6 在总应力法地基的稳定分析中,水利行业规范要求根据地基土的排水条件选取相应的抗剪强度指标。对于排水条件差的黏性土地基,宜采用直剪快剪指标(或三轴 UU、原位十字板剪切指标);对于上下层透水性较好或者采取了排水措施的薄层黏性土地基,宜采用直剪固结快剪指标(或三轴 CU 指标);对于透水性良好的砂土地基,可采用直剪慢剪指标(或三轴 CD 指标)。就上海地区地质条件来说,建于软黏土地基上的水闸宜采用直剪快剪指标(或三轴 UU、原位十字板剪切指标),其他地基条件可采用直剪固结快剪指标。

8.4 疏浚和土料勘察

8.4.2 与一般的水运工程、水利工程地质勘察不同,疏浚工程勘察有其特殊性。勘察范围应包括疏浚区首尾各 200 m、两侧各 50 m 周边区域。勘察内容需结合工程目的、适用工法、水下边坡稳定性评价的需要确定。疏浚工程宜重视物探工作,当疏浚区地层适宜采用物探方法时,宜优先采用,并可适当减少勘探孔数量。

8.4.3 详细勘察的主要勘探线的布置宜与地形测量断面线一致。

8.4.4 疏浚工程除了根据颗粒组成、天然含水率、塑性指数及有机质含量进行土的分类外,还需要根据疏浚土开挖的难易程度进行级别划分。现行行业标准《疏浚与吹填工程技术规范》SL 17 按土的分类定名、液性指数、锥体沉入土中的深度、标准贯入击数、相对密度、饱和密度等划分疏浚土级别；现行行业标准《疏浚与吹填工程设计规范》JTS 181—5 按岩土类型、状态、强度及结构特征、标准贯入击数、抗剪强度、天然重度、液性指数、附着力、相对密度、有机质含量等划分疏浚土级别。综合上述规范，提出了本标准疏浚工程应提供的室内试验和原位测试指标。条文第 1 款指标是土质分类和分级的主要依据，为必做项目。

8.4.5 本条土料主要指填筑土料、防渗土料和吹填料。根据上海市水利工程建设经验，石料、砂料一般采用外购解决，建设单位在施工期进行检验复核。填筑土料、防渗土料当用量少时，可结合建构筑物勘察布置和工程需要开展工作；当用量较大时，需要考虑专门的土料场。天然建筑材料勘察阶段分为普查、初查和详查，本条规定的是详查阶段的勘察要求。

9 环境工程勘察

9.1 一般规定

9.1.1 大面积堆土工程、废弃物处理工程和污染土处置工程属于环境工程,原规范设置在第 6 章"市政工程勘察"是由于当时此类工程数量不多,工程经验少。随着国家和上海市对生态环境的重视、城市建设的需要,以及环境治理方面岩土工程经验的不断积累,本次修订将这 3 种工程类型单独成立第 9 章"环境工程勘察"。

9.1.3 根据上海地区对污染场地的调查资料,污染物一般分布在表部或浅部土层中,如果不采取隔离措施,污染物易随着勘探孔迁移至下部土层,如在污染区域勘探后钻具不进行清洁,会从污染区域扩散到非污染区,造成污染扩散。因此,污染场地的勘探,与常规勘察的最大区别就是需要采取严格的隔离措施,避免不同区域勘探孔之间、同一勘探孔不同深度之间的污染扩散及交叉污染。勘探孔包括钻孔、原位测试孔、水位观测孔等。

9.1.4 污染场地采用低渗透材料,如黏土球、一定配比的膨润土球等及时回填钻孔,是为了防止不同深度污染物的竖向扩散,造成二次污染或交叉污染。另外,监测井会对后续场地的建设工作带来不便,并可能会造成井壁管或滤水管歪斜、断裂等,造成污染物向非污染区域扩散,因此监测井完成使用功能后应及时回填。

勘探后的现场弃土存在污染的可能,不得随意丢弃,若原地回填仍可能引起新的环境污染,则须收集后统一进行无害化处置,或将勘探过程中产生的废水、废土以及受污染的废弃物,如废手套、废样管等,在现场采用专用容器收集,根据检测结果作相应处置。

9.2 大面积堆土工程

9.2.1 随着城市建设发展的需要,大面积的堆土工程如大型景观绿地、公园等项目逐步增多,上海地区是典型的软土地基,大面积堆土涉及地基及边坡的稳定性、地基变形及环境保护问题。

本节所指的大面积堆土工程勘察是指场地将要进行大面积堆土,不包括在已经完成大面积填土的场地进行各类工程建设的勘察。如在近江或近海岸的地势低洼区域进行了大面积吹填,在吹填区进行工程建设时,其勘察要求应执行本标准相关规定。

本条所指的大面积堆土工程,为堆土高度在 2.5 m 以上,且堆土占地面积大于或等于 10000 m² 的情况。对于堆土占地面积小于 10000 m² 的工程,可根据具体情况参考本节执行。

人造山工程的荷载作用形式如与大面积堆土类似,可参照执行。

9.2.2 本条规定了勘察前宜搜集的资料。大面积堆土工程的堆土厚度、坡度通常有一定的变化,厚度的变化易引起地基不均匀沉降,坡度的陡缓与边坡的稳定性有关;搜集堆土的范围、高度及场地已有的工程地质资料,是确定勘探工作量的依据。堆土高度大且坡度陡时,易引发过大的沉降及边坡失稳,在其影响范围内的建构筑物或地下管线等会受到不利影响,故应重视周边环境资料的搜集。

9.2.3 大面积堆土工程的岩土工程勘察主要提供地基土的强度、地基渗透性及变形参数,评价在既定的堆土情况下地基与边坡的稳定性、地基排水条件、地基沉降量,判断是否需要进行地基处理或设置挡土结构。勘察时一般尚未进行堆土,若设计需要堆填土边坡稳定验算指标,则宜设置试验区按设计堆填材料、密实度进行堆填,通过原位或室内试验确定堆填土的强度指标。

9.2.4 根据类似堆土工程的变形观测资料及相关研究成果,大面积堆土的平面影响范围与堆土高度密切相关,且在外围2倍~3倍的堆土高度范围内影响较为显著。因此,规定勘察的平面范围宜扩展到堆土区外围2倍~3倍堆土高度。

9.2.5 大面积堆土工程勘探孔深度宜根据堆土高度、填筑材料、地基土分布特征等因素综合确定。当采用不同的填料或空腔结构时,附加荷载应根据填筑重度或空腔结构形式及荷载换算。

本次修订对孔深区分了一般性孔和控制性孔,控制性孔的深度应满足沉降计算的要求。压缩层厚度计算可根据堆体荷载,算至附加应力等于土层有效自重压力20%处(中~低压缩性土)或10%处(高压缩性土)。当涉及超固结土(第⑥层)、中密~密实的砂土层(第⑦层)、附加应力小于该层前期固结压力 p_c 时,勘探孔深度确定时可按进入硬土层或密实砂层一定深度作为标准。

原规范提供了不同堆土高度确定勘探孔深度的表格(表9-1),是以滨海平原地貌类型的正常地层组合,并参考类似工程的变形实测资料综合确定的。当位于古河道切割区(分布厚度较大的软土层)或湖沼平原I-1区浅部分布硬土层或中密以上的粉性土或砂土层时,勘探孔深度宜根据具体的地层条件确定。原规范中根据堆土高度确定勘探孔深度仅适用于滨海平原的正常地层组合,故在条文中取消,仅列出确定孔深的原则。

表9-1 勘探孔深度

堆土高度(m)	勘探孔深度(m)
2.5~4	30~35
4~6	35~45
6~8	45~55
≥8	55~60

注:当大面积填土采用轻质材料或空腔结构时,可根据实际的荷重条件换算堆土高度估算孔深。

9.3 废弃物处理工程

9.3.1 核废料填埋场具有特殊性,本节不包括核废料的勘察。垃圾焚烧厂的勘察与一般的建构筑物勘察类似,为避免重复,本节也未包括该项勘察内容。需要说明的是,垃圾焚烧厂勘察需重点控制厂房、垃圾池、管道的差异变形,防止渗沥液对地基和建筑材料产生不利影响,以及对地下水造成污染。

9.3.3 本条对废弃物处理工程的勘察内容作了原则规定。

2 为了确保废弃物处理工程建设及营运期的安全,避免发生渗漏,需要正确评价地基土的强度、变形、渗透特征。上海属于软土地区,地基土的强度低、压缩性高,应避免由于地基强度不足发生地基整体失稳、差异变形过大引发的污染渗漏等;地基土渗透性指标是防渗设计的重要依据。

6 稳定性计算包括地基稳定性、堆体边坡及自然边坡的稳定性。

9.3.6 本条是废弃物处理工程详细勘察阶段工作量布置的规定。

4 废弃物处理工程的场地勘察,可能涉及已经受到污染的场地,需要按本标准第9.4节的要求查明污染土、水的分布特征,提出污染土、水如何治理的建议,因此规定其勘察工作量尚应满足本标准第9.4节的相关要求。

9.3.7 本条是针对大型废弃物处理工程(如大型生活垃圾填埋场等)开展专项勘察与专题研究的工作要求,常规勘察不包括此项内容。专项勘察与专题研究,由建设单位根据工程需要进行专项委托。

9.4 污染土处置工程

9.4.1 随着生态城市建设的需要,污染土处置前的调查与评价工作显得十分重要。

工业生产废水废渣污染,指因生产或储存中废水、废渣和油脂的泄漏,造成地下水和土中酸碱度的改变,重金属、油脂及其他有害物质含量增加,导致基础严重腐蚀,地基土的强度急剧降低或产生过大变形,影响建构筑物的安全及正常使用,或对人体健康和生态环境造成严重影响。

垃圾填埋场渗滤液的污染,指因许多生活垃圾未能进行卫生填埋或卫生填埋不达标,生活垃圾的渗滤液污染土体和地下水,改变了原状土和地下水的性质,对周围环境也造成不良影响。

核污染主要是核废料污染,因其具有特殊性,故本节不包括核污染勘察。实际工程中如遇核污染问题,应建议进行专题研究。

因人类活动所致的地基土污染一般分布在地表下一定深度范围,上海地区地下潜水位高,地基土和地下水一般同时污染。因此,在具体工程勘察时,污染土和地下水的调查应同步进行。

9.4.2 考虑污染土处置工程勘察前搜集资料工作十分重要,本条规定了勘察前宜搜集的资料。

1 污染源位置及紧邻区域一般是地基土污染相对严重的地方;污染史、污染物成分与污染土性质及后期处理方法密切相关;污染途径和污染土分布范围与后期的处置措施有关。

2 搜集污染场地已有建构筑物受影响的程度,如了解工业酸液污染场地导致地基承载力降低,厂房混凝土结构疏松,墙体开裂倾斜等,是勘察方案制订、后期污染土处置、建构筑物加固方法确定的重要依据。

4 污染物质的迁移,与地下水及地基土渗透性密切相关,因此需要搜集场地或附近已有的场地利用及历史变迁、环境调查、工程地质与水文地质资料。

5 周边环境现状指了解周边区域是否有其他污染源,或者周边环境目前是否受到本场地污染源的影响。另外,需要了解周边是否有地表水体,特别是水源保护地的分布。

9.4.3 本条对污染土处置工程的勘察内容作了原则性规定。

1~2 属于常规勘察的要求。对上海地区而言,污染物主要存在于浅部的土层与地下水中,填土和暗浜、浅部砂土及粉性土分布是勘察的重点。因此,浅部土层需要开展"精细化"勘察。

3 属于污染场地勘察的特殊要求。需要确定污染物的来源,查明土和地下水中污染物的种类、浓度和分布,并提供相关参数。

4 建设场地污染土的评价包括三方面的内容。评价土水对建筑材料的腐蚀性与常规勘察的要求相同;评价土水环境指标的超标情况、评价污染土承载力与变形特征均属于污染场地的特殊要求。

5 对污染场地而言,除常规岩土工程勘察报告的建议内容外,根据工程性质与场地污染特征,提出污染土与地下水修复治理方法的建议是勘察报告尤为重要的内容。

6 分析评价场地污染发展趋势以及对生态环境和人体健康的危害,技术难度相对高,一般勘察单位难以完成,属于根据合同委托开展专项服务的内容,故规定当工程需要时宜分析评价。

9.4.4 污染土空间分布一般具有不均匀、污染程度变化大的特点,故污染土处置工程勘察宜分阶段进行。初步勘察阶段是初步判定场地地基土和地下水是否受污染、污染的大致范围、污染的程度。详细勘察阶段是在前阶段勘察的基础上,经与委托方、设计方交流,并结合可能采用的基础方案与处理措施进行针对性的勘察。

对于前期已进行了环境调查,基本明确污染范围并初步查明污染物的种类及浓度的场地,可直接进行详细勘察;对虽未开展过场地环境调查,但污染源位置较为明确且污染物质已基本确定的场地,也可直接进行详细勘察工作。对于复杂场地,可分步骤实施不同阶段的勘察工作,分批次、逐步推进场地的勘探采样、现场测试等。

9.4.5 本条对污染土处置工程勘探点进行了分类,不同类型勘探点设置的目的不同。需要说明的是:

1) 各类勘探点应根据勘察阶段和勘察内容的需求布设,为了充分发挥各类勘探点的综合效能,避免浪费,勘探点宜结合使用,如勘探点与土样采样点一般是结合使用的,故简称为"勘探采样点";水文地质勘探点也可与勘探采样点、地下水采样点相互借用。

2) 地下水采样点:因本节内容涉及岩土工程、环境工程两个专业,在进行专业之间协调时,既不能完全改变常规勘察的约定做法,也不能降低环境指标检测的要求。因此,对于采取地下水样进行建筑材料腐蚀性分析(水质简分析),可以在槽、坑、孔中采取水样,但取水样时必须做好隔离措施,采取从某深度段地层中直接渗出的地下水。对于采取地下水样进行环境指标的检测,应按照环境领域的要求建井,在地下水监测井中采取地下水样。条件具备时,也可采用免井式定深采样器采集地下水样。

3) 水文地质勘探点:主要为查明含水层结构、地下水类型和水位,满足构建场地环境水文地质概念模型需要而布设的勘探点。水文地质勘探点需要明确污染源是否会对其下的含水层造成影响,故要求勘探点应穿透潜水含水层,进入相对隔水层。当缺乏深部含水层资料,确有必要时,宜揭露第Ⅰ承压含水层的顶板。

9.4.6,9.4.7 现行上海市工程建设规范《建设场地污染土勘察规范》DG/TJ 08—2233 编制时将勘察领域与环境领域融合,制定了上海地区建设场地污染土勘察的专门规范。本次修订,将污染土处置工程的初步勘察和详细勘察工作量布置与《建设场地污染土勘察规范》DG/TJ 08—2233 相统一。

9.4.8 本条是对采样点和地下水监测井布置深度的要求。

1 上海地区浅部填土、粉性土及砂土的渗透系数较大,有利于污染物迁移,故规定勘探采样点的深度应穿透浅部填土、粉性土及砂土,且进入稳定分布的黏性土层不宜小于 2 m。

4 若浅层地下水污染非常严重,且地层结构有利于污染物向深层地下水迁移,通常需要增加 1 口深井至深层地下水,以评价深层地下水受影响的程度。深井建井时应采取措施避免浅部污染物向深部土层或地下水扩散。此外,在污染场地钻探、建井过程中,如措施不当,钻孔或井将成为不同深度水土交叉污染的通道,因此需采取跟管钻进或其他有效隔离措施,及时将揭露的上部土层与下部土层隔离。

9.4.9 本条是土样和地下水样品采集的基本要求。

1 鉴于污染土修复治理成本大,准确判定污染土与非污染土深度界线十分重要。故规定判定污染土与非污染土界线时,取样间距不宜大于 1 m。

3 由于轻质非水溶性有机物(LNAPL)污染主要集中在含水层的顶部,而重质非水溶性有机物(DNAPL)污染主要集中在含水层底部或不透水层顶部,故应增加相应位置的采样点,可通过定深采样器、建设丛式井等方法实现。

9.4.10 为查明场地污染水和土的分布,上海地区适用的现场测试方法包括工程物探方法、采用多功能探头的静力触探方法以及水文地质试验等。各种测试方法需根据场地地层条件、污染物种类以及处置方法选用。

1 根据现有的科研成果及部分工程实践经验,通过测试电阻率等工程物探方法可探测重金属、有机污染土及地下水"物性指标"的异常,从而圈定污染土和地下水的分布范围。工程物探包含很多种技术方法,每种物探方法应用的物理基础就是探测目标对象与周围介质间存在某一种或多种物性参数的差异。根据现有科研成果,物探方法适用的污染物类型见表 9-2。工程实践时,可根据污染物类型选择物探方法,经现场试验后再确定具体的物探方法。由于物探具有多解性,且受周边环境以及地下障碍物影响,物探成果需经现场采样、试验探查验证。

表 9-2　物探技术适用的污染物类型

地球物理勘探方法	适用的特征污染物类型
电阻率法	重金属污染物、有机污染物
探地雷达法	有机污染物
激发极化法	重金属污染物、有机污染物
高精度磁法	重金属污染物
电磁感应法	重金属污染物、有机污染物

3 水文地质参数测定方法如表 9-3 所示。

表 9-3　水文地质参数测定方法

测定方法		测定参数	应用范围
钻孔注水试验	常水头法	渗透系数	渗透性较强的砂土层
	变水头法	渗透系数	渗透性较弱的粉性土、黏性土层
抽水试验	不带观测孔抽水	渗透系数	初步测定含水层的渗透性参数
	带观测孔抽水	渗透系数、影响半径、给水度、释水系数	较准确测定含水层的各种参数
室内渗透试验	常水头试验	渗透系数	砂土
	变水头试验	渗透系数	粉性土、黏性土
弥散试验	天然状态法	弥散系数	适用于黏性土、粉性土、砂土
	附加水头法		适用于渗透性较大的土层,如粉性土、砂土等
	连续注水法		适用于地下水位以下渗透性较小的土层,如粉性土、黏性土等
	脉冲注入法		适用于渗透性较小的土层,如黏性土

表 9-3 中弥散系数(dispersion coefficient)又称纵向弥散系数,是表征流动水体中污染物在沿水流方向(纵向)弥散的速率系数,单位常用 m^2/s,其物理意义是每秒钟污染物在纵向弥散的面积。开展弥散试验的目的是获得进行地下水环境质量定量评价的弥散参数,用于预测污染物在地下水中运移时其浓度的时空变化规律。

9.4.12 场地污染土和地下水的室内试验包括土的物理力学试验、土与水的腐蚀性试验、土和水的环境指标检测。

10 场地和地基的地震效应

10.1 一般规定

10.1.1 国家标准《建筑抗震设计规范》GB 50011—2010
(2016 年版)附录 A(我国主要城镇抗震设防烈度、设计基本地震
加速度和设计地震分组)以及《中国地震动参数区划图》
GB 18306 是现行上海市工程建设规范《建筑抗震设计标准》
DG/TJ 08—9 确定地震动参数的依据。本市的地震动参数区划
研究成果,经国家地震安全性评价委员会审批颁发后,方可作为
本市的抗震设防依据。按现行规范,上海地区抗震设防烈度均为
7 度,设计地震分组为第二组。

上海地区除少数剥蚀残丘有基岩露头外,均覆盖了巨厚的松散
沉积物。需要说明的是,现行上海市工程建设规范《建筑抗震设计
标准》DG/TJ 08—9 规定,Ⅲ类场地的多遇地震特征周期为 0.65 s,
Ⅳ类场地的多遇地震特征周期为 0.9 s,比国家标准《建筑抗震设计
规范》GB 50011—2010(2016 年版)分别延长了 0.2 s 和 0.25 s,罕遇
地震的地震影响系数最大值为 0.45,比国家标准《建筑抗震设计规
范》GB 50011—2010(2016 版)的 0.5 小了 0.05。这是根据上海市
地震局和同济大学十多年来关于上海市地震危险性分析与土层地
震反应分析结果而确定的,反映了上海市厚软土层的地质特点。

10.1.2 国家标准《建筑与市政工程抗震通用规范》GB 55002—
2021 第 2.3.1 条规定,各类建筑与市政工程,均应根据其遭受地
震破坏后可能造成的人员伤亡、经济损失、社会影响程度及其在
抗震救灾中的作用等因素划分为下列四个抗震设防类别:

1) 特殊设防类应为使用上有特殊要求的设施,涉及国家公

共安全的重大建筑与市政工程和地震时可能发生严重次生灾害等特别重大灾害后果,需要进行特殊设防的建筑与市政工程,简称甲类。

2）重点设防类应为地震时使用功能不能中断或需尽快恢复的生命线相关建筑与市政工程,以及地震时可能导致大量人员伤亡等重大灾害后果,需要提高设防标准的建筑与市政工程,简称乙类。

3）标准设防类应为除本条第 1 款、第 2 款、第 4 款以外按标准要求进行设防的建筑与市政工程,简称丙类。

4）适度设防类应为使用上人员稀少且震损不致产生次生灾害,允许在一定条件下适度降低设防要求的建筑与市政工程,简称丁类。

10.1.3 上海地区在 7 度设防烈度时,第③、④层淤泥质土是否需要考虑软土震陷问题,本次修订根据相关国家标准、上海地区初步研究成果分析如下:

1）国家标准《建筑抗震设计规范》GB 50011—2010(2016 年版)在第 4.3.11 条规定了饱和黏性土在 8 度和 9 度时的震陷判别方法,未涉及 7 度区软土震陷问题,但在第 4.3.11 条的条文说明中阐述:7 度区软土震陷缺少研究及相关实测资料,是未知的空白。在 7 度区是否会产生大于 5.0 cm 的震陷是判断是否需要考虑软土震陷的条件,并初步认为对 7 度区 f_{ak} < 70 kPa 时还是应该考虑震陷的可能性。上海地区第③、④层淤泥质土 f_{ak} 一般小于 70 kPa,关键是看该类土层在 7 度设防烈度条件下的震陷量是否大于 5.0 cm。

2）国家标准《岩土工程勘察规范》GB 50021—2001(2009 年版)第 5.7.11 条规定,抗震设防烈度等于或大于 7 度的厚层软土分布区,宜判别软土震陷的可能性和估算震陷量。其条文说明给出了软土震陷判别标准,7 度区当承载力特征值 $f_a > 80$ kPa、等效剪切波速 $v_{sr} > 90$ m/s 时,可不考虑软土震陷的影响。按此条规定,上海地区除新近沉积的土层或松散的填土外,一般土层的等效剪切波速均大于 90 m/s,可不考虑软土的震陷。

3）上海地区软土震陷的问题,相关研究成果甚少。根据同济大学的初步研究成果,上海软土在 7 度地震作用下,震陷量一般小于 5.0 cm。根据工程经验,小于 5.0 cm 的震陷量对一般房屋不致引起明显破坏,可不考虑软土震陷的影响。

综合分析认为,7 度设防烈度下,上海地区第③、④层淤泥质土一般可不考虑软土震陷问题。对新近沉积的淤泥等,应建议采取工程措施进行处理,避免软土震陷造成不利影响。对于近距离穿越的隧道工程或其他对变形控制极为严格的工程,软土震陷影响评价宜专题研究。

对于抗震设防的工程,岩土工程勘察报告一般仅需提供关于场地地震稳定性、场地类别及地基液化的评价,无需提供土的动力参数,因为现行上海市工程建设规范《建筑抗震设计标准》DG/TJ 08—9 已经有了关于场地分类的规定和相应的设计反应谱,但该标准提供的设计反应谱只对振型分解法有用。采用时程法分析时,设计人员需要进行下列分析:①进行结构与土层整体反应分析;②进行自由场反应分析,以自由场的输出作为结构物的基底输入,进行结构物的反应分析。为了完成上述分析工作,受建设单位委托,岩土工程勘察报告尚应根据设计要求提供土层剖面、有关的动力参数和场地覆盖层厚度。

10.2 场　地

10.2.1 确定场地类别的目的是为结构抗震计算选择相适应的

地震影响系数。场地类别是按照场地覆盖层厚度和土层等效剪切波速来划分的,覆盖层厚度是指基岩(或剪切波速大于 500 m/s 的坚硬土层)以上覆盖土层的厚度。当覆盖层厚度大于 80 m,且地表下 20 m 深度范围内场地的等效剪切波速小于 150 m/s 时,地基土类型属软弱土,按现行国家标准《建筑抗震设计规范》GB 50011 的规定,属Ⅳ类场地。

　　根据上海市区域地质资料可知,除松江西北部佘山、天马山等为基岩露头以外,绝大部分地区基岩埋藏深度约 200 m～400 m,即使以剪切波速大于 500 m/s 作为假想基岩,覆盖层厚度也多数超过 160 m,远大于规定界限 80 m;除湖沼平原Ⅰ-1 区、第②₃层较厚地区外,上海地区地表下 20 m 深度范围内场地的等效剪切波速一般小于 150 m/s 界限,应划归为Ⅳ类场地。

　　湖沼平原Ⅰ-1 区较为普遍分布浅层第⑥₁硬土层、第⑥₂粉土或砂土层,20 m 深度范围内场地等效剪切波速大于 150 m/s 的可能性大;另外,滨海平原区的场地中,当浅层第②₃层厚度大、状态呈稍密～中密时,其等效剪切波速也可能大于 150 m/s;按现行国家标准《建筑抗震设计规范》GB 50011 规定,上述两种情况均可判定为Ⅲ类场地。对于第②₃层分布较厚的地区,上海市工程建设规范《地基基础设计规范》DGJ 08—11—2010 考虑该层土的地层情况复杂,尚需进一步开展相关研究,按Ⅳ类场地考虑,该规范 2018 年版仍按Ⅳ类场地考虑。本标准与此统一,未作修订。

　　港口工程、水利工程执行的是现行行业标准《水运工程抗震设计规范》JTS 146、《水工建筑物抗震设计规范》DL 5073。上述规范在场地类别划分时,场地覆盖层厚度的取值与现行国家标准《建筑抗震设计规范》GB 50011 中的取值略有不同,但只影响到Ⅰ～Ⅲ类场地的分类,而不影响Ⅳ类场地的划分。

10.2.2　本条是湖沼平原Ⅰ-1 区判别场地类别的规定。

　1　对湖沼平原Ⅰ-1 区每个建设场地波速测试孔的数量要

求,是考虑上海地区地层分布相对稳定的因素。当建设场地地层分布不稳定且涉及不同工程地质单元时,波速测试孔的平面布置要有代表性,波速测试孔数量宜适当增加。

2 考虑丁类建筑及丙类建筑中层数不超过 10 层、高度不超过 24 m 的建构筑物,抗震设计要求相对较低,可根据土层名称、埋深、性状等,按条文中表 10.2.2 确定土层的剪切波速。

本次修订新增了上海湖沼平原 I-1 区 39 个场地 143 个波速测试孔成果与原规范成果一并进行统计分析,对表 10.2.2 中各土层的波速范围值进行了修订。

10.2.3 现行国家标准《建筑与市政工程抗震通用规范》GB 55002 规定,应根据工程需要和地震活动情况、工程地质和地震地质等有关资料对地段进行综合评价。地段划分见表 10-1。

表 10-1 有利、一般、不利和危险地段的划分

地段类别	地质、地形、地貌
有利地段	稳定基岩,坚硬土,开阔、平坦、密实、均匀的中硬土等
一般地段	不属于有利、不利和危险的地段
不利地段	软弱土,液化土,条状突出的山嘴,高耸孤立的山丘,陡坡,陡坎,河岸和边坡的边缘,平面分布上成因、岩性、状态明显不均匀的土层(含故河道、疏松的断层破碎带、暗埋的塘浜沟谷和半填半挖地基),高含水量的可塑黄土,地表存在结构性裂缝等
危险地段	地震时可能发生滑坡、崩塌、地陷、地裂、泥石流等及发震断裂带上可能发生地表位错的部位

根据上海市工程建设规范《地基基础设计标准》DGJ 08—11—2018 第 8.1.2 条规定,"对河道岸坡或故河道边缘等不利地段,应提出避让要求;当无法避开时应采取有效措施"。

上海地区主要的不利地段为临岸场地、液化场地、大面积暗浜、大面积新近堆积的场地等,其他大部分地段虽然属于软土地区,但由于不需要考虑 7 度条件下软土震陷问题,可作为一般场地。

按照国家标准《建筑抗震设计规范》GB 50011—2010(2016 年版)第 4.1.9 条的条文说明,场地地段的划分,是在选择建筑场地的勘察阶段进行的,即在可行性研究阶段进行。上海地区大部分中小型工程直接进行一次性详细勘察,可在详细勘察报告中进行场地地段的划分。

10.3 地基液化判别

10.3.1 根据现行国家标准《建筑抗震设计规范》GB 50011、《中国地震动参数区划图》GB 18306 和现行上海市工程建设规范《建筑抗震设计标准》DG/TJ 08—9,上海市各区县的抗震设防烈度均为 7 度。当地面以下 20 m 深度范围内存在饱和砂土或砂质粉土时,应进行该土层的地震液化判别。

本节下述条文的地基液化判别均按上海市抗震设防烈度 7 度、第二组考虑,如设计对地基抗震作用要求提高,可按现行国家标准《建筑抗震设计规范》GB 50011 有关要求执行。

10.3.4 根据国家标准《工程勘察通用规范》GB 55017—2021 第 3.2.8 条第 5 款的规定,"采用标准贯入试验锤击数进行液化判别时,每个场地标贯试验勘探孔数量不应小于 3 个"。每个场地液化判别孔不应少于 3 个,必须严格执行。当建设规模大或地层变化大时,液化判别孔可适当增加,并宜均布于建设场地。根据上海地区科研成果及工程经验,采用标贯试验或静力触探判别液化同等有效。

10.3.6 上海市设计地震分组属第二组,调整系数 β 取 0.95。

本标准黏粒含量百分率 ρ_c 取值方法与现行上海市工程建设规范《建筑抗震设计标准》DG/TJ 08—9、《地基基础设计标准》DGJ 08—11 保持一致,即小于 3 时取 3,大于 3 时按实际值计算。

当采用标准贯入试验判别发现异常点时,宜分析其原因,特别应注意标贯留样的代表性。

10.3.7 现行上海市工程建设规范《地基基础设计标准》DGJ 08—11 根据上海地区地震分组第二组,将静力触探液化判别中的液化临界比贯入阻力基准值和临界锥尖阻力基准值分别从 2.60 MPa 和 2.35 MPa 调整为 3.20 MPa 和 2.90 MPa。本标准与其保持一致。

由于目前采用静力触探试验判别液化,试验段的黏粒含量大多是利用邻近钻孔相应深度的土试成果,当判别点的 p_s 或锥尖阻力 q_c 明显偏小时,有可能是局部夹黏性土所致,但如果相邻孔提供的黏粒含量百分率 ρ_c 很小,则液化指数会显著增大,容易导致地基的液化等级失真。总体而言,上海地区地层分布相对稳定,但饱和砂土或粉性土局部夹黏性土的情况很普遍,相邻孔夹黏性土的深度与厚度可能不完全一致。因此,为了避免由于引用邻近钻孔黏粒含量不当造成液化判别结论错误的情况发生,规定对砂质粉土或砂土层中比贯入阻力 p_s 或锥尖阻力 q_c 明显减小的夹层,宜在旁侧采取土试样进行验证。

主编单位曾于 2003 年进行了"上海地区地基液化判别方法及其精度研究",对采用标准贯入试验、静力触探试验(锥尖阻力、锥侧阻力及孔压)与扁铲侧胀试验三种原位测试方法的液化判别精度进行研究。其中,静力触探试验(单桥和双桥),能较好地反映黏性土夹层的分布,且试验可操作性强、重复性好,地基液化判别结果离散性小,判别结果可靠,已纳入上海市工程建设规范。尤其是双桥静力触探试验在具有单桥优点的基础上,测试参数摩阻比 R_f 值与土层颗粒组成等物理力学性质有较好的相关性,比单桥静探判别时需要根据邻近钻孔的黏粒含量更为可靠。

孔压静力触探试验在测试静力触探试验参数的同时,能测试探头贯入过程中引起的超静孔隙水压力及其消散过程,能较好地反映土体物理力学性质,可直接采用孔压静力触探试验进行地基液化判别,但试验操作要求高、试验成本高,试验操作方法对测出的超静孔隙水压力有一定的影响,可能导致测出的超静孔隙水压力有一定的离散性。因此,尚未纳入规范。

扁铲侧胀试验测试参数能较好地反映土体物理力学性质,反映上海地区饱和粉砂或砂质粉土中粘性土薄夹层的影响,可用于地基液化判别,但试验精度略低于上述方法,试验成本较高,工程应用少。

10.3.9 在同一地质单元内,按单孔判别的液化等级不同,且分布无规律时,可按多数孔的判别结果或以各孔液化指数的平均值确定。有些场地范围大或延伸距离长,当可液化土层在不同区域分布特征有差异、判别的液化等级不一致时,宜分区评价。

10.4 场地地震反应分析

10.4.1 高度在 300 m 及以上的超高层建筑结构自振周期较长,对长周期反应谱敏感,地震反应谱应考虑远大地震影响,需要进行场地地震反应分析。此外,地下结构抗震设计与地上结构抗震设计有差别,地上结构的破坏一般决定于地震动在结构物上引起的惯性力,地下结构的破坏决定于地震动引起的地基变形。地下结构目前推荐采用反应位移法进行抗震设计,场地地震反应分析可以针对性地给出结构抗震设计所需要的地震动参数。

1~2 上海市的建筑场地,除远郊低丘地区少数基岩露头或浅埋处外,多数基岩埋深在 200 m～400 m 之间。现行国家标准《工程场地地震安全性评价》GB 17741 规定,进行场地地震安全性评价时,勘探孔深度不应小于 100 m。目前上海地区进行地震安全性评价的工程,要求波速孔测试深度不应小于 100 m,波速测试孔的数量不少于 2 个;100 m 以深的土层结构及动力参数,一般参照邻近或区域深孔资料。因此,对需要进行场地地震反应分析的工程,本条规定勘探孔深度不应小于 100 m,波速测试孔不应少于 2 个。当规模大且涉及不同地质单元时,波速测试孔数量应相应增加。

3 土的室内动力试验应遵循现行国家标准《地基动力特性测试规范》GB/T 50269 的规定。上海地区粉质黏土、黏土、粉性土、砂土的土动力特性参数估算式可参考现行上海市工程建设规范《地下铁道结构抗震设计标准》DG/TJ 08—2064。

10.4.2 考虑上海地区地形较为平坦,地层分布相对稳定,且层面大多呈水平状,适宜采用一维等效线性化模型;对于穿越大江、大河的隧道,宜采用二维模型进行补充分析验算。

50 年超越概率 63%、10% 和 2% 分别对应抗震设防中的"小震""中震"和"大震"。对于生命线工程和其他有特殊要求的建设工程,还应提供 100 年超越概率 63%、10% 和 2% 及抗震设计所需要的超越概率水平的地震动参数。

地震背景是指震源机制、震级、震中距等。地震波具有不可重复性,但具有相似的地震背景和相同的场地类别时,地震波的特性会比较相近。现行国家标准《建筑抗震设计规范》GB 50011 规定,进行动力时程分析时,可选 3 组或 7 组时程曲线进行抗震验算。要使场地反应分析计算结果的可靠性大,在场地地震反应计算时,应利用多条时程曲线作为计算基底入射波时程,时程曲线数量以满足设计需要为准,不再对其数量进行限定。

11 工程地质调查与勘探

11.1 一般规定

11.1.1 上海属于太湖湖沼积平原和长江三角洲冲积平原,绝大部分区域地貌简单,地势平坦,故各类工程可综合运用工程地质调查代替工程地质测绘。当涉及剥蚀残丘地貌类型时,可根据工程实际情况,开展必要的工程地质测绘工作。

工程地质调查通常是在开展现场勘探工作之前进行的,但有些调查内容贯穿勘察工作的全过程。工程地质调查工作做得充分与否,直接关系岩土工程勘察工作的质量。

11.1.2 随着工程建设周边环境越来越复杂,环境破坏带来的危害日益加大,人们对环境保护意识在逐渐加强。因此,本条规定在对建设场地进行工程地质调查的同时,尚应重视对场地周边环境的调查。

11.1.3 上海属软土地区,勘探方法的选取应考虑软土的特点。随着超高层建筑和超深基坑越来越多,较多工程的勘探孔深度已大于 100 m,甚至孔深达 250 m 以上进入基岩。因此,应根据勘探孔的深度选用合适的钻探设备,确保取样、原位测试的质量能满足规范要求。

11.1.4 随着上海城市更新、老城改造的逐步推进,在老城区及市政道路下存在大量的地下管线及障碍物,工程事故时有发生,造成较大经济损失及不良的社会影响。随着以人为本、环境保护的要求提高,本条强调应搜集地下管线及障碍物相关资料,宜开挖样洞进行复核,并应关注人身安全与环境保护问题。

11.1.5 本条与现行国家标准《工程勘察通用规范》GB 55017 的

规定一致。

11.1.6 本条除了现行国家标准《工程勘察通用规范》GB 55017 规定的钻孔回填、保留孔设置防护装置外，还对可能影响工程建设与运营期安全的钻孔封孔作出了规定。

深基坑工程涉及承压含水层时，如钻孔未按要求回填，易引发水土突涌；盾构隧道施工范围内涉及承压含水层时，如果钻孔未事先按要求回填，易发生透水事件；或者隧道衬砌背后注浆时，浆液通过钻孔喷出地面，对环境造成污染；堤岸工程通常具有防汛及防渗功能，是城市生命线工程，如钻孔未按要求回填，会损坏其防渗与防汛功能。因此，本条规定基坑、堤岸及采用盾构法、顶管法、定向钻等施工工法的工程需要严格进行钻孔的封孔工作。

为防止污染扩散，保护生态环境和保障人员安全，污染场地的清理以及勘探孔(井)、测试孔的回填要求已在本标准第 9.1.4 条作了规定。

11.1.7 信息化、数字化技术的快速发展和智能移动通信设备的广泛应用为勘探工作的电子化记录提供了技术条件。

住房和城乡建设部于 2017 年 8 月 22 日发布了《住房城乡建设部关于开展工程质量安全提升行动试点工作的通知》(建质〔2017〕169 号)。通知中明确在北京、上海、浙江、山东、广西、云南和新疆 7 个地区进行勘察质量管理信息化试点，通过影像留存、人员设备定位和数据实时上传等信息化监管方式，推动勘察现场、试验室行为和成果的质量监管标准化，切实提升工程勘察质量水平。2021 年 4 月 1 日，住房和城乡建设部关于修改《建设工程勘察质量管理办法》的决定中指出，"鼓励工程勘察企业采用信息化手段，实时采集、记录、存储工程勘察数据""国家鼓励工程勘察企业推进传统载体档案数字化。电子档案与传统载体档案具有同等效力"。上述两个文件为勘探工作的电子化记录提供了政策保障。

上海市住房和城乡建设管理委员会要求，自 2019 年 7 月

15 日起全市范围内新建、扩建、改建的建设工程项目均需开展勘察质量信息化管理。勘探记录或数据应及时传输至"上海市工程勘察质量信息化管理平台"。

11.2 工程地质调查

11.2.1 工程地质调查范围应大于建筑场地的范围,并以解决实际问题为原则。工程地质调查的平面范围,原则上覆盖周边环境调查。考虑目前地下空间开发对周边环境调查的详细程度逐步提高,且不同的环境条件,周边环境调查的要求也不同,故单独列出。

11.2.2 工程地质调查内容除收集有关工程地质、水文地质与环境地质等资料外,还应结合工程需要重点调查岩土工程的有关经验和教训。

现场踏勘是在搜集研究已有资料的基础上进行的,应主要了解建筑场地的地理交通、地形地貌、河流(浜、塘)分布与变化等,并对周围环境、现场勘探施工条件等进行勘查,作好施工前期准备工作。

11.3 周边环境调查

11.3.1 本条规定了建设单位在委托勘察时应向勘察单位提供的资料。

11.3.2 本条是对周边环境的一般调查要求,其调查重点是:①收集建设单位提供的周边环境资料;②通过现场巡视,重点查看建设场地周边的道路、河流、堆载状况及邻近工程建设现状等,并在报告中进行必要的阐述,同时提供预防措施等。周边环境的一般调查,以现场踏勘为主,原则上不需要实施勘探工作量、工程测绘与物探等工作。

本条强调周边河流与堆土的调查,主要考虑其对场地与地基的稳定性可能产生不良影响;邻近工程的施工情况如预制桩的沉桩施工、基坑开挖与降水等,可能会对场地的建设与运行带来不利影响。

11.3.3 对周边环境特别复杂、环境保护有特殊要求的工程项目,建设单位应委托专业单位进行专项调查,并提供专项调查报告。如上海市轨道交通工程对环境保护有特殊要求,对于在轨道交通安全保护区内进行建造或拆除建构筑物,从事打桩、挖掘、地下顶进、爆破、架设、降水、地基加固等施工作业,以及其他大面积增加或减少荷载的活动的,其作业方案应征得市运输管理处同意,并采取相应的安全防护措施。

目前,上海市轨道交通工程勘察前期,建设单位均委托专业单位进行周边环境的专项调查,调查内容包括建设场地及邻近区域的地下管线、地下设施、建构筑物的基础分布等。对环境保护等级为一级的基坑,专项环境调查的内容和要求可参见现行上海市工程建设规范《基坑工程技术标准》DG/TJ 08—61 的相关规定。

11.4 勘探点定位与高程测量

11.4.1 勘探点的定位准确与否将直接影响勘察工作的质量。因勘探定位不准而引起的工程质量事故时有发生,并造成不同程度的经济损失、工期延误等,故必须重视和认真做好这项工作。

坐标系统宜采用上海平面坐标系统或上海 2000 坐标系。上海 2000 坐标系与原上海平面坐标系统转换、衔接的过渡期为 2 年。过渡期内,现有各类测绘地理信息成果和地理信息系统,应根据实际情况逐步过渡到上海 2000 坐标系;2021 年 1 月 1 日后新生产的测绘成果应使用上海 2000 坐标系。过渡期结束后,即 2023 年 1 月 1 日起停止使用原上海平面坐标系统。

3 随着测绘技术的不断发展,勘探点的定位测量目前主要采用卫星定位系统。需要注意的是,卫星定位系统的测量结果有时会受高压线路、高架桥等影响,因此应注意与周边地形和地形图的校核。

上海市卫星导航定位基准服务系统(SHCORS)是上海市现代测绘基准服务平台提供的系统服务。

11.4.2 水域孔位确定后,应立即抛锚、下套管,待钻探平台稳定后及时进行坐标测量。当水深流急时,为避免潮汐、风浪等的影响,终孔时尚需进行坐标复测。

11.4.3 本市工程的高程基准宜采用吴淞高程系统。市设水准点的高程应采用本市基础测绘成果管理部门发布的年度水准复测成果。本市高程基准点的数值由本市基础测绘管理部门按5年左右的周期修订发布公告。一般表示如:吴淞高程系(20××年度成果)。

应注意与周边地形和地形图上标高的校核。若测量结果误差大,则应采用常规测量手段。因此,规定须经过必要的校核,确保测量结果的准确。

11.4.4 水域勘探孔孔口高程是根据水面高程、水深来确定的,因此水面高程和水深测量应同时进行,水深测量仪应事先校正。

11.5 钻 探

11.5.1 钻探机具与操作方法应与工程要求、土层性质相适应。上海地区地基土主要为黏性土、粉性土、砂土三大类。根据不同土性的钻探要求与实际效果,规定在黏性土层中可采用螺纹提土器回转钻进,以便连续采集土样进行鉴别与描述;对粉性土和砂土,考虑上海地区地下水位高,用螺纹提土器难以带上土样,且易埋钻,故规定应采用泥浆钻进。当工程有要求,需要详细了解土性变化时,可采用岩芯管全芯钻进。

11.5.3 探查暗浜填土不宜采用小麻花钻的原因是其口径太小、钻头结构上存在缺陷,带出土样少,易发生分层界线模糊、分层不准确的情况。本条规定在浅层勘探中宜使用小螺纹提土器,以确保准确查明填土、暗浜分布深度与持力层厚度等。

当少数场地因杂填土厚度大,小螺纹钻无法实施且必须查明浅层杂填土分布时,可采用挖机配合进行浅层槽探。

11.5.4 钻探孔孔径应满足土试项目对不扰动土试样尺寸的要求。常规的土样尺寸为 $\Phi89$ mm 和 $\Phi108$ mm,使用与孔径相适应的钻具(如护壁套管、提土器等),一般直径不大于 146 mm。

11.5.5 钻探工作应严格执行现行国家标准《岩土工程勘察安全标准》GB/T 50585 的有关规定,确保钻探质量和人身安全。

3 全断面取芯钻进在上海地区应用逐渐增多,尤其是超高层建筑、特大桥等工程日益增加,勘探孔深度越来越深,螺纹钻进工艺不适宜深部土层钻进。岩芯管中芯样在钻进及推出岩芯时,土芯经受较大扰动,尤其是软黏性土。

4 对粉性土和砂土,应采用膨润土制浆护壁,其目的是使孔壁稳定和控制孔底沉渣,以便顺利钻进、采取土试样及保证标贯试验质量。

6 钻探孔在开孔前通过调整"中心",保持钻孔垂直度或孔斜较小,能够满足工程勘察分层精度要求,故在实际工作中一般不测斜,仅在跨孔波速测试等有特殊要求时,钻孔需进行测斜。

11.5.6 野外钻探记录是极为重要的第一性资料,故需由经过专门培训、具有一定专业知识和实际经验、责任心强的人员担任。记录内容应规范化、标准化,在专用的记录表中编录。

5 采用电子化记录时,电子记录设备需用符合记录要求的应用程序,并具有位置定位、存储、照(摄)相、传输等功能。记录员应持证上岗,并保存记录员的姓名、身份证号码、证书编号等关键信息。

11.5.7 大气降水、邻近地表水的补给与排泄,以及邻近工程地下水的抽灌活动,都可能造成地下水位埋深有较大的变化。因此,当水位埋深有较大变化时,应观察周围环境变化,并查找原因。

当钻探深度内涉及对工程有影响的承压水时,需要采取隔水措施将被测的承压含水层与其他含水层隔离后测其稳定水位。上海地区潜水水位浅,测量承压水位一般需要专门钻孔并采取隔离措施,且需要有一定的稳定时间。在钻进过程中无法直接进行承压水位的观测,故本条取消了钻探环节量测承压水头埋深的规定,对于承压水位的量测应按本标准第14.2节的规定执行。

11.5.8 勘探完成后应及时对场地进行清理,是考虑环境保护和避免人身伤害。对可能构成安全隐患的钻孔需要严格进行封孔工作,应根据工程要求选用适宜的材料回填。一般情况下,应采用黏土球作为填料封孔;当承压水可能会对工程安全产生重大影响时,应采用水泥浆或4:1水泥、膨润土浆液,通过泥浆泵由孔底向上灌注回填封孔。涉水段对封孔质量要求较高,为防止地表水对尚未凝结的水泥浆液的影响,建议优先采用黏土球回填,并边回填边振捣密实。对于有防汛功能的堤岸,相关的堤岸规范除了要求用黏土球或水泥砂浆封孔外,尚规定了必须振捣密实。

11.5.9 在潮汐区域,水位变化很大,故规定进行多次定时水位观测,才能准确计算钻进深度。

11.6 取 样

11.6.1 上海地区浅部多为软塑~流塑状态的黏性土,具有高灵敏性,取土器及取土方法选用不当,对土样扰动明显。

11.6.3 对不同的土层,应针对其特点采用不同类型的取土器具,才能减少对土样的扰动。试验资料表明:薄壁取土器所取试样的质量好于厚壁取土器,尤其在淤泥质土中,力学指标存在着明显差异。因此,本标准规定了各种取土器具适用的土层及土试样质量等级,供参照使用。

11.6.5 本次修订增加了对取得的土试样保存、放置和运输方面的规定,与现行国家标准《工程勘察通用规范》GB 55017 的规定一致。

11.7 工程物探

11.7.1 根据目前工程物探技术的现状,结合上海地区城市建设中岩土工程勘察方面的要求,指出了可采用工程物探手段解决的问题。

2 本款所指的地下管线包括给水、排水、燃气、工业和电力、电信等各类管道和电缆等。

5 工程物探应结合国内外最新研究成果及上海的地质条件,可选用瞬态瑞雷面波法、微动法、地震映像法、浅层地震反射波法、折射波法、高密度电阻率法等物探方法,辅助查明暗浜、硬土层分布。

11.7.2 工程物探方法具有方法简便、工作效率高、成本低的优点,但同时具有受干扰大、受分辨率和精度限制的特点,因此采用该方法时应具备相应的条件。

11.7.3 工程物探方法和仪器应根据其基本原理、特点、适用范围等加以选择,并应事先进行试验,以确定该种方法和仪器的有效性、精度和有关参数。

11.7.4 目前工程物探方法技术还处于研究、发展阶段,加之探测对象和环境等方面的复杂性,使物探成果判释难度较大,故应尽量采用多种物探方法进行综合探测与判释。宜在充分搜集和分析已有资料的基础上,采用实地调查与仪器探查相结合的方法,同时应配合系统的质量检查及一定数量的挖孔或钻孔验证。

12 原位测试

12.1 一般规定

12.1.1 原位测试是在土体基本不扰动的原位状态下,以一定的手段、方法测定土体的物理、力学特性参数的试验技术。原位测试能更直接、客观、准确地获取工程设计和施工所需的有关参数。

考虑轨道交通工程、变电站、输油输气金属管道等有接地要求,场地土壤或土层电阻率是重要的设计依据,原规范规定电阻率测试可参照现行行业标准《城市工程地球物理探测规范》CJJ 7执行。考虑目前要求勘察报告提供电阻率的工程日益增多,故本次修订在本章中增加了"电阻率测试"小节。

随着地下空间开发规模的扩大,地下水对工程影响越来越大,获取较为准确的土层渗透系数十分重要,且注水试验、抽水试验属于水文地质试验,故本次修订"钻孔简易降水头注水试验""钻孔简易抽水试验"不再设置于本章,水文地质试验的相关内容纳入第14章中。

原位测试方法及适用土类详见表12-1。

表 12-1　原位测试方法及土类适用性

原位测试方法 ＼ 土类	砂土	粉性土	黏性土	淤泥质土	素填土	备注
静力触探(单、双桥)	★	★	★	★	★	CPT
孔压静探	★	★	★	★	△	CPTU
标准贯入	★	★	△	△	△	SPT
轻型动探(N_{10})	△	△	△	△	★	DPT

原位测试方法 \ 土类	砂土	粉性土	黏性土	淤泥质土	素填土	备注
十字板剪切试验	×	×	△	★	△	VST
平板载荷试验	★	★	★	★	★	PLT
螺旋板载荷试验	★	★	★	△	×	SPLT
旁压试验	★	★	★	△	△	PMT
扁铲侧胀试验	△	★	★	★	△	DMT
波速试验	△	△	△	△	△	WVT
土壤热响应试验	★	★	★	★	△	
电阻率测试	★	★	★	★	△	

注:★—适用;△—基本适用;×—不适用。

12.1.2 各种原位测试方法的测试规程、技术标准是操作安全性、数据可靠性及成果质量的基本保证,故应严格执行。

12.1.5 原位测试成果往往具有区域、土类的局限,故需综合地区经验评价土层特性。

12.2 静力触探试验

12.2.2 单桥、双桥探头是国内常用的静力触探探头,上海市目前使用单桥探头居多,提倡使用双桥探头。

20世纪80年代中期以来,随着数字化技术的发展,国际和国内相继开始研制各类多功能探头,即在单桥或双桥探头的基础上,还可进行孔隙水压力、探头偏斜角度、温度、视电阻率、波速等测试,甚至进行旁压试验、测定放射性和可视化成像等。

目前,国内生产的多功能探头主要有以下几种:

1)双桥孔压探头,可获得土体渗透和排水固结等参数。采用孔压探头时,建议采用滤水器在紧挨锥肩之后位置的孔压探头,所测孔压可以符号 u_2 表示,滤水器位置见图 12-1。

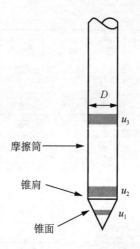

图 12-1 孔压探头滤水器位置示意图

2）在基本探头内安装加速度传感器可测探头偏斜角度的测斜探头，通过角度偏斜修正贯入深度，获知探头水平向偏斜距离。

3）在单桥、双桥或孔压探头上增加 2 个或 2 个以上电极可测视电阻率的电阻率探头，通过测定电阻率可确定土或水受到电解质污染的程度等。

4）在基本探头内安装检波器可测振动的波速探头，通过测定土体的 P 波或 S 波波速获得土体动力参数。

5）普通静力触探试验在滨海及海洋超软土中所测数据的精度受限，将锥形探头换成 T 型或球形探头可用于测定淤泥等极软弱土层的物理力学参数，称为全流触探（FFP）。由于探头的投影面积较大，全流触探可有效降低甚至忽略覆土压力及孔隙水压的影响，在获取超软土不排水抗剪强度及灵敏度方面具有明显优势。

国外从 20 世纪 80 年代开始对全流触探仪进行专门的测试研究，已有文献给出的若干试验场地（美国艾摩斯特市、澳大利亚伯伍德、加拿大路易斯维尔及挪威南部等)测试结果均表明全流触探获取的试验结果更为连续,更有利于土层的划分,对原状土、重塑土的不排水抗剪强度及灵敏度等方面预测更为准确。

国外集成化探头可测试计算端阻、侧阻、倾斜、孔隙水压、地温、剪切波速、电阻率、水位、pH值、数字图像等多种参数,具体见表12-2。

表12-2 CPT新型传感器一览表

传感器名称	测量参数
侧压力传感器(Lateral Stress)	侧向应力
静探旁压仪(Cone Pressuremeter)	应力、应变,确定模量
地震波传感器(Vibro CPT)	波速 v_p、v_s
电阻率传感器(RCPT)	电阻率
热传感器	热传导率
放射性传感器	重度、含水量
激光荧光器传感器(LIF)	荧光强度
可视化静力触探(VisCPT)	图像、能量、波谱
(动态)伽马射线传感器(GCPT)	γ 射线强度
大直径触探头	多参数功能,应用于砾石层
全流触探头	多参数功能,应用于海底极软弱土层

根据各类多功能探头在工程中的应用情况和技术成熟度,本次修订仅覆盖测孔隙水压力、探头偏斜角度和全流触探的多功能探头,对于其他多功能探头,有待进一步积累实际工程经验,待条件成熟时再纳入。

12.2.3 根据工程特殊要求可进行多功能静力触探试验,地震波孔压静力触探(SCPTU)可用于确定土动力特性,进行场地地震危险性分析;电阻率孔压静力触探(RCPTU)可用于确定土电学特性,对受污染场地土作出评价;可视化静力触探(VisCPT)可直观地提供地层图像。

12.2.5

2 针对新吹填软弱淤泥、海底淤泥土,可采用全流触探探头:

全流触探球形探头可分为直径 120 mm 或 150 mm 的球形,T 型探头为长 250 mm、直径 40 mm 的圆柱形,探头形状如图 12-2 所示。上海地区应用经验表明,对于球形探头,150 mm 直径探头结果更为稳定,因此本标准推荐采用直径 150 mm 的球形探头。

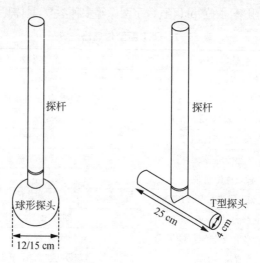

图 12-2　全流触探探头示意图

3　模拟静探探头应与传输电缆、记录仪作为系统定期标定。FS 是 full scale 的缩写,这里指额定荷载下探头的满量程输出值。

5　根据上海地区经验,当静力触探贯入暗绿色硬土层后,易发生静探孔偏斜及断杆事故。实际工程中,因孔斜使土层界线及贯入阻力发生偏差,影响土层埋深的判断,特别是桩基持力层层顶埋深不准确的事件较多,对工程不利影响很大。因此,强调应采取导管护壁或附加量测探头偏斜角装置。

6　带测斜功能静力触探试验,严格控制初始贯入倾斜角,有利于保证整个触探孔的垂直度。当初始贯入倾斜角大于 0.3°时,很难保证后续角度不超限,故建议应起拔后重新调整,直至达到要求。对浅孔(小于 35 m)时,可酌情放宽。

8 部分工程需要在水域进行静力触探试验,但经验尚不多,故本次修订提出了实施水上静探的基本要求。

9 对上海地区海底、吹填淤泥进行全流触探灵敏度测试结果表明,对于不同探头的循环贯入试验,经过 5 次~6 次的抽提贯入循环,淤泥的贯入阻力趋于一致。

12.2.6 静力触探试验时,在现场需随时对记录深度和实际贯入深度作校核。出现异常情况的,应随即处理。

12.2.7 本条是对静力触探试验成果的要求。

1 根据需要,双桥孔压静力触探试验还可提供 $q_t \sim h$ 曲线、$f_t \sim h$ 曲线、$B_q \sim h$ 曲线。

$$q_t = q_c + u_2(1-a) \tag{12-1}$$

$$f_t = f_s - \frac{(u_2 A_{sb} - u_3 A_{st})}{A_s} \tag{12-2}$$

$$B_q = \frac{u_t - u_0}{q_t - \sigma_{v0}} \tag{12-3}$$

式中:q_t——真锥头阻力(经孔压修正)(kPa);

$\quad\quad q_c$——实测的锥尖阻力(kPa);

$\quad\quad u_2$——在锥肩位置量测的孔隙水压力(kPa);

$\quad\quad u_3$——在套筒尾部位置量测的孔隙水压力(kPa);

$\quad\quad a$——有效面积比,$a = \dfrac{A_a}{A_c}$,A_a、A_c 分别为顶柱和锥底的

$\quad\quad\quad$横截面积;

$\quad\quad f_t$——真侧壁摩阻力(经孔压修正)(kPa);

$\quad\quad f_s$——实测的侧壁摩阻力(kPa);

$\quad\quad A_s$——摩擦套筒的表面积;

A_{st}、A_{sb}——分别为套筒顶部和底部的横截面积;

$\quad\quad B_q$——静探孔压系数;

$\quad\quad u_t$——孔压消散过程时刻 t 的孔隙水压力(kPa);

u_0——试验深度处静水压力(kPa);

σ_{v0}——试验深度处总上覆压力(kPa);

h——深度(m)。

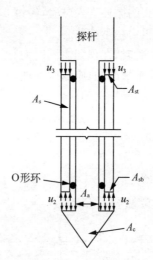

图 12-3 双桥孔压探头构造示意图(O形环是密封用的)

2 地震波静力触探可绘制剪切波波速 v_s～深度 h 曲线,计算出小应变剪切模量 G_0 和侧限模量 M_0,绘制应力-应变～强度曲线。电阻率静力触探可绘制电阻率～深度曲线,反映不同深度电阻率与土性之间的关系,可用于圈定被污染土的范围和评价地基处理效果。可视化静力触探可提供地层连续图像。

12.2.8 原规范及之前版本已根据上海地区经验,提供了采用静力触探试验、标贯击数等原位测试成果判别砂质粉土和粉砂密实度的判别依据,得到了广泛应用和验证。上海地区的黏质粉土一般具有层理结构,土质不均,采用静探、标贯等原位测试成果判别密实度需进一步加强研究。

根据现行国家标准《岩土工程勘察规范》GB 50021,粉土的密实度根据孔隙比 e 进行划分,但往往由于运输过程中粉土样受振动、开土时水分流失等因素,导致室内试验测得的黏质粉土孔隙

比 e 偏小,影响密实度的判别。工程实践中,应注意黏质粉土密实度的划分不能以孔隙比 e 作为唯一判别标准,需结合原位测试、工程经验综合确定。

12.4 轻型动力触探试验

12.4.4 常见不能反映真实土性的异常值为软硬地层界面附近,即超前滞后影响范围内的值。

12.5 十字板剪切试验

12.5.2

3 根据 $c_u \sim h$ 曲线判定软土的固结历史:若 $c_u \sim h$ 曲线大致呈一通过地面原点的直线,可判定为正常固结土;若 $c_u \sim h$ 直线不通过原点,而与纵坐标的向上延长轴线相交,则可判定为超固结土。

4 十字板剪切试验常常是检验软土地基加固效果的必要测定手段。

12.5.3

1 本款主要是上海地区的经验,也参照了国外的有关规定。板宽 75 mm 的探头,翼板厚度为 3 mm,适用于夹有薄层粉砂的软土层,相应的面积比为 14%。

4 对于非均质土的试验间距,不能机械地按 1 m～2 m 间距布置。对夹有薄层粉砂的软土层进行剪切试验时,得到的抗剪强度值往往偏高或失真。因此,宜根据静探曲线反映的土层情况,选择合适的深度进行试验。

12.6 载荷试验

12.6.1 一般来说,载荷试验的成果数据确定地基承载力较为可靠,但应注意上海地区地基土多层体系的特点以及试验的边界条件与实际基础尺寸的差异。

12.6.3 平板载荷试验确定天然地基承载力时,必须考虑软弱下卧层的影响,尽量模拟基础实际受力范围,故承压板尺寸不能太小,需要与实际基础宽度相匹配的尺寸。

12.6.5 原规范对于加荷方法可采用分级维持荷载沉降相对稳定法、沉降非稳定法(快速法)或等沉降速率法。本次修订与现行上海市工程建设规范《地基基础设计标准》DGJ 08—11 协调,加荷方法明确应采用慢速维持荷载法。

12.6.9 测定基准基床系数时,平板载荷试验采用 0.305 m×0.305 m 承压板;如果尺寸不一致,则应换算。

12.6.10 对螺旋板施加恒定载荷后,以等时间间隔 Δt 测读压板的沉降 s_0,s_1,s_2,$\cdots$,s_{i-1},s_i。假设圆形压板位于无限的均质弹性体内,在板上施加均布荷载,由加荷引起的孔隙水压力为三维消散。条文中采用 Biot 固结理论公式,式中 β 按图 12-4 取值。

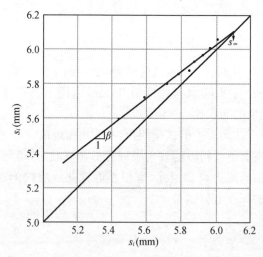

图 12-4 $s_i \sim s_{i-1}$ **图解法**

12.6.11 假设承压板为刚性板,土层未扰动。当板与土完全光滑时,式(12.6.11)中系数取 0.75;完全粘结时,系数取 0.59;实际上板与土为部分粘结,故一般可取平均值 0.67。

12.7 旁压试验

12.7.1 上海地区旁压试验主要以预钻式为主。对于浅层软黏性土(第⑤层及其以上土层),也可采用自钻式,试验效果较预钻式好。由于压入式对土体的扰动大,而上海地区浅层土大多属中~高灵敏度土,所以试验结果不理想,一般不采用。

12.7.2 旁压试验成果在国外工程设计中已广泛应用,近 30 年来,国内的应用也逐步推广。在上海地区,部分重大工程和轨道交通项目的勘察布置了旁压试验,试验深度已突破 100 m,在评定地基土承载力和深层土体压缩模量上有其独到之处。

12.7.3

    2 预钻式旁压试验钻孔孔径应略大于旁压器外径。当采用自钻式旁压试验时,应先通过试钻,以便对回转速率、冲洗液压力和流量、切削器离底口的距离、贯入速率等技术参数确定最佳的匹配,保证对周围土体的扰动最小。

    3 旁压试验加荷等级一般根据土的临塑压力和极限压力确定,不同土类的加荷等级可按表 12-3 选用。

表 12-3　旁压试验加荷等级

土的特征	加荷等级(kPa)
流塑状态的黏性土	≤15
软塑的黏性土、松散的粉性土或砂土	15~25
可塑的黏性土、稍密的粉性土或砂土	25~50
硬塑的黏性土、中密砂质粉土或砂土	50~100
密实砂土	≥100

旁压卸载试验一般可按加荷等级 2 倍分级卸荷,卸荷后再加荷试验可在卸荷等级基础上再按 2 倍分级再加荷试验。

4 一般而言,为测求土的强度参数常用"快速法",每级压力维持 1 min 或 2 min;测求土的变形参数宜采用"慢速法"。

12.7.4

2 旁压试验可理想化为圆柱孔穴扩张课题,属于轴对称平面应变问题。典型的旁压曲线(压力 p~体积变化量 ΔV 曲线)如图 12-5 所示,可划分为三段。

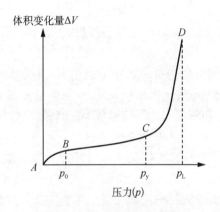

图 12-5 典型的旁压曲线

Ⅰ段(曲线 AB):初始阶段,反映孔壁受扰动后土的压缩与恢复。

Ⅱ段(直线 BC):似弹性阶段,此阶段内压力与体积变化量大致呈直线关系。

Ⅲ段(曲线 CD):塑性阶段,随着压力的增大,体积变化量逐渐增加,最后急剧增大,直至达到破坏。

旁压曲线Ⅰ段与Ⅱ段之间的界限压力相当于初始水平压力 p_0,Ⅱ段与Ⅲ段之间的界限压力相当于临塑压力 p_y,Ⅲ段末尾渐近线的压力为极限压力 p_L。

4 本次修订新增旁压卸载试验可采用条文中式(12.7.4-1)、

式(12.7.4-2)计算旁压卸载模量 E_{mur} 和卸载剪切模量 G_{mur}。典型的旁压卸载曲线(压力 p ~ 体积变化量 ΔV 曲线)如图 12-6 所示,可划分为四段。

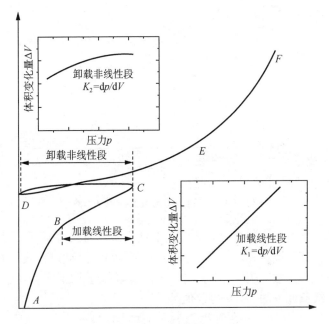

图 12-6 典型的旁压卸载曲线

Ⅰ段(曲线 AB):初始阶段,反映孔壁受扰动后土的压缩与恢复。

Ⅱ段(直线 BC):加载线性阶段,此阶段内压力与体积变化量大致呈直线关系,该阶段直线斜率为 K_1。

Ⅲ段(曲线 CD):卸载非线性阶段,此阶段内压力与体积变化量呈非线性关系,随着卸载量的增大,体积变化量逐渐增大。该阶段内卸载的本级压力 p_i 对应的曲线斜率为 K_2。

Ⅳ段(曲线 DEF):卸载再加载阶段,此阶段土体经历再压缩过程,形成滞回环,随着压力的增大逐步进入塑性阶段。

典型的旁压卸载 $R_P \sim \lg R_E$ 曲线如图 12-7 所示。

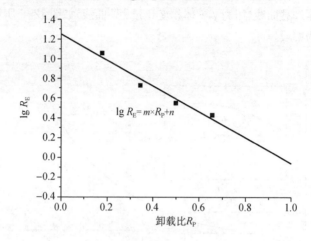

图 12-7 典型的旁压卸载 $R_P \sim \lg R_E$ 曲线

典型的旁压卸载 $R_P \sim \lg R_E$ 曲线大致呈直线关系,可采用线性方程进行拟合,拟合方程的斜率 m 为卸载等级指数,截距 n 为卸载载荷指数。表 12-4 给出了上海地区部分土层不同深度及卸载等级条件下的 m、n 建议值。

表 12-4 旁压卸载试验典型成果表

土层	卸载等级指数 m	卸载载荷指数 n
第④层淤泥质黏土	$-1.2 \sim -1.4$	$1.2 \sim 1.5$
第⑤$_1$ 层黏土、粉质黏土	$-1.6 \sim -2.4$	$1.3 \sim 2.3$
第⑤$_3$ 层粉质黏土	$-2.0 \sim -3.3$	$1.4 \sim 2.1$

12.7.5 条文中式(12.7.5-4)为 R. J. Mair(1987)公式,式(12.7.5-5)为 Ménard(1970)公式。

12.8 扁铲侧胀试验

12.8.2 应注意本节中各种公式和经验具有地区性,应用时尚需结合工程经验,与其他测试或试验指标综合分析和验证。

根据上海地区相关研究成果,扁铲侧胀试验成果应用经验如下。

（1）土类划分

由于上海土层的沉积环境,土颗粒均匀性较差,故根据土类指数 I_D 划分土类的界限值在上海不明显。

（2）静止侧压力系数

$$K_0 = 0.34 K_D^n \qquad (12\text{-}4)$$

式中:n——根据土类及状态、土类指数 I_D 按表 12-5 取值。

表 12-5　系数 n

土类及状态	I_D	n
流塑黏性土	<0.40	0.55
软～可塑黏性土	0.40～0.60	0.47
硬～可塑黏性土	0.60～0.90	0.25
粉性土、粉砂	>0.90	0.22

（3）土的不排水抗剪强度

$$c_u = (-0.06 I_D^2 + 0.42 I_D + 0.19) \sigma_{v0}' (0.47 K_D)^{1.14} \qquad (12\text{-}5)$$

式中:σ_{v0}'——上覆有效应力(kPa)。

（4）压缩模量

Marchetti(1980)公式

$$E_s = R_m E_D \qquad (12\text{-}6)$$

式中:R_m——根据土类指数 I_D 按表 12-6 取值。

表 12-6　R_m 系数

I_D	R_m
$\leqslant 0.6$	$0.14 + 2.36\lg K_D$
$0.6 \sim 3.0$	$R_{m0} + (2.5 - R_{m0})\lg K_D$ 其中 $R_{m0} = 0.14 + 0.15(I_D - 0.6)$
$3.0 \sim 10.0$	$0.5 + 2\lg K_D$
>10	$0.32 + 2.18\lg K_D$

注:若 $R_m < 0.85$ 时,$R_m = 0.85$。

(5) 水平向基床系数 K_h

$$K_h = \Delta p / \Delta s \qquad (12\text{-}7)$$

考虑膜片中心位移量 1.1 mm 及平均位移量为 2/3 中心位移量,得出扁铲侧向基床系数基准值 K_{h0} 为

$$K_{h0} = 1364\Delta p \qquad (12\text{-}8)$$

考虑多种因素的影响侧向基床系数 K_h 为

$$K_h = \lambda_1 \lambda_2 \lambda_3 K_{h0} \qquad (12\text{-}9)$$

式中:λ_1——尺寸修正系数。

当 $D \leqslant 0.6$ m 时

$$\lambda_1 = 3/50D \qquad (12\text{-}10)$$

当 $D > 0.6$ m 时

$$\lambda_1 = 0.1(0.6/D)^{\beta} \qquad (12\text{-}11)$$

式中:D——宽度或直径(m);

β——与 I_D 有关的变化因子。

当 $I_D \leqslant 2$ 时

$$\beta = 1/(I_D + 1) \qquad (12\text{-}12)$$

$I_D > 2$ 时

$$\beta = 1/3 \qquad (12\text{-}13)$$

λ_2——基础形状及刚柔性修正系数,按表 12-7 取值。

表 12-7 基础形状及刚柔性修正系数 λ_2

		圆形	方形	矩形					
长宽比		—	—	1.5	2.0	3.0	4.0	5.0	10.0
λ_2	柔性	1.0	0.89	0.74	0.65	0.56	0.50	0.46	0.38
	刚性	1.08	0.97	0.79	0.70	0.59	0.53	0.49	0.40

λ_3——加荷速率修正系数。

当 $I_D \leqslant 3$ 时

$$\lambda_3 = (3I_D + 3)/(2I_D + 6) \qquad (12\text{-}14)$$

当 $I_D > 3$ 时

$$\lambda_3 = 1 \qquad (12\text{-}15)$$

扁铲试验水平向基床系数是在微变形下获得的,工程应用时应根据变形特征以及成熟经验,经分析后使用。

扁铲侧胀试验获得的指标或参数有些与土工试验、其他原位测试获得的较为一致,有些有较大差异,需要在工程实践中积累经验,得出符合上海地层特点的换算公式。

12.9 波速测试

12.9.2

3 用于动力机器基础设计时的刚度(不考虑埋深影响)为垂直抗压刚度 K_z、水平抗剪刚度 K_x、抗弯刚度 K_φ 和抗扭刚度 K_ψ 等。其中:

$$K_z = \frac{4Gr_0}{1-\nu} \qquad (12-16)$$

$$K_x = \frac{32(1-\nu)Gr_0}{7-8\nu} \qquad (12-17)$$

$$K_\varphi = \frac{8Gr_0^3}{3(1-\nu)} \qquad (12-18)$$

$$K_\psi = \frac{16Gr_0^3}{3} \qquad (12-19)$$

式中:G——土的剪切模量;

ν——土的泊松比;

r_0——刚性圆形基础的半径。

12.9.3 单孔法可不进行孔内测斜,但要求激震震源能量大,稳定性和重复性好。

12.9.4 跨孔法试验深度小于 20 m 时,可不进行测斜;超过 20 m 时,为了精确测定直达波实际传输距离 L,必须用测斜仪进行孔斜测量,测斜点间距一般为 0.5 m,然后逐点计算出直达波实际传播距离。

12.9.5 用稳态法进行面波波速测试时,需要有频率可变的激振器激振,在地表用传感器找出 1 个波长、2 个波长的距离,按面波波长乘以激振频率,得到面波波速,该波速代表了深度为 1/2 波长范围内土层的平均波速。

用瞬态法时,振源可用锤击,传感器等距离放在振源两侧,由近及远,将 2 个传感器获得的振动信号相互比较,通过相位差、频率、间距计算面波波速。传感器放在振源一侧,也同样有效。

12.9.10 根据上海市区域地质资料可知,除松江西北部佘山、天马山等为基岩露头以外,绝大部分地区基岩埋藏深度约 200 m~400 m,可通过查阅上海市区域地质图确定基岩面埋深。准基岩面是指以剪切波速大于 500 m/s 作为假想基岩,上海市区(除宜山路附近局部区域)准基岩面埋深一般可取 160 m。

12.10 场地微振动测试

12.10.1 场地微振动是由气象变化、潮汐、海浪、地下构造活动等自然力和交通运输、动力设施等人为扰力引起的振动,经地层多重反射和折射,由四面八方传播到测试点的多维波群随机集合而成,是一种稳定的非重复性的随机振动。由自然力引起的振动具有平稳随机过程的特性,即微振动信号的频率特性不随时间的改变而有明显的不同,它主要反映场地地基土层结构的动力特性。因此,它可以用随机过程样本函数集合的平均值来描述,如富氏谱、功率谱等。

随着城市化进程的发展,城市的轨道交通、建筑施工的振动等对附近建构筑物及人们的生活产生影响。随着技术的发展,许多高新技术装备、生产线对场地环境要求越来越高,一些电子产品的工作平台对振动要求较为严格,较大的振动将会影响产品质量。这些主要由人为扰力引起的振动同样可以用随机过程样本函数集合的平均值来描述。

场地微振动的物理特性可用振幅及频率来描述,但对于记录和研究场地微振动特性的微振动测试,与记录和研究场地微振动环境时的微振动测试的侧重点有所不同,前者以频率为主,后者幅值更重要些,甚至需要计算不同频段的幅值。

12.10.2 上海市大部地区场地的卓越周期在 2 s 左右(频率0.5 Hz),有的甚至高于 2.5 s(频率 0.4 Hz),因此通频带的起始频率采用 0.3 Hz 较合适,能满足记录和研究场地微振动特性的测试要求。主要由人为扰力引起振动主要集中在 1 Hz~2 Hz 及以上(如车辆运行引起的振动主要集中在 2 Hz~8 Hz 之间),精密仪器设备的场地要求一般在几赫兹至几十赫兹的范围内,因此通频带的高频采用 100 Hz 能满足实际工程的需要。当然,也可以根据测试目的来选择通频带,对于记录和研究场地微振动特性的测试,通频带采用0.3 Hz~30 Hz;对于记录与研究场地微振动环境时的测试,通频带采用1 Hz~100 Hz。

由于模拟微分、积分较数字微分、积分精度要高,因此规定采用带微分、积分电路的放大器与拾振器配套使用,放大器直接输出测试的物理量(位移、速度、加速度)。

需要说明的是,条文中的信噪比为整个系统的信噪比,不仅仅指采集仪的信噪比。一般而言,放大器应前置,放大器与采集仪之间由长线连接,这样几个测点可同时进行测试,既保证了各测点工况的一致性又提高了测试效率;而长线有一定的噪声,其噪声水平一般在零点几毫伏至几毫伏,如放大器输出信号太小则信噪比会下降;如放大器的输出信号为 1 V,信号线的噪声为1 mV,在不考虑拾振器、放大器噪声的情况下,数据传输至采集仪输入端的信噪比仅为 60 dB,要真正大于 60 dB,则放大器的输出信号应足够大才行,同时应规避测试场地附近的电磁干扰等。

采集仪 A/D 转换也不是完全线性的,一般中间段线性较好,两端线性差一些,特别是低压段。考虑上述原因,规定放大器的输出电压宜控制在采集仪量程的 40%~80%。

12.10.3 本条是现场测点布设的要求。

1 测点数量应根据工程要求、面积大小及周边环境确定;当同一建筑场地有不同的地质地貌单元或场地规模较大时,其地层结构不同,微振动的频谱特征也有差异时,此时可适当增加测点数量。当为研究场地的微振动环境时,可根据振源分布、对振动较敏感的建构筑物规模及精密仪器设备的分布情况适当增加。

2 测点选择是否合适,直接影响测试的精确程度。如果测点选择不好,微弱的微振动信号有可能淹没于周围环境的干扰信号之中,给数据处理带来困难。干扰源是根据研究对象的不同而变化的,如附近道路上车辆行驶的振动,在研究场地的微振动特性时是干扰源,应予以避开;在研究场地的微振动环境时它不是干扰源,应予以区别对待。另外,需要注意的是,场地上的输电线路可能会对信号线产生较大的干扰,信号线晃动也会增加信号线的噪声水平,干扰源应予以避免上述情况。

4 不同建构筑物的基础埋深和形式不同,应根据实际工程需要确定地下微振动测点的深度;在城市微振动测试时,地面振动干扰大,但它随深度衰减很快,需在一定深度的钻孔内进行测试。通常,远处震源的脉动信号是通过基岩传播反射到地表面的,通过地面与地下微振动的测试,不仅可以了解微振动频谱的性状,还可了解场地脉动信号竖向分布情况和场地土层对脉动信号的放大和吸收作用。因此,需要孔口与孔中同时观测,而且孔口与孔中拾振器的频响特征应相同,在拾振器放入孔中前,二者应在地面进行一致性测试。

12. 10. 4

1 应选择场地环境安静时段进行测试,是针对为研究场地微振动特性规定的,主要是为了避开干扰,采集有用信息。

2 上海地区反映场地特性的微振动信号频率一般不会超过 10 Hz,按照采样定理,采样频率大于 20 Hz 即可,但实际工作中,最低采样频率常取分析上限频率的 3 倍~5 倍。而研究场地的微振动环境时最高频率需要 100 Hz,因此本标准提出采样频率宜为 50 Hz~500 Hz。

记录时间长度,应根据工程需要、测试目的来确定。当研究场地的微振动环境时,往往要记录几十小时甚至几天的时间,以研究场地的微振动环境的变化规律;对于研究场地特性的微振动测试,在安静的场地、安静的 60 min 时间段的记录已经能够满足分析要求。在城市微振动测试时,交通运输等人为干扰 24 h 不断,地面振动干扰大,这时须延长测试记录时间,增加有效信号的记录长度以满足分析要求,因此本款规定有效信号不应少于 60 min。

3 频谱分析的样本数主要考虑频率的分辨率。上海大部分地区卓越频率很低,约 0.5 Hz,如果分辨率太低,测试结果误差较大,在采样频率一定的情况下分析数据点愈多,频率分辨率就愈高。本款规定主要是针对研究场地特性的测试而言。研究场地的微振动环境时,频率分辨率可根据研究对象的频率范围作相应的调整。

12.10.5 上海大部分地区为多层土结构且层厚不大,通常频谱有多个谱峰;在城市微振动测试时,交通运输等人为干扰 24 h 不断,地面振动干扰大,因此在频谱分析的同时须进行相关或互谱分析,结合场地干扰源情况对场地脉动卓越频率进行综合评价,以提高测试结果正确性。

12.11 电阻率测试

12.11.1 土壤电阻率测试主要是用于测量地表下一定深度范围内的土壤电阻率值,为接地系统设计和土壤特性评价提供基础资料依据。

12.11.2 土的电阻率测试装置根据现场条件和测试目的,一般可选用对称四极装置或三极垂向电测深装置。

(1) 对称四极装置测试原理

对称四极装置测试原理图如图 12-8 所示。

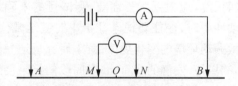

图 12-8 对称四极装置简图

图 12-8 中 A、B 电极为供电电极,M、N 为测量电极,即电位差电极。在这种排列方式中,MN 对称地置于 AB 的中心两侧,原点 O 是它们的公共中心点。外业工作时,保持中点 O 固

定,在测试点位置逐次扩大 A、B 供电电极距,观察 M、N 电极的电位差的变化情况,通过公式即可计算出该测点垂直方向由浅到深的电阻率变化情况。根据不同的电极距所测出的电阻率值绘制成图,可以分析出地下不同深度段的电阻率值的大小。

按下列公式计算装置系数 K 及视电阻率 ρ_s:

$$\rho_s = K \frac{\Delta V_{MN}}{I} \tag{12-20}$$

其中:

$$K = \frac{2\pi}{\dfrac{1}{AM} - \dfrac{1}{AN} - \dfrac{1}{BM} + \dfrac{1}{BN}} \tag{12-21}$$

O 为 AB 和 MN 中点,令

$$a = OA = OB = \frac{AB}{2} \tag{12-22}$$

$$b = OM = ON = \frac{MN}{2} \tag{12-23}$$

则

$$K = \frac{\pi(a^2 - b^2)}{2b} \tag{12-24}$$

式中:I——电流;

ΔV_{MN}——测量电极间电压。

(2) 三极垂向电测深装置测试原理

三极垂向电测深装置测试原理图如图 12-9 所示。

三极垂向电测深装置测试原理同对称四极装置,将供电电极 A 和测量电极 M、N 组成的电极系放到井下,供电电极的回路电极 B 放在井口。当电极系向上提升时,由 A 电极供应电流 I,M、N 电极测量电位差,它的变化反映了周围地层电阻率的变

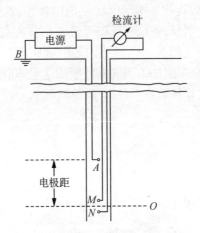

图 12-9　三极垂向电测深装置简图

化,这样得到的电阻率是地层的视电阻率 ρ_{s}。

电极 B 固定在足够远的地方,使 $1/BM$ 和 $1/BN$ 可以忽略不计,由于定点 O 总是 MN 的中点,可以通过移动 A 来实现测深。

$$\rho_{\mathrm{s}} = K\frac{\Delta V_{\mathrm{MN}}}{I} \tag{12-25}$$

$$K = \frac{2\pi}{\dfrac{1}{AM} - \dfrac{1}{AN}} \tag{12-26}$$

此时,令

$$a = OA \tag{12-27}$$

$$b = MN/2 \tag{12-28}$$

则

$$K = \frac{\pi(a^2 - b^2)}{b} \tag{12-29}$$

12.12 土壤热响应试验

12.12.2 地源热泵系统方案设计之前,应进行土壤热响应试验,试验选择的地埋管位置、管径、钻孔方法、孔深、孔径及填充物等尽可能和实际设计要求相符。试验测得的各项参数是在特定地质条件、特定施工条件和特定试验工况条件下获得的,对地埋管地源热泵系统的设计具有一定的指导意义。

12.12.3 土壤热响应试验前应收集场地相关的工程地质资料,为合理布置试验方案和后期进行试验成果分析提供依据。

12.12.4 本条是土壤热响应试验的要求。

2 对地下水流丰富的地区,为保持地下水的流动性,增强对流换热效果,回填材料的导热系数应不低于周围土层的平均导热系数,不宜采用水泥基料灌浆。

3 实践证明,试验过程中地埋管换热器弯头与变径过多、地埋管换热器外露部分过长、对外露部分未有效保温,对水头和传热影响较大,对试验结果具有明显影响。

4 测温深度不小于地埋管换热器的埋置深度,测温点间距宜根据地埋管的深度、土层分布、地温的变化特点及设计要求综合确定。考虑上海地区地温仅在地表下 4 m 以浅受气温影响较大,4 m 以下地温一般较稳定,且地层分布总体较稳定,故本款规定布点间距一般为 5 m~10 m,地表下 6 m 深度范围加密布点,间距宜为 2 m。

5 近年来,岩土热响应试验实践表明,由于地质条件的差异性以及测试孔的成孔工艺不同、深度不一,测试孔恢复至岩土初始温度时所需时间也不一致。查阅国内外文献资料,初始地温测试稳定时间一般为 2 d;根据工程实践,测试孔成孔完毕后静置 2 d,基本可使回填料在钻孔内充分沉淀密实。因此,本款规定稳定时间不宜小于 2 d。实际工程中,如观测数值有变化时,宜适当延长时间。

6 土壤热响应试验是一个对土壤缓慢加热直至达到传热平衡的测试过程,因此需要足够的时间来保证这一过程的充分进行,一般不宜少于 48 h;若在试验过程中改变加热功率,则需要停止试验,待测试孔内温度重新恢复平衡后再进行试验。

对于加热测试,加热功率大小的设定,应使换热流体与岩土保持有一定的温差,在地埋管换热器的出口温度稳定后,其温度宜高于岩土初始平均温度 5℃ 以上。如果不能保持一定的温差,试验过程就会变得缓慢,影响试验结果。

地埋管换热器出口温度稳定,是指在不少于 12 h 的时间内,其温度的波动小于 1℃。

土壤热响应试验对流量进行合理设置,应能保证流体在地埋管换热器内处于紊流状态。

12.12.5 由于地质结构的复杂性和差异性,土壤热响应试验成果只能代表项目所在地岩土的热物性参数,只有在相同岩土条件、相同测试条件下才能类比参考使用,不能片面认为测试所得结果即为某区域的岩土热物性参数。

根据现行上海市工程建设规范《地源热泵系统工程技术标准》DG/TJ 08—2119 的相关规定,岩土的综合导热系数可采用参数估计法或斜率法计算。斜率法计算公式如下:

$$\lambda_s = \frac{Q}{4\pi KH} \tag{12-30}$$

式中:λ_s——岩土综合导热系数[W/(m·K)];

Q——地埋管换热器实际加热功率(W);

K——地埋管进出水平均温度与时间对数关系的线性拟合直线的斜率;

H——钻孔埋管深度(m)。

13 室内土工试验

13.1 一般规定

13.1.1 室内土工试验方法一般应符合现行国家标准《土工试验方法标准》GB/T 50123 的规定,国家标准中没有列入的试验项目或工程有明确要求时,可参考相关行业标准进行试验。

13.1.2 土工试验的目的在于为建构筑物基础设计、施工提供符合实际情况的土性指标。因此,试验项目及其方法选择,应有明确的目的性和针对性,强调与工程实际边界条件的一致性。条文中表 13.1.2 是常用的试验项目。

上海地区一般覆盖层较厚,但在剥蚀残丘区域进行工程勘察时,室内试验可能涉及岩石试验。考虑上海地区岩石试验的方法与要求,与现行国家标准《岩土工程勘察规范》GB 50021 无差异,故本条规定对岩石试验项目的要求可参照现行国家标准《岩土工程勘察规范》GB 50021 执行。

13.1.3 近年来,随着上海地区超高层建筑的建设和深层地下空间开发,勘探孔深度越来越深,深部土样的原位应力高。然而,目前试验室的常规标准固结仪、直剪仪、三轴仪普遍加荷压力无法满足深部土样的加压要求。如为确定深部土层先期固结压力 p_c 的高压固结试验,其最大加荷压力宜达 4 倍~5 倍土样原位自重应力,但目前市场上标准固结仪的加荷压力不能满足要求;对工程建设十分重要的力学指标试验项目(如固快直剪试验、三轴压缩试验等)需要根据土样的原始应力大小和工程实际确定加压要求。因此,针对深部土层的力学性试验应充分考虑土样的应力历史,根据工程需要和设计要求制订专门的试验方案。需要时可与高校或大型试验室合作完成相关试验。

13.1.4 为保证试验质量,土工试验所用的仪器应符合现行国家标准《土工仪器的基本参数及通用技术条件》GB/T 15406 的要求,并定期进行校准。近年来,自动化的土工试验仪器有了长足发展,建议有条件的单位采用自动化、智能化仪器,以提高试验精度,减少人为误差。自动化、智能化仪器投入生产使用前应进行比对试验、平行试验,以确保试验成果的准确性。

13.1.5 考虑上海地区水试样一般无污染,故本条规定水样的放置时间不宜超过 48 h,但对受污染的土、水试样,其放置时间不宜超过 24 h。污染场地调查或专项勘察采取的地下水水样的放置时间应根据不同的测试目的与要求确定。

13.1.6 试验报告中的指标要求真实可靠,对明显不够合理的数据应分析原因,进行合理取舍。必要时,附试验说明。

13.2 试样制备

13.2.1 本条强调试样制备时应有开土记录,且对土样进行详细描述,了解整个土样的均匀程度和包含物,才能保证物理性试验项目所选取的试样与力学性试验项目所选的试样一致性。

13.2.2 试验制备时一类是用环刀切取密度、含水率、固结和直剪试验的试样,同一组试样的密度差不宜大于 0.05 g/cm³,目的是保证各项试验所采用的土试样一致性;另一类用切土盘切取无侧限抗压强度、三轴压缩试验的试样,要求用卡尺测量,制作时应避免土样扰动。

13.2.3 液塑限试验或颗粒分析试验,要求用与力学性质试验一致的土样。留样的目的是在勘察成果整理过程中,如发现试验结果异常或土试成果与原位测试成果不匹配时,方便技术人员随时对土样和土试结果进行复核。若项目较大,留样较多时,已提交土试报告的样品,留样时间可与勘察技术人员协商确定。

13.3 土的物理性试验

13.3.1 密度有质量密度和重力密度之分,质量密度是单位体积的质量,单位为 g/cm^3,重力密度是单位体积的重力,单位为 kN/m^3。试验室测定的是质量密度(称密度),工程中计算常用重力密度(称重度)。

13.3.2 随意取样测定的含水率重复性差,试验要求进行 2 次平行测定。采用环刀内的土,经 700 组土的密度与含水率同时测定表明,只要控制密度差不大于 0.03 g/cm^3,含水率平行试验结果误差小于 2%,可不作含水率平行试验。

13.3.3 液限试验,现行国家标准《土工试验方法标准》GB/T 50123 规定用 76 g 圆锥仪入土深度 17 mm 和 10 mm 两种标准,上海地区 20 世纪 50 年代以来一直使用 10 mm 标准,积累了大量资料,故仍采用 10 mm 标准。对于塑性指数 10~12 的低塑性土,由于塑限搓条法误差较大,故本条规定要求用颗粒分析复测黏粒含量。若黏粒含量小于或等于全重的 15%,则按颗分定名为黏质粉土;若黏粒含量小于全重的 10%,则定名为砂质粉土。

13.3.4 颗粒分析试验采用密度计法时,现行国家标准《土工试验方法标准》GB/T 50123 规定绘制完整的颗粒粒径分配曲线(全曲线法),要求测记 0.5 min、1 min、2 min、5 min、15 min、30 min、60 min、120 min、1440 min 时的密度计读数。如果用于分类定名,可测记 1 min、5 min、15 min、60 min、180 min 时的 5 点读数,已能满足各粒组的界限值。

近年来,部分地区和行业采用激光粒度分析仪进行土的颗粒分析试验,积累了一定经验,上海地区部分单位也进行了一系列激光粒度分析仪与国标密度计法的比对试验研究。初步结果表明,智能激光粒度分析仪具有自动化程度高、操作简单、性能稳定等特点,同时可以节省人力物力,提高生产效率,待进一步分析总结,制定相关试验操作规程后,可逐步用于生产中。

13.3.5 土的颗粒比重与矿物成分有关,通过大量的土粒比重与塑性指数、颗粒组成比较试验,积累了地方经验,上海地区土的比重可采用条文中表 13.3.5 数值。

13.4 土的力学性试验

13.4.1 固结试验

1 对于密度 $\rho \leqslant 1.75$ g/cm^3 的软土,第一级压力宜用 25 kPa,是为了防止软土被压坏。

2 为缩短试验历时,黏性土最大固结压力小于或等于 400 kPa 时,可采用每 1 h 施加一级荷载,并按综合固结度法校正的快速法试验。黏性土最大固结压力大于 400 kPa 时,可采用每 2 h 施加一级荷载,并按次固结增量法校正的快速法试验。

3 回弹再压缩试验,除应满足现行国家标准《土工试验方法标准》GB/T 50123 的有关要求外,卸荷压力宜模拟工程实际开挖情况,具体加卸荷压力、试验要点和回弹模量、回弹再压缩模量的确定可参照本标准第 16.6.6 条的条文说明。某级压力固结稳定后卸压,直至卸至第一级压力,每级卸压后的回弹稳定标准与加压相同。

4 固结系数可用 t_{90} 和 t_{50} 两种方法获取,t_{90} 可采用每 2 h 施加一级荷载,并按次固结增量法校正的快速法;t_{50} 可采用每 24 h 施加一级荷载的慢速法。

13.4.2 先期固结压力试验

1 先期固结压力试验对土试样的质量要求很高,稍有扰动会造成 $e \sim \lg p$ 曲线的曲率不明显,得不到准确的先期固结压力,故要求 I 级土样。

4 回弹要在先期固结压力后进行是因为在先期固结压力后的回弹线基本保持平行,C_s 相等。

13.4.3 直剪试验因受仪器结构的限制,具有不能严格控制试样的排水条件、固定剪切面不一定是最弱面等缺点,国外仅用慢剪。直剪快剪试验指标仅适用于速率较快工况下的黏性土地基的稳定性验算。

2 直剪试验中,不同密度的 4 块试样,排列顺序对 c、φ 值有一定影响,第一块和第四块用接近平均密度的试样,第二块用小密度试样,第三块用大密度试样,试验的 c、φ 值较接近于真值。试验中,施加垂直压力的大小将影响抗剪强度线的形状,因此,应根据土质情况和工程要求而定。第一级垂直压力要求接近于土的自重压力,最大一级压力接近土的自重压力与附加压力之和。

4 采用预压装置预压的直剪试样,自预压仪取出后,试样回弹,推入剪力盒后需再预压,经研究再预压 3 min 可消除回弹影响,预压 6 min 获得的直剪固快强度接近直剪仪直接预压的强度。

13.4.4 三轴压缩试验

1 本试验应根据工程要求和土性,选用不固结不排水(UU)试验、固结不排水(CU)试验、固结排水(CD)试验。

2 试验应制备 3 个以上土性相同的试样,在不同围压下进行试验,保证有 3 个摩尔圆连成包线。

3 试验围压宜根据取土深度确定,避免出现人为的超压密土,造成黏聚力偏大、内摩擦角偏小的试验结果。

4 三轴压缩试验要求起始孔压系数 $B \geqslant 0.95$,是为了保证试样在饱和状态下进行试验;三轴 CU 试验要求排水固结,孔压消散达 95%,以保证试样固结。

13.4.5 无侧限抗压强度试验要求用 I 级土样,是考虑土样扰动对强度影响很大。研究表明,厚壁取土器采取的土样和薄壁取土器采取的土样相比,强度可以相差 30%～50%。

13.4.6 采用侧压力仪时,静止侧压力系数 K_0 试验加荷稳定标准宜为 24 h 或每小时变形量小于 0.01 mm。为缩短试验历时,

可用 T_{90} 试验确定固结度为 90% 的 K_0 值,然后换算至固结度 100% 的 K_0 值。根据地区经验,上海地区黏性土加荷 1 h 即可达到 90% 的固结度。

三轴试验法测定 K_0 需用全自动三轴仪并配置相应的控制模块,其原理是样品在侧压力作用下产生固结排水,势必导致轴向和侧向同时变形,通过调节轴向压力,使样品轴向体积变形等于样品排水量,可近似地认为样品的截面积保持不变,从而模拟侧向不变形条件,即 $\delta_v = \delta_h \times a_0$,通过测量不同侧向压力下的轴向压力和孔隙压力,绘制 $(\sigma_1 \sim \sigma_3)$ 关系曲线,根据曲线斜率求出静止侧压力系数 K_0。试验时,可设置不同围压进行排水固结,在围压恒定条件下调节轴向变形,模拟侧向不变形条件,测定各级侧压力下对应的轴向应力,求得静止侧压力系数 K_0。

13.4.7 基床系数是地基土在外力作用下产生单位变形时所需的应力,可以用 K_{30} 试验法(采用边长为 305 mm 的荷载板进行载荷试验测定地基土基床系数)直接测定。目前室内试验主要采用三轴(CD)法和固结法进行测试。

三轴试验法是将土样经饱和处理后,在 K_0 状态下固结,对一组试样分别进行应力路径下的三轴固结排水(CD)试验(其中 σ_1 为大主应力增量,σ_3 为小主应力增量),得到有效大主应力增量与试样变形 $(\Delta\sigma_1' \sim \Delta h)$ 关系曲线,求得初始切线模量或某一割线模量,即为基床系数 K,具体按现行国家标准《土工试验方法标准》GB/T 50123 的规定执行。

固结仪试验法采用下列公式进行计算:

$$K = \frac{\sigma_2 - \sigma_1}{e_1 - e_2} \times \frac{1 + e_m}{h_0} \tag{13-1}$$

$$e_m = \frac{e_1 + e_2}{2} \tag{13-2}$$

式中:K——基床系数(MPa/m),计算至 0.1;

$\sigma_2 - \sigma_1$——应力增量(MPa);

$e_1 - e_2$——相应的孔隙比差值;

e_m——平均孔隙比;

h_0——试验原始高度(m)。

采用三轴(CD)法和固结法计算得到的基床系数与基准基床系数相比,应考虑尺寸效应等因素进行修正。根据相关经验及文献资料,若采用三轴法,对砂土和粉性土,修正公式如下:

$$K_1 = K \times \left(\frac{2B}{B + 0.305}\right)^2 = K \times \left(\frac{2 \times 0.0615}{0.0615 + 0.305}\right)^2$$
$$= 0.0516K$$

$$(13-3)$$

对于黏性土,修正公式为

$$K_1 = K \times \left(\frac{B}{0.305}\right) = K \times \left(\frac{0.0615}{0.305}\right) = 0.128K \quad (13-4)$$

若采用固结法,对砂土和粉性土,修正公式为

$$K_1 = K \times \left(\frac{2B}{B + 0.305}\right)^2 \times \left(\frac{h_0}{2B}\right)$$
$$= K \times \left(\frac{2 \times 0.0615}{0.0615 + 0.305}\right)^2 \times \frac{0.020}{2 \times 0.0615}$$
$$= 0.018K$$

$$(13-5)$$

对黏性土,修正公式为

$$K_1 = K \times \left(\frac{B}{0.305}\right) \times \frac{h_0}{2B} = K \times \frac{0.0615}{0.305} \times \frac{0.020}{2 \times 0.0615}$$
$$= 0.033K$$

$$(13-6)$$

式中:K_1——基准基床系数(MPa/m);

K——试验求得的基床系数(MPa/m);

B——荷载板直径或宽度(m)。

需要指出的是,虽然国内学者对基床系数的试验方法进行了大量研究工作,但现阶段直接用某种室内试验确定地基土的基床系数尚不十分成熟,需要采用多种试验方法并与已有的地区经验值对比后综合确定。

13.4.8 透水性很低的黏性土渗透试验历时很长,为缩短试验历时,对于饱和黏性土可通过实测固结系数换算渗透系数,换算公式为

$$k = \frac{c_v \rho_w a_v}{(1+e_1)} \qquad (13-7)$$

式中:k——土的渗透系数(cm/s);

c_v——土的固结系数(cm^2/s);

a_v——前一级压力与该级压力下土的压缩系数(MPa^{-1});

e_1——前一级压力下土的孔隙比;

ρ_w——水的密度(g/cm^3)。

13.4.9 近年来,上海地区基坑深度越来越深,准确测试深部土层的力学性试验参数尤为重要,深部土层的试验应充分考虑土样埋深及应力状态。

1 深部土样的原位应力随着取样至地面而逐渐释放,在目前工程实践尚未推广高保真取样设备的情况下,根据工程经验,取样后及时试验,能尽量减少应力释放对试验结果的影响。因此,对于深部土样的试验时间作出了更为严格的要求。

2 高压固结获取深部土层的先期固结压力,一般要求最大压力达5倍原位应力,但目前试验高压固结最大压力一般仅为3200 kPa。直剪试验和三轴试验第一级压力宜接近土的自重压力,最大一级压力宜接近土的自重压力与附加压力之和,但目前各试验室常规的直剪仪、三轴仪普遍加荷压力达不到要求。因此,对于深部土样应根据任务要求确定试验压力,可采取试验设

备改良,或与有条件的单位和科研院所合作开展试验。

3 尽管在深基础工程中积累了一些经验,目前对于深部土体力学性能的认识以及成果总结还存在不足。由于原位测试的局限性,深部土体土工试验成果的质量就显得尤为重要。因此,应根据土性、工程特征(应力路径和排水特性)和设计要求选择合适的试验方法,积累试验成果。结合原型工程的观测成果,评价试验指标在工程应用中的问题,同时探索力学特性与物理指标之间的相关性,建立关于深部土体力学参数的回归分析及相关系数,以进一步指导试验设计及应用。

13.5 土的热物性试验

13.5.1 岩土的热物理指标主要用于地下洞室通风负荷设计和地源热泵工程设计等。岩土热物理指标包括导热系数、比热容、导温系数,三者之间关系如下:

$$\alpha = 3.6\frac{\lambda}{C\rho} \tag{13-8}$$

式中:ρ——密度(kg/m^3);

α——导温系数(m^2/h);

λ——导热系数$[W/(m \cdot K)]$;

C——比热容$[kJ/(kg \cdot K)]$。

13.5.2 因岩土的导热系数基本在 $0.5 \ W/(m \cdot K) \sim 5 \ W/(m \cdot K)$ 范围内,根据其自身的特性及常用的测试方法,本标准规定可选用瞬态平面热源法、热线法、平板热流计法及热平衡法测定岩土的热物理指标。不同测试方法的原理如下:

(1) 瞬态平面热源法(Transient Plane Source Method, TPS法)是在热线法的基础上发展起来的,该方法也被称为 Gustafsson探头法或Hot Disk法。瞬态平面热源法依据平面一维非稳态导热原理:无限大介质中平面热源在初始热平衡状态下受到瞬间加热脉冲后在介质内部产生动态温度场,利用热传导过程产生的温度数据,拟合函数曲线,计算得出样品的导热系数和热扩散系数。测试时,对热源施加恒定直流电,热源表面产生温升,电阻增加,使电桥测试系统产生点位变化量,通过电参数的变化量,得出温度增值随时间变化的函数。具体方法可参考现行国家标准《建筑用材料导热系数和热扩散系数瞬态平面热源测试法》GB/T 32064 执行。其计算公式如下所示:

$$\Delta T_s(\tau) = \frac{P_0}{\pi^{3/2} r \lambda} D(\tau) \tag{13-9}$$

其中 τ 为时间的变量,应按下式计算:

$$\tau = \sqrt{\frac{t - t_c}{r^2/\alpha}} \tag{13-10}$$

$D(\tau)$ 为无量纲的特征时间函数,按下式计算:

$$D(\tau) = \left[m(m+1)^{-2} \right] \int_0^\tau \sigma^{-2} \times$$

$$\left\{ \sum_{l_1=1}^m l_1 \sum_{l_2=1}^m t_2 \exp \left[\frac{-(l_1^2 + l_2^2)}{4 \, m^2 \sigma^2} \right] J_0 \left(\frac{l_1 l_2}{2 m^2 \sigma^2} \right) \right\} d\sigma \tag{13-11}$$

式中:$\Delta T_s(\tau)$——测试过程中样品表面温升随 τ 变化的函数(K);

$\quad P_0$——探头的加热功率(W);

$\quad r$——探头双螺旋结构最外层半径(mm);

$\quad \lambda$——样品导热系数[W/(m·K)];

$\quad D(\tau)$——无量纲的特征时间函数;

$\quad t$——测试时刻(s);

$\quad t_c$——校正时间(s);

$\quad \alpha$——样品的热扩散系数(mm²/s);

$\quad m$——探头双螺旋结构的总环数;

σ——无量纲的特征时间函数的积分变量；

l_1，l_2——不大于双螺旋结构总环数的求和变量；

J_0——零阶修正贝塞尔函数。

将热扩散系数 α 和校正时间 t_c 作为优化变量反复迭代，最终得出热扩散系数 α 和校正时间 t_c 的值。

通过最小二乘法拟合 $\Delta T_s(\tau)$ 和 $D(\tau)$ 的线性关系式，该式斜率即为式（13-9）中 $P_0/(\pi^{3/2}r\lambda)$ 的值，最终得出样品的导热系数。

比热容通过下式计算：

$$C = 3.6\frac{\lambda}{\alpha\rho} \qquad (13\text{-}12)$$

式中：C——比热容$[kJ/(kg \cdot K)]$；

ρ——密度(kg/m^3)。

（2）热线法是在被测岩土与已知导热系数试材之间，设置一个细长的金属丝，当加热丝通电以后，温度就会升高。温度升高的快慢与被测材料的导热系数有关，可根据试验测得的有关参数，按下式计算岩土的导热系数。具体试验可参考现行国家标准《非金属固体材料导热系数的测定 热线法》GB/T 10297 的要求。

$$\lambda = \frac{I^2 R}{4L\pi\Delta t}\ln\frac{\tau_2}{\tau_1} \qquad (13\text{-}13)$$

式中：λ——被测材料的导热系数$[W/(m \cdot K)]$；

R，I——分别为加热丝的电阻(Ω)和电流(A)；

L——加热丝的长度(m)；

τ_1，τ_2——在加热过程中，热源面上的温度分别升高为 t_1、t_2 时的时间(h)。

（3）平板热流计法属于稳态法，测试时对样品施加一定的热流量，测试样品的厚度和热板/冷板间的温度差，按下式进行计算导热系数：

$$\lambda = \frac{QL}{A(T_A - T_B)} \qquad (13\text{-}14)$$

式中:λ——被测材料的导热系数$[W/(m \cdot K)]$;

Q——热流(W);

L——试样长度(m);

A——试样面积(m^2);

T_A——试样热面温度(K);

T_B——试样冷面温度(K)。

(4) 热平衡法是目前常用的测定比热容的方法。通过试验测出有关参数后,按下式计算岩土的比热容:

$$C_m = \frac{(G_1 + E)C_w(t_3 - t_2)}{G_2(t_1 - t_3)} - \frac{G_3}{G_2}C_b \qquad (13\text{-}15)$$

式中:C_m——岩土在 t_3 到 t_1 温度范围内的平均比热容$[J/(kg \cdot K)]$;

C_b——试样筒材料(黄铜)在 t_3 到 t_1 温度范围内的平均比热容$[J/(kg \cdot K)]$;

C_w——杜瓦瓶中水在 t_2 到 t_3 温度范围内的平均比热容$[J/(kg \cdot K)]$;

E——水当量(用已知比热的试样进行测定,可得到 E 值)(g);

t_1——岩土的初温(℃);

t_2——杜瓦瓶中水的初温(℃);

t_3——杜瓦瓶中水与岩土混合平衡后的计算终温(℃);

G_1——水质量(g);

G_2——试样质量(g);

G_3——试样筒质量(g)。

具体试验方法可参考现行行业标准《土工试验规程》YS/T 5225 相关试验的要求。

13.5.3 测定热物理性能的试验方法较多,各种不同的方法有一定的适用范围,测试前宜考虑材料导热系数的大致范围,选用合适的测量方法。

2 岩土的热物理指标性能与密度、含水率及化学成分有关。导热系数、导温系数随着密度和含水率的增加而变化,而含水率对比热容的影响较大。此外,在相同密度及含水率的情况下,由于化学成分不同,其值也相差较大。

13.6 土的动力性试验

13.6.1 各种动力性试验方法,适用于一定的应变幅范围,应根据工程所涉及的应变幅范围,选用合适的试验方法或选取土性相同的两个试样进行联合试验。

实际工程中需要测定应变幅为 $10^{-6} \sim 10^{-1}$ 的动模量和阻尼比时,可以进行动三轴、动单剪、动扭剪与共振柱的联合试验。

13.6.2 土的动模量随应变的增大而减小、阻尼比随应变的增大而增加,具有明显的非线性。为了在抗震分析中根据应变值取用相应的动模量、阻尼比,试验宜提供动模量、阻尼比与动应变之间的关系曲线。

动强度和液化强度随振动次数增加而减小,故动强度和液化强度是某一振次条件下的强度,试验资料要提供强度与振次关系曲线,以便选用。

13.6.3

1 动强度的破坏标准,可取试样的动弹性应变和塑性应变之和的 5%,也可根据土的性质和工程的重要性,在 2.5%~5% 之内取值。

2 对于砂土、砂质粉土的液化强度试验破坏标准,除取动弹性应变和塑性应变之和达到 2.5%~5% 外,也可取孔隙水压力达到初始固结围压值。

14 地下水

14.1 一般规定

14.1.1 上海地区第四系地层中蕴藏着丰富的地下水,地下水的类型包括潜水和承压水,更新统承压含水层有 5 层,对应第⑦、⑨、⑪、⑬、⑮层粉性土、砂土层。根据工程建设的现状与地下空间开发的深度,对工程建设有影响的承压水主要是第Ⅰ承压含水层(第⑦层)、第Ⅱ承压含水层(第⑨层)。部分深层地下空间工程尚涉及第Ⅲ承压含水层(第⑪层)。

第Ⅰ承压含水层之上的第④$_2$、⑤$_2$ 及第⑤$_{3-2}$层粉性土或砂土含水层,具有承压性,对工程建设尤其是地下空间开发同样有较大影响。为与上海地区已有的五大承压含水层区分,原规范定义该层为"微承压含水层",上海地区已熟悉并长期使用该名称。需要指出的是,"微承压含水层"不是水文地质专业术语,系承压含水层的编号。

14.1.2 上海地区潜水赋存于浅部地层中的填土、黏性土、粉性土和砂土中,以单一黏性土为介质时,渗透性差,渗透系数约 $(0.2 \sim 5) \times 10^{-6}$ cm/s;以粉性土或砂土为介质时,渗透性较好,渗透系数约 $(0.6 \sim 12) \times 10^{-4}$ cm/s;第③层淤泥质黏性土中多夹薄层粉砂,其水平向渗透系数明显大于垂直向渗透系数,当第③层中所夹粉性土或砂土连续成层时(通常单独划分为亚层),其渗透性也相对好。

因潜水位受降雨、地面蒸发、地表水等影响,因此地表高程改变后,潜水位会随之变化。当场地大面积填土后,水位会随之上升,其潜水位确定可把握以下两个原则:①填土区的潜水位较自然地面的水位稍高,宜以在填土坡脚处不迳流溢出自然地面为准;②填土场地邻近河、塘时,应以历史最高水位(潮水位、洪水位)为准,并应认真分析水位变化趋势,合理确定。当场地小范围局部填土(多为城市景观覆土)时,因临近地块及周边道路的地面高程未改变,其潜水位可仍按临近地块或道路地面高程评价潜水位。

对近江、河、湖、海且有浅层粉性土或砂土层的场地,尚应注意二者之间的水力联系。

14.1.3 上海地区全新统地层中的第④$_2$、⑤$_2$及第⑤$_{3-2}$层粉性土或砂土含水层,具有承压性,以不连续的区域分布或透镜体形式分布,其中第⑤$_2$层分布范围相对较大,局部与第Ⅰ承压含水层连通,局部夹黏性土多,土性不均,渗透系数变化大,数量级为$10^{-5}\sim10^{-3}$ cm/s。当夹黏性土少且厚度大,或与第Ⅰ承压含水层连通时,其水量丰富。需要说明的是,由于该含水层的土性差异及其分布的复杂性,导致不同区域"微承压含水层"水文地质参数以及水量差异大,应引起足够的重视。

依据上海地区全新统地层中第⑤$_2$层承压含水层水位监测井的长期观测数据,本次修订修正了该承压含水层水位变化幅值。

14.1.4 第Ⅰ承压含水层(第⑦层)土性为粉性土或砂土,第Ⅱ承压含水层(第⑨层)土性为粉细砂、中粗砂,渗透性好,水量丰富。第Ⅰ、Ⅱ承压含水层空间分布较为连续,局部第Ⅰ承压含水层与微承压含水层或第Ⅱ承压含水层连通。近年来,地下空间开发深度超过40 m,部分工程达到60 m,涉及第Ⅲ承压含水层,根据上海市地质调查研究院的长期观察资料提供第Ⅲ承压含水层的水位经验值。

第Ⅰ承压含水层(第⑦层)的渗透系数的数量级为$10^{-4}\sim10^{-3}$ cm/s,部分地区第⑦层的表部夹多量黏性土,渗透性相对差。受工程建设及其他因素的影响,水位在不同时期、不同区域有一定变化,第Ⅰ承压含水层(第⑦层)的水位总体呈现西北高东南低的态势,奉贤大叶公路、苏家宅一带水位较低,标高为－3 m～－2 m;杨浦区、宝山区、静安以及嘉定北部地区水位较高,标高为 1 m～2 m。随着上海市对深部承压水开采的控制,承压水有逐步抬升的趋势,因此本次修订第Ⅰ承压含水层的最低水位埋深由 11 m 调整为 7 m;局部地势较低的区域,高水位埋深可能小于 3 m,考虑高水位埋深小于 3 m 的范围并不大,本次修订对高水位埋深未作调整,工程实践应以实测值为准。

第Ⅱ承压含水层(第⑨层)和第Ⅲ承压含水层(第⑪层)是上海地区透水性和富水性较好的含水层(组)之一,渗透系数的数量级为 10^{-3}～10^{-2} cm/s。第Ⅱ承压含水层水位总体呈现西南低,东北高的态势,崇明岛一带较高,松江、金山西南以及奉贤三团港、毕家宅一带较低。第Ⅲ承压含水层水位仅青浦、松江、金山西部及嘉定北部水位较低,上海市域的大部分区域水位较为平缓。

本次修订细化了各含水层一般情况下的水位埋深,为工程建设服务。第Ⅰ、Ⅱ、Ⅲ承压含水层水位系根据近 5 年全市各承压水水位等值线图汇总而成。

除上文提到三层承压含水层外,上海部分地区第⑧$_2$层中有连续分布的厚层粉土、粉砂,其中赋含的地下水也属于承压水,对深层地下空间开发存在影响,应根据工程需要对承压水位进行测量和分析评价工作,采取合适的地下水控制措施。

湖沼平原区分布的第⑥$_2$层粉性土、粉砂上覆第③层淤泥质土、第⑥$_1$层暗绿色硬土层作为隔水层,第⑥$_2$层中赋存的地下水具有承压性,亦属于承压含水层。由于该含水层分布范围并不广泛,地下水位观测资料少,故本标准暂不提供。工程实践中,应根据工程需要测量第⑥$_2$层承压水水位,评价对工程的影响。

14.1.5 根据部分工程的水温实测资料,最大测试深度 130 m,水温变化范围 17.37℃～19.56℃,平均水温 18.67℃,其中 70 m 以下地下水温度相对上部略有增加。

14.1.6 勘察时可通过现场踏勘、走访等形式,了解场地原来的用途。一般化工厂、印染厂、溶剂厂、油脂厂等易发生工业废弃液污染地下水。

14.1.7 现有资料表明,上海地区的地下水除了受环境污染外,一般对混凝土仅有微腐蚀性,不需要取水样化验。

根据收集的 54 份地下水水质分析资料显示,上海地区微承压水(第⑤₂层)和第Ⅰ承压含水层(第⑦层)一般对混凝土有微腐蚀性;当长期浸水时,对混凝土中的钢筋有微腐蚀性,资料中仅有外高桥和祝桥的 2 份水样对混凝土中的钢筋有弱腐蚀性。本次修订又收集了该地区(近长江)的微承压水(第⑤₂层)和第Ⅰ承压含水层(第⑦层)的水质分析成果,亦对混凝土有弱腐蚀性,长期浸水环境下对钢筋混凝土中的钢筋有弱腐蚀性。这可能是处于沿江沿海区域,含盐量高所致。

根据科研成果和重大工程采集的第⑨层中地下水的水质分析成果,上海中心城区的第Ⅱ承压含水层一般对混凝土有微腐蚀性;长期浸水时,对混凝土中的钢筋有微腐蚀性。沿长江、沿海及河口砂岛,第Ⅱ承压含水层中的地下水含盐量较高,局部地区长期浸水时,对混凝土中的钢筋有弱腐蚀性。

由于一般工程勘察中采取承压含水层中的水试样难度较高(需隔断其他含水层),通过区域资料的收集与分析,提供上海地区(微)承压含水层水试样对混凝土和混凝土中钢筋的腐蚀性的一般规律。

14.1.8 污染土(水)的专项勘察内容,不仅包括污染土(水)对建筑材料的腐蚀性评价,尚应根据工程需要评价地基土物理力学性质的变化以及对环境的影响。

14.2 水文地质参数的确定

14.2.1 上海地区潜水位高,初见水位对工程意义不大,故对量测初见水位不作要求。江、河岸边工程主要指临水基坑及其他临水建构筑物，不临水但浅部土层以粉性土、砂土为主时，也可结合水文地质条件参考执行。上海内河一般设水闸控制，故内河水位变化小，勘察期间时间短，同步观测地表水位与地下水位意义不大，可通过浅部土性进行判别。故本次修订仅规定在有潮位变化的江、河岸边的工程需要同步连续观测地表水位和地下水位。能否观测到地下水位的变化与潮汐的关系，与土性、堤岸的形式等因素有关，故未规定连续测量的延续时间，应根据工程需要和实际观测结果确定。

14.2.2 首先应根据地质资料与工程性质，初步判断承压水对拟建项目的施工期及使用期是否产生不利影响，当初步判断可能有影响时，才需要量测承压含水层的水位。为了较准确地量测承压水的稳定水位，强调应采取隔水措施将被测含水层和其他含水层隔离，防止以混合水位代替被测含水层的水位，并要求连续观测一定时间。根据大量实测资料分析，本标准规定稳定水位的连续观测时间不宜少于 5 d，但对渗透性相对较差的微承压含水层，观测时间尚需适当延长。考虑勘察工作周期短，评价承压水对工程的影响需要了解水位的动态变化，故规定工程需要时，宜收集区域长期观测资料。

14.2.3 土层的渗透性能对基坑工程地下水控制影响很大，勘察阶段测定土的渗透系数，可采用钻孔简易抽（注）水试验。本次修订将原规范"原位测试"一章中的钻孔简易降水头注水试验和钻孔简易抽水试验调整至本标准附录F。

14.2.4 随着深基坑工程对水文地质参数的要求越来越高，此项内容一般作为专项勘察由建设方专项委托，本条针对不同情况规定了可以选用的试验方法。具体的试验方法纳入本标准附录F。

4 深基坑工程施工降水时抽取深部土层中的地下水，地下水对建筑材料的腐蚀性、能否满足排放要求，需要通过水质分析确定。勘察时若进行抽水试验，则可通过采取目标含水层的地下水进行水质分析,水质分析项目可根据设计或工程要求而定。

14.3　地下水评价

14.3.2　由于承压水头具有周期性变化,勘察时的水位与施工期的水位并不一致,因此对深基坑工程进行承压水基坑突涌评价时,应根据现场观测到的承压含水层的水头压力,并参考上海地区长期水位观测资料综合分析。另外,基坑突涌的因素除与水头有关外,还与承压含水层顶面以上的土层性质、透水性、埋藏深度、厚度等情况相关。

14.3.3　当渗流梯度 i 大于临界水力梯度 i_{cr} 时,就会产生流砂(土)。根据上海地区的经验,在没有施工措施的情况下,粉性土与砂土在基坑开挖时均会产生流砂现象。勘察报告对基坑开挖中发生流砂的可能性评价可以定性评价为主。如需要定量评价,可参考现行上海市工程建设规范《基坑工程技术标准》DG/TJ 08—61 的相关公式。该标准规定采用直线比例法时,土体的临界水力梯度可按下列公式计算:

$$i = h_w / L \tag{14-1}$$

$$i_{cr} = (G_s - 1) / (1 + e) \tag{14-2}$$

式中:h_w——基坑内外土体的渗流水头(m);

L——最短渗流路径流线总长度(m);

i_{cr}——坑底土体的临界水力梯度;

G_s——坑底土的颗粒比重;

e——坑底土的天然孔隙比。

14.3.4　上海地区降水施工的工程一般均设置止水帷幕,但由于地下水渗流压力存在,仍会引起周边水土应力变化,造成邻近建构筑物及地下设施变形。应引起重视的是大面积超补偿地下工程在底板浇筑停止降水后,地下水位恢复过程依然较长或者坑内外渗压长期存在,周边地表变形持续时间可能超过整个基坑施工周期。

14.3.5 上海地区抗浮设防水位可结合场地条件确定,抗浮设防水位建议值一般可取完成后室外地坪以下 0.5 m。当场地地形或补给排泄条件复杂时,宜进行专项论证。抗浮设防水位的确定可结合以下情况考虑:

1) 若完成后场地低洼,应考虑使用期最大洪涝积水深度;

2) 若室外地坪通过地下室抬高或堆土填高,标高超过四周道路,可取最高排水面标高,并应考虑地下水毛细水上升高度;

3) 邻水地块不应低于历史最高水位(潮水位、洪水位);

4) 若场地范围大且场地起伏,可结合场地条件分区考虑抗浮设防水位。

14.3.6

2 对于承压水对结构物的上浮作用,当地基土抗承压水头的稳定性不满足要求时,可取混合水位或最高水位进行验算。当采用隔排水或泄水减压法等主动抗浮措施时,潜水水位在抗浮设计水位以下,此时应单独复核使用阶段承压水抗突涌稳定性。

对于各阶段承压水抗突涌稳定性,其抗力除包括坑底开挖面以下至承压含水层顶板间覆盖土的自重压力外,还应包括地下结构、上部填料自重、地下结构内部底板上固定设备和永久堆积物自重及抗浮构件抗拔承载力共同作用下的基底压力,基底压力应根据施工节点和施工工况合理确定。

14.3.7

1 上海地区经调查场地及邻近无污染源时,可不取地下水样,按本标准第 14.1.7 条判别地下水、土对建筑材料的腐蚀性。但在受到污染场地(如化工厂、农药厂、洗涤剂厂、硫煤渣堆场等工业废水废渣)或垃圾填埋场有渗滤液渗出,对混凝土可能具有腐蚀性或对环境造成污染,应采取水样进行测试分析。

新近吹填场地的填料来源复杂,邻近长江(部分时间段受咸潮影响)和沿海地区往往 Cl^- 和 SO_4^{2-} 含量较高,需要通过场地内取地下水,根据水质分析成果判别对建筑材料的腐蚀性等级,故规定新近吹填地区、沿长江或沿海场地应采取地下水进行水质分析。当钻孔揭露不同含水层且未采取隔离措施时,在钻孔中取得的水试样往往是混合水试样。为防止采取混合水试样,可采取单独开孔或挖坑取潜水样。

按前述第 14.1.7 条的条文说明,沿长江、沿海地区的微承压水(第⑤₂层)和第Ⅰ承压含水层(第⑦层)存在对混凝土有弱腐蚀性、长期浸水环境下对钢筋混凝土中的钢筋亦有弱腐蚀性的情况。当桩基涉及(微)承压水时,由于氧气不能溶入水中,无氧化还原作用,即使(微)承压水对建筑材料存在弱腐蚀性,对桩身材料(混凝土、钢筋混凝土中的钢筋)影响小,一般无需特殊处理,可不采取(微)承压水试样进行水质分析。但深层地下空间结构(如地下室、工作井、隧道和管道等)有渗水可能,故需要采取(微)承压含水层中的水试样进行水质分析,为深层地下空间结构的防腐处理提供设计依据。由于同一承压含水层的水质总体是稳定的,当邻近工程有可靠的水质分析成果时,可充分利用,故规范词采用"宜"。

2 上海地区潜水位高,地下水与地基土具有关联性,因此要求先采取地下水试样进行测试分析。当地下水对建筑材料的腐蚀性为中等及以上时,且存在潜在污染源的场地,尚应采取地基土进行专项分析,以确定地基土对混凝土、钢筋混凝土中钢筋和钢结构的腐蚀性。

需要说明的是,沿长江、沿海的场地其地下水和地基土中 Cl^- 和 SO_4^{2-} 含量较高,工程实践中采取地下水样经水质分析后判别,对钢结构、干湿交替环境下对混凝土中的钢筋有中等腐蚀性的情况出现。本次收集临港、老港地区 10 多个项目同一场地的水质分析和土质分析结果进行对比,土对建筑材料的腐蚀性均不高于地下水对建筑材料的腐蚀性。因此,沿长江、沿海场地,若据调查无污染源,可不另行采取土样进行土的易溶盐分析,水、土对建筑材料的腐蚀性可以按水分析的结论。

14.3.8　上海地区属于湿润区,按国家标准判定基本为Ⅱ类环境,但根据上海地区的工程实践,上海地区弱透水土层按Ⅲ类环境较符合实际情况,但在沿海区域,由于资料不足,宜按国家标准判定。

　　土对钢结构的腐蚀性评价,原规范收集并统计了上海地区电阻率测试的成果,上海地区浅部土(0～7 m)的视电阻率为12 Ω·m～50 Ω·m。根据现行国家标准《岩土工程勘察规范》GB 50021相关条款判定,土壤对钢结构具有强～中腐蚀性;但根据上述资料收集点的地下水水质资料判定,地下水对钢结构的腐蚀性均为弱腐蚀性(近海区域除外);上海地区的工程经验也表明,一般环境中土(水)对钢结构的腐蚀性确定为弱腐蚀性较为合理。由此根据土层视电阻率判定对钢结构腐蚀性结论与上海地区一般环境下的工程经验不太相符,因此未将土对钢结构腐蚀性评价的表格纳入本标准。上海地下水位高,视电阻率值一般小于20 Ω·m,应结合地下水水质分析资料,综合判定腐蚀等级。

15 现场检验与监测

15.1 一般规定

15.1.1 现场检验与监测是信息化施工和动态化设计的重要组成部分,是控制工程质量的最后一道关卡,责任重大,也越来越受到政府管理部门及工程参与方的重视。现场检测与监测有专项技术标准或操作规程,具体实施细则参见相关技术标准或操作规程。本次修订所涉及的现场检验与监测主要用于验证勘察成果。

15.1.2 施工阶段的现场检验目的是对工程勘察成果、设计方案及施工质量进行验证。为了保证施工的质量与安全,现场检验除了提供真实数据,如实反映检验与监测对象当前性状外,尚宜运用专业知识和工程经验,为工程参与各方提供合理的建议。

15.1.3 现场监测是在施工及使用过程中,针对岩土性状、周围环境发生的变化而进行的各种观测。现场监测的内容取决于工程及周围环境的情况。一般浅基础如对周围环境影响很小或工程本身无要求,通常不布置监测工作。但对需控制变形的建构筑物,应进行位移监测;挤土桩的沉桩和地基加固工程,应配合基础施工进行监测。基坑工程及轨道交通和隧道工程的监测已有专门的监测标准,故本次修订时第15.3节"现场监测"不再包括。

15.1.4 检验与监测仪器除了精度、灵敏度、稳定性等应满足要求外,尚应定期进行检定和校准。凡规定由法定计量单位进行检定和校准的仪器,必须定期送法定计量单位进行检定和校准。

15.1.6 规定监测点应在足够稳定时间后测定初始值,目的是获得相对稳定的初始值。当初始值的数值变化幅度相对于该监测项目的报警值所占比值很小时,可认为其相对稳定。

15.1.7 现场检验报告必须真实可靠,当工程需要时,应对检验中发现的异常情况进行原因分析。监测报告包括日报、阶段报告和最终报告。监测报告必须真实、可靠地反映监测项目的观测成果,并及时报送相关单位。日报表中应注明相应工况、天气情况和周边环境的变化情况,如遇需要报警的情况,应对观测资料进行综合分析研究,保证数据无误后在最短时间内通报相关单位,以便采取相应措施。

15.2 现场检验

15.2.1 本条规定了现场检验工作的基本要求,在满足测试数量要求情况下,检测点应具有代表性。测试方法应进行充分论证,当采用单一的检验手段和方法无法进行判断时,则应采用综合方法,通过测试信息相互补充和验证,以保证方法的适宜性。面对复杂岩土工程问题,影响因素是多方面的,需要结合地层特征、施工工法等综合判断检测结果。

15.2.2 对于工程中的辅助轻型建构筑物,一般采用天然地基,勘察时,若设计方案尚未确定或后期有调整,应特别重视施工阶段的基槽(坑)检验工作。

15.2.3 处理土地基是指经过地基处理仅改变土的密实度和含水率,土中没有置入其他材料的地基。

15.2.4 复合桩土地基及强夯置换墩地基检验包括三个部分:桩间土检测、置换桩检测和桩土共同作用检测。

复合地基检验时应注意试验标高,应采用与实际工作相同的高程系统。当其试验条件与实际工作状态不一致时,检验成果应进行判别分析并作必要的修正。

15.2.5 桩基检验可按国家和上海市的基桩检测标准进行。

15.3 现场监测

15.3.1 本条为现场监测的一般要求。

1 每个工程项目都有各自的特殊性和差异性,监测方法选择必须考虑这些因素,以获得有效及可靠的实测数据。

3 监测工作尽可能在相同的作业方式下实施,有利于将监测中的系统误差降至最小,达到提高监测精度的目的。

4 监测过程中有经验的技术人员通过肉眼巡检可及时发现异常情况,并根据已有经验帮助分析判断监测数据,将定性的巡视记录和定量的监测数据有机结合起来,可以更加全面地判断工程的实际状况,有效避免和减少工程事故的发生。

考虑基坑工程、隧道及轨道交通工程均有专门的监测标准,故本标准不再纳入。

15.3.2 本条适用于挤土桩和部分挤土桩的沉桩工程的监测。

1 沉桩施工阶段,容易引起土体位移,导致相邻建构筑物发生变形或倾斜,地下设施、煤气管道、给排水管道等发生位移或挠曲,甚至引起开裂或破坏。因此,应进行土体位移、孔隙水压力、振动等各项监测工作,以判断施工过程中的安全程度,并视其变化规律和发展趋势,提出诸如调整打桩流程、控制沉桩速率、施工暂停等相应的建议。

4 沉桩过程中,软弱土层中孔隙水压力急剧增加,会引起该位置土层发生位移,对周围建构筑物和设施产生危害。因此,当沉桩引起孔隙水压力增量与上覆土层有效压力之比达到 60% 时,应及时报警。

6 振动测点一般布置在振动较强区域内的建构筑物基础上,振动监测系统应能记录监测对象的振动速度、频率和持续时间,以振速和频率作为综合判据。噪声的控制标准和监测方法可分别按现行国家标准《建筑施工场界噪声限值》GB 12523 和《建筑施工场界噪声测量方法》GB 12524 执行。

15.3.3 本条适用于地基加固工程的监测。

1 堆载预压工程中,应通过监测及时发现地基土中应力和位移变化,以控制堆载速率,防止地基发生整体剪切破坏和过大的塑性变形。

3 在地基加固期间应及时整理位移、孔隙水压力与时间等关系曲线,分析地基加固的效果和变形发展规律,为信息化施工提供依据。

15.3.4 本条适用于建构筑物的垂直位移监测。

1 为沉降资料的完整性,长期沉降(垂直位移)宜从基础施工开始观测。如设置地下室的桩基工程,宜获得基础开挖回弹再压缩的沉降资料。

2 观测前,应在被测建构筑物周边埋设 3 个专用水准点,其深度宜与基础埋设深度相同,应定期联测以检验其稳定性。水准点不宜离被测建构筑物过远,一般不超过 100 m;也不宜离被测建构筑物过近。专用水准点离被测建构筑物的最近距离,可按经验公式(15-1)估算:

$$L = \sqrt{10 s_\infty} \tag{15-1}$$

式中:L——水准点离被测建构筑物的最近距离(m);

s_∞——被测建构筑物最终沉降量计算值(mm)。

专用水准点设置的精度应符合二等水准测量精度要求,其闭合差为 $\pm 0.3\sqrt{n}$ mm(n 为测站数)。严禁任意改用水准点和更改其标高,以保证沉降观测资料的连贯性。

根据工程经验,沉降监测点的布设需要考虑以下情况:

1) 建构筑物的角点、中点及沿周边每隔 6 m~12 m 宜布设 1 点;当其宽度大于 15 m 时,尚宜在内部承重墙(柱)上布点。

2) 圆形、多边形的建构筑物宜按纵横轴线对称布点。

3）基础类型、埋深和荷载有明显不同处宜布点。

4）建构筑物沉降缝、高低层连接处的两侧、伸缩缝的任一侧宜布点。

5）工业厂房各轴线的独立柱基上宜布点。

6）重型设备基础和动力基础的四角宜布点。

7）箱型基础底板的四角及中部宜布点。

8）基础下有暗浜或基础局部加固处及地基地变化处宜布点。

3 建构筑物水平位移监测点布置应结合建构筑物基础型式、外部形状及结构特点等因素综合考虑，一般应布置在墙角、外墙中间部位、承重柱、结构缝两侧等部位，每侧墙体的监测点不宜少于3点。建构筑物倾斜测点宜布置在建构筑物角点或伸缩缝两侧承重柱，上、下部成对设置。

建构筑物裂缝监测点应选择有代表性的裂缝进行布置，应在裂缝的首末端和最宽处各布设1对监测点。

16　岩土工程分析评价

16.1　一般规定

16.1.1~16.1.4　本节主要提出岩土工程分析评价所需的基本条件以及主要工作思路。岩土工程分析评价应重视搜集类似的工程经验,重视原型试验的测试结果,并注意土体的不均匀性、软土的时间效应和不同施工工况均可造成土性参数的不确定性。

对照现行国家标准《工程勘察通用规范》GB 55017,岩土分析评价的要求中增加了地基均匀性评价、分析地下水对工程的影响、评价地质条件可能引起的工程风险等规定。

地基均匀与否是地基按变形控制设计的基础。虽然地基均匀性判断不是精确的定量分析,而且随着计算机应用和分析软件的普及,差异沉降变形的分析都可方便快捷地进行,但地基均匀性评价仍有其积极的指导作用,尤其是地貌、工程地质单元和地基土层结构等条件具有重要的控制性影响,往往会被忽视或轻视。对于上海地区而言,不同地质分区的地层仍有一定差异性,浅层填土、暗浜、古河道等往往对地基差异沉降存在影响,因此天然地基和地基处理应重视对地基均匀性的评价。

16.2　分析评价的基本要求

根据现行国家标准《工程勘察通用规范》GB 55017、住建部《房屋建筑和市政基础设施工程勘察文件编制深度规定》(2020 年版)的规定,对各类地基基础、工程类型的分析评价内容进行了梳理,对地质条件引起的工程风险分析和防范措施的建议,以及工程建设与周边环境的影响评价等予以加强。

根据本标准修订的适用范围补充了地基处理工程。条文依据各类工程的特点提出了详细勘察阶段需要进行岩土工程分析评价的主要内容。在分析评价中应根据工程特性,结合场地的岩土条件及周围环境,做到重点突出、针对性强。分析评价内容分为基本内容与专项内容两类,专项分析评价内容是根据工程的特殊需要,由建设单位或相关单位进行专项委托,一般情况下勘察成果报告仅作基本内容的分析与评价。

16.2.2

3 根据已有的大量工程实践,上海地区的软土(第③、④层)属于正常固结土,仅部分沿江、沿海新近围垦的场地属稍欠固结土,但一般只需考虑负摩阻力引起的附加沉降,负摩阻力对承载力的影响可不必细究。当桩周土体因地面大面积堆载(包括新近回填土)或因降水等因素而产生的沉降大于桩的沉降时,宜考虑桩侧负摩阻力的影响。

当桩侧负摩阻力较大、设计存在困难时,可采用在桩身表面敷设涂层、允许桩基增加少许沉降量而重新选择持力层或设置保护桩等措施,以减少桩侧负摩阻力及其影响。

16.2.4 地基处理是本标准新增内容。地基处理的方法较多,各种处理方法岩土分析评价的重点以及所需的岩土参数各不相同,故条文仅规定了分析评价的共性要求,各类地基处理方法应提供的岩土参数可参见本标准第 5.5 节。

16.3 地基土参数统计

16.3.1~16.3.7 关于土性参数的统计原则与取值问题,应按工程地质单元、区段及层位分别进行统计;在统计中,应根据已有经验和数据的离散程度,对子样进行适当取舍。当土性参数离散性较大时,应进行具体分析并查找原因,尤其对分层、地质单元划分是否合理等方面进行复核,酌情处理,并提出建议值。抗剪强度指标统计,当指标样本数足够多时,宜剔除误差大的样本,使变异系数满足小于30%的要求,然后取平均值作为计算值;当删除误差大值后样本数不足时,宜直接取小值平均值作为计算值。

根据水利工程的建设经验,在一、二级堤防和水闸工程中,土的抗剪强度指标宜采用小值平均值,三级及三级以下堤防和水闸可采用算术平均值。

16.4 天然地基承载力

16.4.1 为提高勘察技术水平,除采用直剪固快强度指标确定天然地基承载力设计值外,提倡采用原位测试成果或根据已有成熟的工程经验采用土性类比法确定地基承载力设计值。当采用不同方法所得结果有较大差异时,应综合分析加以确定,并说明其适用条件。

16.4.2 静载荷试验是确定地基承载力的基本方法,是验证其他方法正确与否的基本依据。重要工程宜进行一定数量的载荷试验,根据载荷试验的 $p \sim s$ 曲线特征确定地基承载力。

在实际工程中,地基承载力的选用应充分考虑上海地区地基土多层体系的特点以及静载荷试验边界条件与实际基础条件存在差异(尺寸效应)的影响。当基础宽度大于3~5倍的载荷板宽度,且持力层下存在软弱下卧层时,应考虑下卧层对地基承载力设计值的影响。

16.4.3 当采用室内土工试验直剪固快指标按现行上海市工程建设规范《地基基础设计标准》DGJ 08—11 计算地基承载力时,应注意室内试验获得的 c、φ 值有一定的离散性,特别是黏性土夹砂的土层,离散性大,导致计算的地基承载力有差异。实际工程中,可根据土工试验成果、场地静探成果及地区经验综合分析确定。

对于黏性土,尚可采用无侧限抗压强度 q_u 或三轴 UU 抗剪强度 c_u 计算。经对上海地区土的力学性指标统计以及类似工程经验比较,建议采用条文中式(16.4.3-1)、式(16.4.3-2)计算。

1) 地基承载力的计算公式较多,大多是半理论半经验的方法。工程实践中,饱和软黏性土($\varphi=0$)地基承载力计算常用公式见表 16-1。

表 16-1　地基承载力计算常用公式

地基状态	名称	常用公式	备注
临塑荷载	上海经验	$R=\gamma d+(2\sim3)c_u$	R——容许承载力(kPa);
	理论公式	$p_{cr}=\gamma d+\pi c_u$	p_{cr}——临塑荷载(kPa); p_u——极限荷载(kPa);
极限荷载	K. Terzaghi Hansen. J. B	$p_u=\gamma d+5.14c_u$	γ——土的重度(kN/m³); c_u——饱和黏性土的不排水抗剪强度(kPa);
	Skempton	$p_u=\gamma d+5c_u(1+0.2b/l)(1+0.2d/b)$	d,b,l——分别为基础埋深、宽度和长度(m)

上述理论公式除 Skempton 以外,其余均按条形基础考虑。对于矩形或圆形基础来说,其计算结果是偏于安全的,对极限荷载的公式 c_u 项系数 5.14 除以地基分项系数 2.0 后,约为 2.57,这与上海地区经验公式均值 2.5 较为接近,故公式的系数采用 2.5。但需说明的是,如采用无侧限抗压强度 q_u 或三轴 UU 试验 c_u 计算 f_d,其试验土样质量应采用 I 级,否则由于取土扰动会使指标明显偏小。

2) 对上海地区已有资料进行校核,与现行上海市工程建筑规范《地基基础设计标准》DGJ 08—11 及原位测试所求得的地基承载力设计值基本一致,如表 16-2 所示。

表 16-2　上海地区主要土层承载力设计值 f_d 的校核

土层	重度 γ (kN/m^3)	c_u(或 $q_u/2$) (kPa)	$f_d = \gamma d + 2.5 c_u$ (kPa)	备注
②褐黄色黏性土	18.5	30～45	89～126	
③灰色淤泥质粉质黏土	17.5	20～30	63～88	假定:基础埋深 $d=1.0$ m,地下水位埋深为 0.50 m
④灰色淤泥质黏土	16.5	18～28	57～82	
⑤$_1$褐灰色黏性土	18.0	35～50	101～138	

3）当持力层下存在软弱下卧层,应考虑下卧层对地基承载力设计值的影响。

依据基础下持力层厚度 h_1 与基础宽度 b 之比的 4 种不同情况,分别采用不同平均强度指标进行计算,条文式(16.4.3-1)、式(16.4.3-2)中 c_u 或 q_u 可按下列条件确定:

a) 持力层厚度 h_1 与基础宽度 b 之比 $h_1/b > 0.7$ 时不计下卧层影响,可按下列公式确定:

$$c_u = c_{u1} \qquad (16-1)$$

$$q_u = q_{u1} \qquad (16-2)$$

式中: c_{u1}——持力层的三轴不固结不排水抗剪强度标准值(kPa);

q_{u1}——持力层的无侧限抗压强度标准值(kPa)。

b) 当 $0.5 \leqslant h_1/b \leqslant 0.7$ 时,可按下列公式确定:

$$c_u = (c_{u1} + c_{u2})/2 \qquad (16-3)$$

$$q_u = (q_{u1} + q_{u2})/2 \qquad (16-4)$$

式中: c_{u2}——软弱下卧层的三轴不固结不排水抗剪强度标准值(kPa);

q_{u2}——软弱下卧层的无侧限抗压强度标准值(kPa)。

c) 当 $0.25 \leqslant h_1/b < 0.5$ 时,可按下列公式确定:

$$c_u = (c_{u1} + 2c_{u2})/3 \qquad (16-5)$$

$$q_u = (q_{u1} + 2q_{u2})/3 \qquad (16-6)$$

d) 当 $h_1/b < 0.25$ 时不计持力层影响,可按下列公式确定:

$$c_u = c_{u2} \qquad (16-7)$$

$$q_u = q_{u2} \qquad (16-8)$$

16.4.4 依据原位测试参数按经验公式确定地基承载力是上海工程界多年实践经验的总结。因原位测试能真实地反映场地的地基土力学特性,尤其对较难取得原状土试样的粉性土、砂土与填土具有明显的优点,应积极提倡和鼓励运用到工程设计中,故本次修订中保留了原规范采用原位测试成果计算地基承载力的经验公式。

为能反映基础的性质如埋深、宽度等对地基承载力设计值的影响,当基础宽度大于 3 m 或埋置深度大于 0.5 m 时可按条文中公式(16.4.4-1)进行修正后确定地基土承载力设计值。

考虑下卧层对地基承载力设计值的影响(即双层地基体系),依据基础下持力层厚度 h_1 与基础宽度 b 之比不同(4 种情况: $h_1/b > 0.7$, $0.5 \leqslant h_1/b \leqslant 0.7$, $0.25 \leqslant h_1/b < 0.5$, $h_1/b < 0.25$),分别采用不同公式进行计算,确定地基承载力设计值。

16.4.5 根据已有工程经验采用土性类比法确定地基承载力设计值 f_d 时,应通过建筑物的沉降观测资料进行分析、对比已有工程与拟建工程的地质条件、荷载条件、基础条件以及上部结构等的相似性、差异性,提出地基承载力设计值的建议值以及使用条件。

16.5 桩基承载力

16.5.1 根据上海地区工程经验,采用可靠的原位测试参数进行单桩极限承载力估算,估算精度较高,并参照地质条件类似的试桩资料综合确定,能满足一般工程设计需要。重要的大型桩基工程或场地地质条件较复杂时,宜在桩基施工前进行现场的静载荷试验以确定单桩极限承载力标准值。为充分发挥地基土的潜力,在确保桩身强度不破坏的条件下,应尽可能使试桩加载至地基土支承力达极限状态。

16.5.2 采用静探方法确定单桩承载力,已被勘察人员和设计人员广泛使用,经工程实践证明其计算方法较为合理。但随着工程技术的进步,施工工艺的发展以及工程规模的发展,采用原规范的计算方法不可避免会出现一些相对不合理的情况。

原规范在确定桩侧摩阻力时对其上限值进行了统一的限制,即桩侧极限摩阻力值不宜超过 100 kPa。该限制是一种较为保守的限制手段,且限制不区分土类统一限制为 100 kPa,这对于土性较好的老黏土与密实的砂土层而言过于保守,会影响设计人员对桩基承载能力的判断,造成实际工程中不必要的浪费和入土过深带来的沉桩困难。

根据大量试桩资料,对桩基承载力和土层静力触探指标进行回归分析发现,按原规范计算承载力结果相对试桩得到的承载力结果偏小,在不同的土层中有一定差异,其中浅层较软黏性土侧摩阻力的计算参数取值偏小,较硬黏性土侧摩阻力取值偏大,黏性土桩端阻力取值接近;粉性土、砂土侧阻力取值偏大 40% 左右,而端阻力取值偏小 70% 左右。

因此,本次修订考虑规范的延续性及安全性,修订内容包括:

1) 粉性土、砂土的侧阻力计算参数进行折减,同时将取值上限由 100 kPa 提高到 120 kPa。

2) 对砂土桩端承载力计算参数进行提高,提高系数反映在桩端阻力修正系数 α_b。条文表 16.5.2-1 中砂土当入土深度大于 30 m 时,端阻力提升至 1.4 倍,其余土层可按表内插。

桩侧极限摩阻力 f_s，除根据条文中公式按静探 p_s 值确定外，尚应结合桩端闭塞、沉桩速率及随时间增长来合理确定。

16.5.3 旁压试验方法既能获得土的强度特性，还可测得土的变形特性，其优点是在以土体原状条件下且受力体积较大为试验依据，能模拟实际基础的受力性状。其结果常常能直接用来预测地基土强度、变形特性，且适用性较广。采用旁压试验估算单桩竖向极限承载力在国外应用已相当普遍，法国 1985 年（SETRA-LCPC1985）规程中的建议方法较为适用上海地区，经适当修改，可估算桩周土极限摩阻力和桩端土极限端承力。

根据相关的研究与对比，旁压试验成果估算单桩极限承载力与静力触探试验方法相比，其估算精度相当；与试桩结果相比，其相对误差一般小于 15%，接近试桩的实测值（图 16-1）。

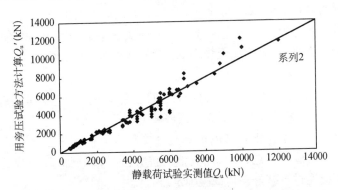

图 16-1 静载荷试验实测值与用旁压试验方法计算值比较
（样本数 133 组）

16.5.4 当采用原位测试方法估算钻孔灌注桩的单桩竖向极限承载力标准值时，根据上海地区大量工程经验，其承载力大小除地层条件外，还与成孔工艺、成孔速度等很多因素有关。需要说明的是，条文中规定桩周土极限摩阻力 f_s 宜为打（压）入式混凝土预制桩的 0.7 倍～0.8 倍，桩端土极限端承力 f_p 可为打（压）入式混凝土预制桩的 0.3 倍～0.4 倍，是指在确保成桩质量的前提下,当成桩质量不保证时,即使相同地质条件、桩径与桩长的钻孔灌注桩,其极限承载力变化也很大。因此,单桩极限承载力最后应通过单桩静载荷试验确定。

16.5.5 依据土性确定各层土的桩周极限摩阻力和桩端处土的极限端阻力参数,与原规范基本一致。根据大量实践经验和试桩资料,对部分砂土层的侧阻力和端阻力作了适当提高。

根据上海地区大量试桩资料,桩径小于或等于 600 mm 的预应力空心桩,其桩端阻力不需要折减;而桩径大于 600 mm 的预应力空心桩,工程应用较少,其桩端阻力可根据现行行业标准《建筑桩基设计规范》JGJ 94 的相关规定进行折减。

对于小直径桩或微型桩,以相对较软土层作为持力层、桩侧土以软弱的黏性土为主时,沉桩对桩侧土扰动较大,试桩验证其承载力往往偏低;对于空心桩,尤其是桩长较短的单节桩,其承载力的发挥主要取决于土塞效应。工程实践中,应根据地层条件、桩型等合理建议桩基设计参数;对于单节空心桩,宜采取封底措施。

目前,工程中也有采用根植桩、微型注浆钢管桩等,其桩基设计参数、单桩承载力需要通过试桩确定。

16.5.6 本条文钢管桩的桩基设计参数取值适用于常规打入法或静压法施工工艺;当采用其他沉桩方法时,单桩极限承载力标准值应通过桩基静载荷试验确定。

近年来,上海中心城区出现越来越多紧邻保护建构筑物的工程活动,城市建设面临十分复杂的环境条件,部分市政工程采用免共振钢管桩以减少对周边环境的影响,取得了不错的效果。对于振动沉桩钢管桩的承载力研究已有一定成果,其承载力的发挥受土性影响大,据科研对比试验,采用振动沉桩的 Φ700 mm 钢管桩在黏性土中摩阻力的折减系数为 0.7~0.8,在粉土、黏砂互层土中摩阻力的折减系数为 0.9~1.0,桩端阻力的折减系数为 0.4~0.5;另外,采用振动法沉桩,单桩承载力受沉桩休止时间的影响更为明显。考虑目前对比研究的数量很少,单桩承载力的发挥受土性、休止期影响大,因此本次修订根据上海地区振动沉桩钢管桩的经验,提出桩侧摩阻力、桩端阻力较常规的打入式钢管桩需要再进行适当折减。工程实践中需要进行试沉桩确定沉桩可行性、土塞效应等,通过现场载荷试验确定单桩承载力。

16.5.7 目前上海地区桩端后注浆灌注桩的使用越来越广泛,现有的后注浆设备和技术有较大改进,从现有静载荷对比试验资料分析,桩端后注浆灌注桩的极限承载力与常规灌注桩相比,提高幅度大多为 50%～70%,个别甚至超过 100%。考虑单桩承载力的提高幅度与土层特性、注浆方法等条件密切相关,难以统一规定提高的幅度值,因此规定桩端后注浆灌注桩单桩承载力应根据静载荷试验结果确定。桩端后注浆钻孔灌注桩承载力与施工质量、沉渣控制、后注浆工艺等密切相关,本次修订结合了上海地区地层特点的后注浆工艺经验。条文中表 16.5.7 的适用条件见表注,具体的成孔和成桩工艺应通过试验确定。

本次修订收集了上海地区 30 余个桩端后注浆项目,针对其中 11 个符合本标准表 16.5.7 表注要求的项目,整理形成 42 根试桩资料,采用现行行业标准《建筑桩基技术规范》JGJ 94 中的后注浆增强系数进行承载力计算并与实测值对比。根据本标准第 16.5.5 条计算公式,桩侧摩阻力和桩端阻力分项系数取 1.0,侧阻力和端阻力分别乘以增强系数 β_{si} 和 β_p,按式(16-9)计算单桩竖向极限承载力,其中 f_{si}、f_p 取勘察报告提供的建议值或本标准所列经验值;后注浆增强系数取本标准建议值的中值。

$$R_{pk} = U_p \sum f_{sj} l_j + U_p \sum \beta_{si} f_{si} l_i + \beta_p f_p A_p \qquad (16-9)$$

式中:f_{sj}——后注浆非竖向增强段桩侧第 j 层土的极限摩阻力标准值(kPa);

f_{si}——后注浆竖向增强段桩侧第 i 层土的极限摩阻力标准值(kPa);

l_j——后注浆非竖向增强段第 j 层土的厚度(m);

l_i——后注浆竖向增强段第 i 层土的厚度(m);

其余符号意义同本标准条文。

单桩竖向极限承载力实测值与计算值对比如图 16-2 所示，对比结果如表 16-3 所示。对比结果显示,实测值均高于或接近于计算值,大部分试桩并未加载至破坏,说明采用本标准建议的后注浆增强系数和适用条件计算的单桩竖向极限承载力可靠性是较高的,能够满足工程应用的要求。

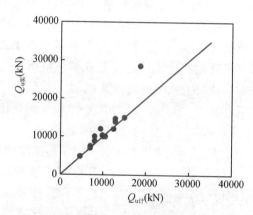

图 16-2 后注浆灌注桩单桩竖向极限承载力实测值与计算值对比

表 16-3 后注浆灌注桩单桩竖向极限承载力实测值与计算值对比

项目序号	持力层	桩径(mm)	桩长(m)	单桩竖向极限承载力(kN)	
				计算值	载荷试验实测值
1	⑦₁ 砂质粉土	650	26	4562	≥4640
2	⑨₁ 粉砂	900	59	12858	13950
3	⑧₂₋₁ 砂质粉土与粉质黏土互层	800	57	10509	≥10000
4	⑦₂ 粉砂	750	48.5	9809	≥10300

続表16-3

项目序号	持力层	桩径(mm)	桩长(m)	单桩竖向极限承载力(kN)	
				计算值	载荷试验实测值
5	⑨粉砂	1000	76	18601	≥28500
6	⑦₂ 粉砂	800	37	7642	≥10000
7	⑧₁₋₂ 粉质黏土夹粉性土	700	65	7994	≥8800
8	⑧₂₋₂ 粉砂	800	56.5	10012	≥10000
9	⑦₂ 粉砂	800	56	9388	≥12000
10	⑦₂ 粉砂	700	38	6956	≥7000
11	⑦₂ 粉砂	850	59	14985	≥15000

16.5.8 本条文的抗拔承载力系数 λ 源于现行上海市工程建设规范《地基基础设计标准》DGJ 08—11,该标准编制时对预制桩、灌注桩和钢管桩均进行了复核。但近年来,随着水利、港口工程采用钢管桩作为抗拔桩的工程实践越来越多,大直径钢管桩抗拔承载力试验结果或较为离散,或达不到设计预期。经分析,与管材摩擦系数、土塞效应、土的性质、休止时间等多种因素有关。因此,本次修订增加了"对大直径管桩,应根据工程经验或现场试桩试验确定"的说明。

16.5.9 单桩水平承载力取决于桩型、截面、刚度、入土深度、土质条件、桩顶容许水平位移和桩顶是否嵌固等因素。静载荷试验能比较真实地反映影响单桩水平承载力的各种因素,是确定单桩水平承载力较可靠的方法。

16.5.10 近年来,不少填土较厚的住宅区、新吹填区厂房建筑常出现由于负摩阻力导致桩基承载力不足、建筑物沉降偏大现象,该问题应引起重视。

16.6 地基变形验算

16.6.2 与现行上海市工程建设规范《地基基础设计标准》DGJ 08—11 一致,沉降计算经验系数 ψ_s 根据基底附加压力及基础下 1 倍宽度深度范围内土层加权平均压缩模量 $\bar{E}_s$ 综合确定。

16.6.3 上海地区黏性土 p_s(q_c、q_t)$\sim E_{s0.1\sim0.2}$ 关系曲线见图 16-3~图 16-5。

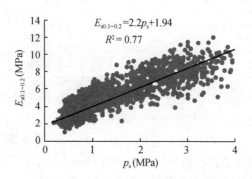

图 16-3 $p_s \sim E_{s0.1\sim0.2}$ 关系曲线

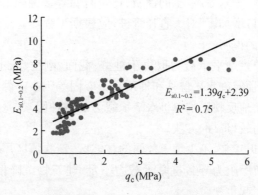

图 16-4 $q_c \sim E_{s0.1\sim0.2}$ 关系曲线

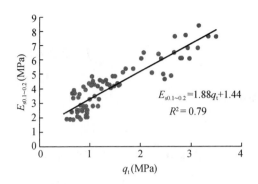

图 16-5 $q_t \sim E_{s0.1 \sim 0.2}$ 关系曲线

16.6.4 实际工程中,可根据正常固结土、超固结土、欠固结土分别按式(16-10)～式(16-14)计算地基固结沉降量。

（1）正常固结土

$$s_c = \phi_s \sum_{i=1}^{n} \frac{h_i}{1 + e_{0i}} \left[C_{ci} \lg \left(\frac{p_{1i} + \Delta p_i}{p_{1i}} \right) \right] \qquad (16\text{-}10)$$

式中：ψ_s——沉降计算经验系数,应根据类似工程条件下沉降观测资料及经验确定；

s_c——地基固结沉降量(cm)；

h_i——第 i 层分层厚度(cm)；

e_{0i}——第 i 层土的初始孔隙比；

p_{1i}——第 i 层土自重应力的平均值；

Δp_i——第 i 层土附加应力的平均值(有效应力增量)(kPa)；

C_{ci}——第 i 层土的压缩指数。

（2）超固结土

当 $\Delta p_i > p_{ci} - p_{1i}$ 时：

$$s_{cn} = \psi_s \sum_{i=1}^{n} \frac{h_i}{1 + e_{0i}} \left[C_{si} \lg \left(\frac{p_{ci}}{p_{1i}} \right) + C_{ci} \lg \left(\frac{p_{1i} + \Delta p_i}{p_{ci}} \right) \right]$$

$$(16\text{-}11)$$

当 $\Delta p_i \leqslant p_{ci} - p_{1i}$ 时：

$$s_{cm} = \psi_s \sum_{i=1}^{m} \frac{h_i}{1 + e_{0i}} \left[C_{si} \lg \left(\frac{p_{1i} + \Delta p_i}{p_{1i}} \right) \right] \quad (16\text{-}12)$$

地基总沉降量：

$$s_c = s_{cn} + s_{cm} \quad (16\text{-}13)$$

式中：n——分层计算沉降时，压缩土层中有效应力增量 $\Delta p_i >$
$\qquad p_{ci} - p_{1i}$ 时的分层数；

$\quad m$——分层计算沉降时，压缩土层中有效应力增量 $\Delta p_i \leqslant$
$\qquad p_{ci} - p_{1i}$ 的分层数；

C_{si}——第 i 层土的回弹指数；

p_{ci}——第 i 层土的先期固结压力(kPa)；

其余符号意义同上。

（3）欠固结土

$$s_c = \psi_s \sum_{i=1}^{m} \frac{h_i}{1 + e_{0i}} \left[C_{ci} \lg \left(\frac{p_{1i} + \Delta p_i}{p_{ci}} \right) \right] \quad (16\text{-}14)$$

式中符号意义同上。

16.6.6 随着深大基坑工程逐渐增多，基坑回弹造成的影响越来越显著，如深基坑开挖引起的土体回弹造成工程桩上浮、拉裂，或引起基坑围护立柱隆起、周围土体变形显著增大等应引起重视。基坑回弹量的大小与基坑底部的土层性质、基坑的规模、基坑下部是否设置桩及桩的间距等诸多因素有关。基底附加压力越小，基坑深度越大，则地基回弹再压缩变形占地基沉降的比例越大，从而使以往规范建议的很多沉降计算方法不再适用。因此，本次修订增加基坑地基土回弹变形及回弹再压缩变形的计算方法。计算所需的回弹模量和回弹再压缩模量可通过室内试验按下列要求进行：

1）回弹模量和回弹再压缩模量应按室内固结试验测得的

回弹曲线和回弹再压缩曲线计算求取。卸荷回弹引起回弹量的计算深度宜等同于沉降计算深度。

2）基础底面下第 i 层土回弹曲线和回弹再压缩曲线（图 16-6）测求，应符合下列规定：

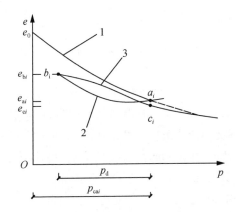

1—恢复自重压力压缩曲线；2—回弹曲线；3—回弹再压缩曲线

图 16-6　第 i 层土回弹曲线和回弹再压缩曲线示意图

a）在基础底面下第 i 层土中点 a_i 处取不扰动土样，切取环刀进行标准固结试验，分级加荷至取样深度 a_i 点的有效自重压力 p_{cai} 处，$p_{cai} = \gamma'_h h_i$（γ'_h 为 h_i 深度以上土的按厚度加权平均有效重度，位于地下水位以下的土层取浮重度，h_i 为第 i 层中点取样深度）。

b）从第 i 层中点有效自重压力 p_{cai} 处开始分级卸荷，分级不少于 2 个点，卸荷压力 p_d 按基础底面埋深确定，即 $p_d = \gamma'_d d$（γ'_d 为基础埋置深度 d 以上土层按厚度加权平均有效重度），卸至 $p_d = 0$ 处，可获得回弹曲线 a_i、b_i 点的孔隙比。

c）在 $p_d = 0$ 处，再分级加荷至 p_{cai} 处，可获得回弹再压缩曲线上 c_i 点处的孔隙比。

d）根据回弹曲线和回弹再压缩曲线，按下列公式计算第 i 层

回弹模量 E_{ri} 和回弹再压缩模量 E_{rci}。

$$E_{ri} = (1 + e_{ai}) \frac{p_d}{e_{bi} - e_{ai}} \qquad (16\text{-}15)$$

$$E_{rci} = (1 + e_{bi}) \frac{p_d}{e_{bi} - e_{ci}} \qquad (16\text{-}16)$$

式中:E_{ri},E_{rci}——分别为第 i 层土的回弹模量、回弹再压缩

模量;

e_{bi},e_{ai},e_{ci}——回弹曲线和回弹再压缩曲线上,分别为 b_i、

a_i、c_i 点固结压力下相对稳定后的孔隙比。

    3)加荷、卸荷分级压力按取土深度和开挖深度,由试验设
计确定;加荷和卸荷每级压力后,每小时变形小于或等
于 0.01 mm 时,作为相对稳定标准。

试验中的其他要求应符合现行国家标准《土工试验方法标
准》GB/T 50123 的相关规定。

16.6.8 桩基沉降由桩间土的变形、桩身弹性压缩和桩尖下土的
变形三部分组成。对于纯桩基,由于前二者比例很小,因此估算
的桩基沉降系指桩尖下土的变形。关于桩基最终沉降量估算,在
详细勘察阶段一般采用实体深基础方法估算,如有详细荷载分布
图和桩位图,也可采用 Mindlin 应力解的单向压缩分层总和法估
算。但从大量工程沉降实测资料统计分析来看,其沉降估算值与
实测值仍有一定的差异,造成的原因包括:

(1)未考虑桩侧土的作用。实际上,尽管上海浅层软土的内
摩角较小,但或多或少存在着一定的桩侧摩擦力,且随桩的深度
增加,土质渐变硬,摩擦力也增大。随着桩端入土深度的加大,导
致计算所得的作用在实体深基础底面(即桩端平面处)的有效附
加压力偏大,相应的桩端平面处以下土中的有效附加压力也
偏大。

(2)在计算桩端平面处以下土中的有效附加压力时,采用了

弹性理论中的 Mindlin 或 Boussinesq 应力解,与土性无关(土层的软弱、土颗粒的粗细等)可能使实际土体中的应力与计算值不相符,也导致计算应力偏小或偏大,在软黏性土和密实砂土中尤为突出。

(3) 确定地基土的压缩模量是一个关键性的问题。根据目前的勘察水平,原状土样采取时受到扰动,地基土的压缩模量难以合理确定,特别是粉性土、砂土扰动程度更大,导致地基土的压缩模量失真。

(4) 上海地区第⑤、⑧层黏性土一般具有超压密性($OCR>1$),尤其是第⑧层黏性土地质时代属 Q_3,据一些工程试验数据(采用薄壁取土器),其 OCR 一般为 $1.25 \sim 1.40$。

如不考虑这些因素,势必会造成沉降量估算值偏大。为提高桩基沉降估算精度,桩基沉降估算经验系数应根据类似工程条件下沉降观测资料和经验确定;计算参数(如 E_s)宜通过原位测试方法取得或通过建立经验公式求得;当有工程经验时,可采用国际上通用的旁压试验等原位测试方法估算桩基沉降量。

16.6.9 为估算桩基沉降量,本条规定应提供土层分层压缩曲线及相应压力段压缩模量 E_s。当无法或难以采取原状土样的土层(如第⑦、⑨层砂土等)时,可根据原位测试成果按条文中表 16.6.9 经验公式确定。

16.6.11 行业标准《高层建筑岩土工程勘察规程》JGJ 72—2004 修订时,提出了根据旁压试验、静力触探试验或标准贯入试验等原位测试方法估算群桩基础沉降量(简称"高规方法")。其原理是采用简化的三角形应力分布形式和原位测试结果等代室内土工试验压缩模量,经过应力修正后估算变形量。经过近年来全国不同地区、不同地质类型高层建筑估算值与实测结果之间对比验证后发现,该方法具有计算简单、概念明确、精度高、适合手工计算等优点,能较好反映基础沉降的真实情况,在上海地区应用后反响较好。

原规范搜集了上海地区近 200 项工程的沉降实测资料,资料分布范围遍及上海各主要地貌单元,建筑物荷载幅度、桩长、桩型基本涵盖了上海地区工程应用范围,具有良好的代表性。通过对大量工程实测资料的分类统计与专题研究,认为对于桩侧有一定厚度硬土(硬塑状黏性土或中密以上砂土、粉性土)情况下沉降量应适当折减,其余情况可不作调整。

　　桩基沉降估算经验系数取值:桩基沉降估算经验系数 ψ_s,有条件时,应根据类似工程条件下沉降观测资料和经验确定。无相关经验时,当桩侧土有层厚 $H \geqslant 0.3B$(等效基础宽度)的硬塑状的黏性土或中密～密实砂土时,$\psi_s = 0.75 \sim 0.85$;其余情况 $\psi_s = 1.0$。对本次确定的沉降估算方法进行可靠度初步分析,可靠性符合要求。

　　对上海地区 189 幢建筑物沉降计算结果按上述方法修正,并与实测结果对比,结果如图 16-7 所示。计算沉降与实测沉降比值频率分布情况如图 16-8 所示。

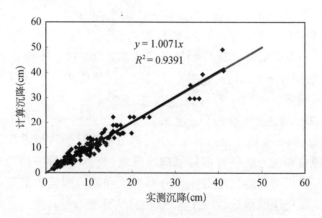

图 16-7　实测沉降与计算沉降对比散点图

　　从图 16-7 和图 16-8 中可见,计算值与实测值比值平均值为1.03,标准偏差为 0.20,偏于安全,按截距为 0 进行最小二乘法拟

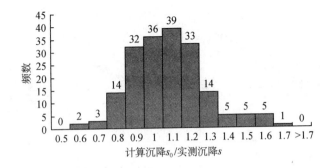

图 16-8 计算沉降与实测沉降比值频数分布图

合的相对误差为 $0(r^2 = 0.9391)$。相对误差在 20% 以内的有 140 项，占总数（189 项）的 74%，按 80% 置信度控制的置信区间为 $[1.02, 1.05]$，按 90% 置信度控制的置信区间为 $[1.03, 1.08]$。将该数值与未修正前对比，如图 16-9 所示。

从桩侧土性修正前后计算沉降与实测沉降对比散点图以及频率分布图可见，修正后实测沉降与计算沉降比值更接近，在 45° 线（比值为 1.0）上的集中程度明显增大，尤其在计算沉降 20 cm 以内范围段。对目前工程设计及建筑物使用要求而言，一般要求建筑物最终沉降控制在 15 cm 或 20 cm 以内。因此，该范围内计算结果与实测结果更吻合将更具有实际指导意义，修正后方法效果良好。而从频数分布图中可见，主要特征表现为比值较大区段频数明显减少，向比值平均值集中靠拢，说明按该方法在保证精度情况下，可进一步减少误差。从修正后比值分布占比与修正前对比看，各类桩侧土分布更趋向均匀、合理。

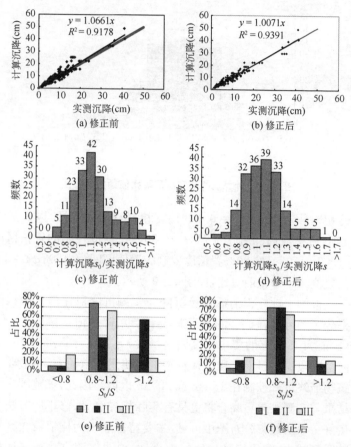

图 16-9 修正前后对比

17 岩土工程勘察成果文件

17.1 一般规定

17.1.1 本次修订整合了上海市工程建设规范《岩土工程勘察文件编制深度规定》DG/TJ 08—72,故对章节架构作全面调整,同时与住建部《房屋建筑和市政基础设施工程勘察文件编制深度规定》(2020 年版)(以下简称"住建部规定 2020 年版")协调,将其中适用于上海的条文予以引用。

17.1.2 岩土工程勘察可划分为可行性研究勘察、初步勘察、详细勘察及施工勘察四个阶段。由于上海地区绝大多数工程项目是进行一次性详细勘察,仅少数重大工程或新兴开发区工程分阶段进行初步勘察和详细勘察,故本条明确仅详细勘察阶段的勘察报告应符合本标准的要求。初步勘察成果报告具体章节编排可参考详细勘察报告进行。可行性研究勘察和施工勘察的成果报告,应依据相应阶段的勘察目的和委托要求编制,本标准不作统一要求。专项委托的勘察内容具有特殊性,其成果报告编制应具有针对性,并满足与委托内容相关的技术标准的要求。

17.1.3 岩土勘察成果文件所依据的原始资料是第一手资料,应真实可靠,严禁弄虚作假,否则成果文件的可靠性无法保证。勘察报告提供的岩土参数应在剔除不合理、异常或离散数据的基础上,经综合分析后提出,以确保提供的数据可靠。勘察报告应结合工程特点和场地地基土条件,对设计与施工可能涉及的岩土工程问题进行针对性评价,并作出明确的结论,提出相关可行的建议。

17.1.4 附件根据工程需要编制,如波速测试报告、场地微振动测试报告、水文地质专项勘察(或抽水试验)报告等。

17.1.5 岩土工程勘察报告术语、代号、符号的相关标准主要有：《岩土工程基本术语标准》GB/T 50279、《建筑地基基础术语标准》GB/T 50941、《岩土工程勘察术语标准》JGJ/T 84。

17.1.7 勘察报告质量责任人签章是单位从业资质及质量管理的标识，是国家规定质量终身负责的明确要求。本条根据"住建部规定 2020 年版"第 2.0.5 条和第 2.0.6 条，以及上海市工程建设规范《岩土工程勘察文件编制深度规定》DG/TJ 08—72—2012 第 2.0.12 条修改形成。

17.2 详细勘察报告文字部分

17.2.2 根据住建部第 37 号令《危险性较大的分部分项工程安全管理规定》(2018 年 6 月 1 日起施行)第六条，勘察单位应当根据工程实际及工程周边环境资料，在勘察文件中说明地质条件可能造成的工程风险。所谓危险性较大的分部分项工程(以下简称"危大工程")，是指房屋建筑和市政基础设施工程在施工过程中，容易导致人员群死群伤或者造成重大经济损失的分部分项工程。

根据住建部办公厅《关于实施〈危险性较大的分部分项工程安全管理规定〉有关问题的通知》(建办质〔2018〕31 号)附件 1《危险性较大的分部分项工程范围》，与勘察相关的危险性较大的分部分项工程主要有：

一、基坑工程

（一）开挖深度超过 3 m(含 3 m)的基坑(槽)的土方开挖、支护、降水工程。

（二）开挖深度虽未超过 3 m，但地质条件、周围环境和地下管线复杂，或影响毗邻建、构筑物安全的基坑(槽)的土方开挖、支护、降水工程。

六、暗挖工程

采用矿山法、盾构法、顶管法施工的隧道、洞室工程。

七、其它

（三）人工挖孔桩工程。

（四）水下作业工程。

新颁布的国家标准《工程勘察通用规范》GB 55017—2021 也规定了勘察报告岩土分析评价内容应包括地质条件可能造成的工程风险，提出防治措施的建议。对桩基、地基处理、地下工程和基坑工程均提出了地质风险分析评价的要求，并不局限于"危大工程"。

考虑勘察报告所涉及的项目类型多，若项目或地质条件简单，地质条件引起的工程风险不大时，可结合岩土工程分析评价展开。故本标准未规定地质条件引起的工程风险评价需要单列章节，勘察报告编制时可根据具体情况考虑是否设置"地质条件引起的工程风险评价"章节。

17.2.3 本条参照上海市工程建设规范《岩土工程勘察文件编制深度规定》DG/TJ 08—72—2012 第2.0.4条，以及"住建部规定2020年版"第4.2节编写。

1 拟建建构筑物性质，对于建筑工程，包括建筑物高度、层数、结构体系、荷载、基础形式、基础埋置深度等；对于桥梁工程，包括桥梁的类型、长度、跨度、跨径、结构形式、荷载、拟采取的基础形式、墩台埋深及施工工法等。不同类型的工程，工程概况需要描述的内容不同，具体应按本标准第5~9章不同类型工程在布置勘察工作量前需要收集掌握的工程概况来编写。

17.2.4 本条是常规详勘报告的基本要求，宜根据勘察场地地基土与地下水的特殊性增加相应内容。

1 场地使用情况与工程建设密切相关，如建设场地原有建构筑物，则涉及原有旧基础处理的问题；场地原为化工厂，则可能涉及地下水、土的腐蚀性问题。因此，场地的使用情况需加以阐述。水域工程根据需要阐述水下地形。

2 场地周边的河流与堆土,对场地与地基的稳定性可能产生不良影响;邻近工程的施工情况如预制桩的沉桩、基坑开挖与降水等,也可能对工程建设与运行带来不利影响,故规定详勘报告需对相关周边环境情况进行描述。周边环境条件复杂时,宜提出专项调查的建议。

3 地基土的构成与特征,可列表阐述,内容包括成因、地质年代、土层编号、土层名称、分层标高和厚度、湿度、状态或密实度、压缩性、包含物及分布情况等。当场地有古河道分布时,应描述古河道分布的范围、切割深度等。

4 提供的地基土的物理力学性质参数表应符合本标准第 16.3 节的规定,同时需要注意参数之间的匹配性。发现数据异常时,应分析原因,对不合理的数据进行剔除。

5 本款指与工程建设有关的地下水。

6 不良地质条件指对地基基础、地下工程、边坡工程等建设和使用的安全性、经济性带来不利影响的地质条件,如明(暗)浜、浅层天然气、液化土等。勘察报告编制时,需要分析拟建场地存在哪些不良地质条件,描述其性状、埋深及分布范围等,并分析这些不良地质条件对工程的影响。

地下障碍物对地基基础工程和对工程建设顺利进行有影响,故勘察需调查其特征、分布情况,并在勘察报告中作出相应描述,并对工程的影响作出评价。

7 国家强制性标准《工程勘察通用规范》GB 55017—2021、"住建部规定 2020 年版"对勘察报告与特殊性土有关的内容均作了明确规定,因此本次修订增加了这方面的内容。上海地区特殊性土主要有填土、软土、污染土、有机质土或泥炭质土等。上海境内风化岩和残积土仅在剥蚀残丘地貌零星分布,工程建设若涉及,可对其予以分析评价。特殊性土的查明以及评价深度应按照国家标准《工程勘察通用规范》GB 55017—2021、"住建部规定 2020 年版"执行。

上海是典型的软土地基,对第③层淤泥质粉质黏土、第④层淤泥质黏土软土的研究较为充分。上海地区软土普遍形成于全新世中期 Q_4^2,根据已有大量工程实践获得的参数和指标,OCR 在 1 左右,属于正常固结土。但在沿江、沿海围垦区以及填方区,由于软土的渗透系数低,当大面积堆载增加的附加应力对下部土层引起的超孔隙水压力尚未完全消散、未充分固结时,属于欠固结土。上海地区大面积覆土后软土的固结沉降需要 10 年,甚至更长的时间。因此,新近有填方的地区,需要通过实地取样进行高压固结试验获得前期固结压力 p_c,计算 OCR,确定软土的固结程度、应力历史;若邻近有类似场地形成条件的实测数据,也可参考。

根据大量工程实践,上海地区滨海平原区软土的灵敏度 S_t 一般为 3～5,属中～高灵敏土。湖沼平原区软土的灵敏度 S_t 一般为 4～6,属高灵敏土,局部为中灵敏土,宜通过十字板剪切试验或无侧限抗压强度试验确定。

同时应注意,湖沼平原区 I-1 区第③层有时定名不是淤泥质土,但其土性软、灵敏度高,孔隙比或液性指数均接近于 1.0 或大于 1.0,宜按软土进行分析评价。

17.2.5 本条是详勘报告岩土工程分析评价的规定。

2 当建设场地涉及不同地质单元或液化判别结果有区域性差异时,应分区评价地基液化发生的可能性及液化等级。

3 上海地区桩基工程、地基处理、基坑和地下工程等,地质条件引起的工程风险主要包括以下内容:

1) 桩基工程:分析预制桩、灌注桩等桩型在沉(成)桩过程可能遇到风险,如软土、松散的粉性土或砂土、密实砂层以及明(暗)浜、厚层填土、新近吹填土等。

2) 地基处理:针对拟选用的地基处理方案,分析地质条件可能对地基处理施工、处理效果的不利影响及风险。

3) 基坑工程:如软土、粉性土和砂土、地下水和不良地质条

——413——

件等对基坑工程带来的风险。

4）地下工程：软土、粉性土和砂土、地下水（潜水或承压水）和不良地质条件对采用盾构法、矿山法、顶管或顶进法、沉井等施工工法的工程带来的风险。

5）地下障碍物对上述各类地基基础工程和施工工法的风险或不利影响。

6）其他由地质条件可能造成的工程风险。

17.2.6 本条是详细勘察报告中结论与建议的基本要求，可根据工程特殊性增加相应内容。需要强调的是，当常规勘察不能满足工程建设的特殊要求时，宜提出专项勘察的建议。

17.3 详细勘察报告图表部分

17.3.1 本条第 1 款～第 6 款是勘察报告附图表的基本要求。因上海地区地层分布相对稳定，对钻孔数量较多的工程，其勘察报告可仅提供控制性钻孔或典型地层钻孔的柱状图。工程需要时，可提供工程地质分区图、持力层层顶埋深或标高等值线图等。

17.3.2 图表编制应依据勘察过程中形成的原始记录，对认定不确切、不可靠的记录，不能作为图表编制的依据，以确保数据真实、准确。

（Ⅰ）统计表

17.3.3～17.3.5 地层特征表、地基土的物理力学性质参数表是上海市岩土工程勘察报告重要的组成部分，是进行岩土工程分析评价、提供各类岩土设计参数的依据，原作为文字部分附表，未纳入图表部分。本次修订根据"住建部规定 2020 年版"的要求增加了统计表，对"勘探点主要数据一览表""地层特征表""地基土的物理力学性质参数表"的内容进行了规定。这些统计表是勘察报告的主要成果，相关责任人应签字。

(Ⅱ)平面图、剖面图和柱状图

17.3.6

1 对地形起伏较大的勘察场地,工程需要时宜提供地形等高线。

3 图纸应标注指北针,图纸上方宜为正北或磁北;受图纸规格限制时,方向标可适当斜置。图纸的比例尺应恰当,宜采用1∶500或1∶1000的比例尺,大型工程或长距离的线状工程可采用1∶2000的比例尺。

4 各类勘探点应按照规范图例在勘探点平面图上进行标识。

6 不良地质条件主要指明(暗)浜。若勘察发现地下障碍物,宜在平面图中表达。

17.3.8

1 用于稳定性分析的工程地质剖面图,其水平向与垂直向比例宜大致相同,避免剖面图反映的地层起伏情况失真。

9 对于隧道工程和轨道交通工程等地下工程,在绘制线状工程沿轴线投影的工程地质剖面时,标注地下结构的轮廓线将有助于设计和施工使用,是行业内常用做法。

17.3.9 钻孔柱状图的土性特征及包含物的描述宜详细。

(Ⅳ)室内土(水)试验成果图表

17.3.17 固结试验的最后一级加荷等级小于400 kPa时,可不提供$e \sim p$曲线成果图表,但需在室内土工试验成果表中提供单个土样各压力段的压缩系数和压缩模量。

17.3.22 土动力参数测试包括动三轴、共振柱、动单剪、动扭剪试验。

17.3.23 水质简分析报告需要提供Ca^{2+}、Mg^{2+}、Cl^-、SO_4^{2-}、HCO_3^-、CO_3^{2-}、NH_4^+、OH^-、侵蚀性CO_2、游离CO_2等测试项目的含量、pH值及总矿化度。

附录 G　地基土基床系数及比例系数表

收集 30 余基坑工程项目共计约 400 个测斜点深层水平位移实测资料,分别进行了基床系数和比例系数的反演分析,得到所涉及土层的基床系数与基坑变形的关系规律曲线,如图 G-1 所示。根据各土层静力触探指标、基坑变形以及基床系数绘制粉性土、砂土和黏性土的水平基床系数云图,如图 G-2 所示。需要说明的是,由于基床系数受变形影响变化很大,已非定义中严格的弹性变形概念,使用时应注意。

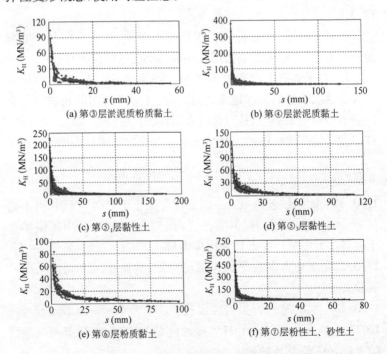

(a) 第③层淤泥质粉质黏土　　(b) 第④层淤泥质黏土

(c) 第⑤₁层黏性土　　(d) 第⑤₃层黏性土

(e) 第⑥层粉质黏土　　(f) 第⑦层粉性土、砂性土

图 G-1　基床系数与变形关系拟合

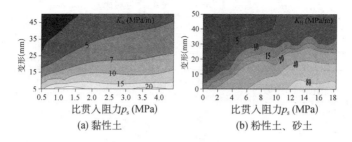

(a) 黏性土   (b) 粉性土、砂土

图 G-2　水平基床系数随变形及静探比贯入阻力变化关系图

关于竖向基床系数 K_V 与水平基床系数 K_H 的关系,本次修订收集了 20 余个勘察项目 500 余个土样的室内基床系数试验结果,对竖向基床系数 K_V 与水平基床系数 K_H 的比值进行统计分析,绘制其关系正态分布图(图 G-3),正态曲线的高峰在 $K_V/K_H=1$ 附近。因此,当无相关经验或实测数据时,可按 K_V 取值与 K_H 相同考虑。

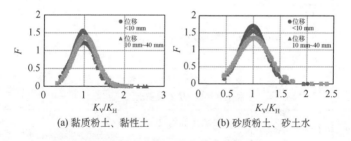

(a) 黏质粉土、黏性土   (b) 砂质粉土、砂土水

图 G-3　竖向基床与平基床系数关系正态分布图

根据基床系数反算得到各土层比例系数 m 值,结合近年来通过室内试验和现场水平试桩结果反算得到的 m 值,对原规范比例系数建议结果范围作了同步调整。对收集的 59 根单桩水平静载试验(表 G-1)结合原位测试成果,从工程安全角度仅对规范上限值进行了调整。应说明的是,由于单桩水平载荷试验与基坑侧向变形在应变边界条件上的差异,m 值取值时应考虑其边界条件影响。

表 G-1 试桩 m 值汇总与对比

项目序号	桩型	试验地层	试验确定 m 值（平均值）（MN/m^4）	规范推荐 m 值（MN/m^4）
1	PHC400-AB80	第①层填土、第②$_1$层粉质黏土和第②$_3$层砂质粉土	7.6	5～7.3
2	PHC400-AB80	第②$_{3-1}$层黏质粉土和第②$_{3-2}$层砂质粉土	8.7	5.8～9.5
3	PHC500-AB100	第①层杂填土、第②$_1$层粉质黏土和第②$_2$层粉质黏土	7.8	5.3～8.1
4	PHC500-AB100	第①层素填土、第②$_1$层粉质黏土和第②$_2$层粉质黏土	8.0	5.0～7.9
5	PHC500-AB100	第①层素填土、第②$_1$层粉质黏土	6.9	5.9～9.7
6	PHC500-AB125	第①层杂填土、第②层粉质黏土和第③层淤泥质粉质黏土	4.9	3.3～5.3
7	PHC400-AB80	第①层冲填土	11.7	2～4.5
	PHC500-AB100		7.9	
	PHC600-AB110		4.6	
8	PHC600-AB110	第①层冲填土、第②$_2$层粉质黏土和第③$_2$层砂质黏土	8.3	5.3～8.6
9	PHC600-AB110	第①层填土和第②$_1$层砂质粉土	11.0	3.5～6.5
10	PHC500-AB100	第②$_2$层粉质黏土和第②$_3$层砂质粉土	5.1	5.3～8.9
	PHC600-AB110		7.2	4.9～8.3
	Φ800 钻孔灌注桩		9.6	18.9
11	Φ700 钻孔灌注桩	第④层淤泥质黏土	30.2	2.5
	Φ1000 钻孔灌注桩	第③层淤泥质粉质黏土	8.93	2.5
	Φ700 钻孔灌注桩	第⑤$_1$层黏土	12.53	10

由于旁压试验旁压模量 E_m 与比例系数 m 存在较好的对应关系，基于基坑围护设计案例和水平试桩资料反演，建立了旁压模量 E_m 和比例系数 m 的经验公式。

对于砂土，其关系如下：

$$m = 1.02E_m + 0.21 \qquad (G\text{-}1)$$

对于黏性土，其关系如下：

$$m = 0.97E_m + 0.94 \qquad (G\text{-}2)$$